Zell- und Gewebekultur

Einführung in die Grundlagen
sowie ausgewählte Methoden und Anwendungen

3., überarbeitete und erweiterte Auflage

Von
Toni Lindl
Jörg Bauer

Mit 61 Abbildungen und 34 Tabellen

SEMPER BONIS ARTIBUS

Gustav Fischer Verlag
Stuttgart · Jena · New York · 1994

Adressen der Autoren:

Prof. Dr. Toni Lindl, Institut für angewandte Zellkultur
Balanstr. 6, D-81669 München

Dr. Jörg Bauer
Schubertstr. 6, D-82327 Tutzing

Titelfoto (W. Maile): Fibroblasten in Falschfarbendarstellung, Interferenzkontrast

Grafik: Christine und Peter Schweitrieg, Stuttgart

Die Deutsche Bibliothek – CIP-Einheitsaufnahme

Lindl, Toni:
Zell- und Gewebekultur : Einführung in die Grundlagen sowie ausgewählte Methoden und Anwendungen / von Toni Lindl ; Jörg Bauer. –
3., überarb. und erw. Aufl. – Stuttgart ; Jena ; New York : G. Fischer, 1994
   ISBN 3-437-30736-3
NE: Bauer, Jörg:

© Gustav Fischer Verlag · Stuttgart · 1994
Wollgrasweg 49 · D-70599 Stuttgart
Satz: Typobauer Filmsatz GmbH, Scharnhausen
Druck: Offsetdruckerei Karl Grammlich, Pliezhausen
Einband: Großbuchbinderei Clemens Maier, Echterdingen
Printed in Germany   012345

Vorwort zur dritten Auflage

Schon im Vorwort zur zweiten Auflage konnten wir das rasch wachsende Interesse an dieser Technologie konstatieren und es war zu erwarten, daß sich dieser Trend weiter fortsetzen würde. Nun ist die dritte Auflage dieses Buches fertig und wir konnten das Volumen erweitern und die einzelnen Kapitel verbessern, aktualisieren und neue Abschnitte einfügen.

Es ist uns eine Verpflichtung, auch weiterhin praxisorientierte Hilfen für alle interessierten Anwender der Zell- und Gewebekulturtechnik zu geben. Gerade wegen der derzeitigen Diskussion um die Sicherheit und Zulässigkeit von gentechnischen Experimenten in Deutschland sehen wir speziell in der Anwendung über die tierischen Zellkulturen einen wichtigen Beitrag zur Sicherheit, denn es ist nicht zu leugnen, daß die Kultivierung tierischer Zellen eine der sichersten Techniken in der Biologie ist.

Weiterhin zeigt ein Blick in die aktuelle wissenschaftliche Literatur deutlich, daß es gerade die Zellbiologie mit all ihren Facetten ist, die in Zukunft die Chance eröffnet, viele drängende Probleme in der Medizin, in der Landwirtschaft und in der Umwelttechnik effektiv zu bearbeiten und bei der Lösung entscheidende Hilfen zu vermitteln. Hierzu soll das Buch einen Beitrag leisten.

Großen Wert haben wir wiederum der Verantwortung gegenüber dem Tier beigemessen, wobei wir auch weiterhin aktuelle Cytotoxizitätsentwicklungen im Auge behalten möchten, um durch die Anwendung dieser wichtigen Methoden zur Einsparung von Versuchstieren einen Beitrag zu leisten. Leider sind bisher die entsprechenden Gesetzesinitiativen zugunsten solcher Methoden in Deutschland noch nicht genügend weit vorangetrieben worden, doch werden wir weiter konsequent für die in vitro-Methoden mit Hilfe dieses Buches werben.

Es ist auch weiterhin nicht daran gedacht, Vollständigkeit mit diesem Buch anzustreben. Es soll vielmehr als ein erweiterter Anstoß dienen, sich in die jeweiligen Techniken einzuarbeiten und die Scheu davor zu verlieren, neue, in der Literatur meist unzureichend beschriebene Ansätze auszuprobieren und auf spezielle Fragen auszudehnen.

Danken möchten wir allen Kolleginnen und Kollegen, die uns mit Kritik und Anregungen halfen, die Qualität des Buches weiter zu verbessern.

Danken möchten wir besonders Herrn Dr. Ulrich G. Moltmann, dem Lektor dieses Buches seit seiner ersten Auflage, für sein ungebrochenes Interesse und die konstruktive Zusammenarbeit. Frau Ute Amsel hat die Herstellung des Buchs in bewährter Weise hervorragend bewerkstelligt. Einen nicht unwesentlichen Beitrag zum Erfolg leisteten auch die am Schluß annoncierenden Firmen mit ihren Produkten und Dienstleistungen, die stets bemüht waren, den hohen Anforderungen an Qualität in dieser Technik zu entsprechen.

München und Tutzing
im Herbst 1993

Toni Lindl und Jörg Bauer

Inhalt

1 Räumliche und apparative Voraussetzungen, Sicherheitsvorschriften

Zellkulturarbeiten können, sofern bestimmte Mindestanforderungen erfüllt sind, in jedem Labor durchgeführt werden. Es sollte jedoch, wenn immer möglich, eine Trennung des Zellkulturlabors von anderen, vielbenutzten Laborräumen durchgeführt werden. Dies gilt auch für Chemikalien, Geräte und andere Laborutensilien. Hier hilft im allgemeinen eine gute Kennzeichnung der Geräte sowie eine eigene Spülküche bzw. eigene Reinigungsmöglichkeiten. Wenn es die räumlichen Voraussetzungen erlauben, ist aber eine weitere Trennung des Arbeitsbereiches, in dem steril gearbeitet werden soll (kleine Kabinen), von den anderen Arbeitsbereichen zu empfehlen.

Ein gut funktionierendes Zellkulturlabor hat im allgemeinen drei Bereiche: den Reinigungsbereich, den Vorbereitungs- und Verarbeitungsbereich und den eigentlichen sterilen Arbeitsraum (Abb. 1-1). Dabei können bei Raumnot der Reinigungs- und Vorbereitungsbereich zusammengelegt werden. Den eigentlichen Sterilbereich sollte man aber auf jeden Fall abtrennen, vor allem im Hinblick auf den allgemeinen Publikumsverkehr.

In Ausnahmefällen werden Zellkulturen ohne Gefährdungspotential auch ohne jegliche Abtrennung in biochemischen Laboratorien durchgeführt. Das stellt jedoch außerordentliche Anforderungen an das Personal, antibiotikafreie Kulturen sind dann z.B. kaum durchzuführen.

Bei Arbeiten mit tatsächlich oder potentiell gefährlichen Zellen oder für die Arzneimittelproduktion und selbstverständlich bei allen gesetzlichen Auflagen sind dagegen keinerlei Kompromisse zu machen. Hier müssen z.T. strikte Abtrennungen, bis hin zu ausgeklügelten Schleusensystemen installiert werden. Daraus folgt in Bezug auf die Partikelzahl in der Luft (und indirekt auf den Luftkeimgehalt) ein System von Räumen abgestufter Reinheitsklassen (Abb. 1–2). Dies dient dann primär zum Schutz von Mensch und Umwelt, sekundär natürlich auch der Sterilität der Zellkulturen.

1.1 Der Reinigungsbereich

Hier sollten eine **Laborspülmaschine** (programmierbar mit einem Programm für Zellkulturen), ein oder zwei **Trockenschränke** (bis zu 200°C oder mehr), ein **Laborautoklav**, eine **Wasseraufbereitungsanlage** (am besten eine Ionenaustauschanlage mit Aktivkohlefilter), ein **Spültisch** mit kaltem und warmem Wasser und viel Platz für Glaswarenlagerung vorhanden sein. Der Raum selbst muß gut belüftbar und zu reinigen sein, da in der zuweilen auftretenden Dampfatmosphäre Bakterien und Pilze wachsen können. Die Spülküche spielt in der Zellkultur eine entscheidende Rolle; hier zu sparen bzw. unsauber zu arbeiten, kann dauernde Quelle für Mißerfolge sein.

1.2 Der Vorbereitungsbereich und Verarbeitungsbereich

Für die umfangreichen Vorbereitungsarbeiten sowie für nachfolgende Arbeiten wie Enzymmessungen, Zellanalysen u.a. ist es notwendig, einen eigenen Bereich zu planen.

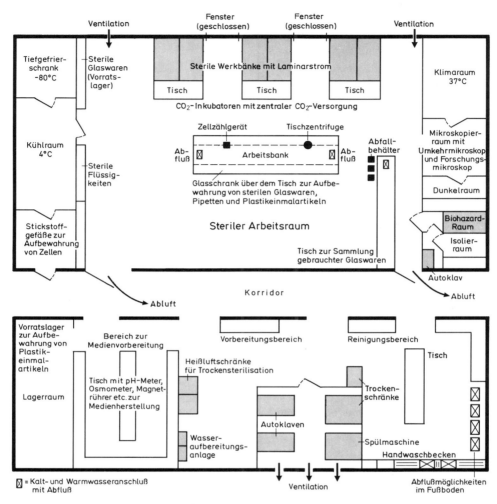

Abb. 1-1: Grundriß eines Zellkulturlabors.

Dieser Bereich muß alle Einrichtungen zu chemischen Arbeiten besitzen, zunächst also einen **Arbeitstisch** mit 90 cm Höhe und einer möglichst glatten Tischfläche (Edelstahl bzw. Keramikoberfläche). **Gas-, Wasser- und Elektroanschlüsse** sollen reichlich vorhanden sein. Auf viel **Aufbewahrungs- und Stauraum** ist hier besonders zu achten, wobei sich Metallschränke bzw. Schränke mit Glastüren bewährt haben. Der Fußboden sollte entweder gefliest sein oder besser einen chemisch resistenten Kunststoffbelag aufweisen. Außerdem sind erforderlich **Leitfähigkeitsmeßgeräte, pH-Meter, Magnetrührer, Whirlmixer** und **Osmometer.** Ein ausreichend großer **Kühlschrank** mit **Gefrierfach** (mind. $-20\,°C$) sowie ein **Tiefgefrierschrank** ($-80\,°C$) sollten ebenfalls hier stehen.

Dieser Raum muß ebenfalls gut belüftbar sein. Ein direkter Zugang zum eigentlichen Sterilbereich wäre wünschenswert, entweder durch eine eigene Sterilschleuse oder zumindest

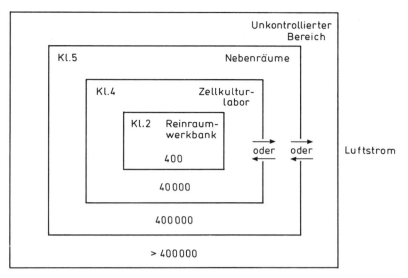

Abb. 1-2: Einteilung eines Laborbereichs in Reinheitsklassen unter GMP (= good manufacturing practices)-Bedingungen. Die Zahlen geben die maximale Partikelzahl/m³ Luft nach VDI 2083, bezogen auf die Partikelgröße 0,5 μm, an.

durch einen kleinen Vorraum, in dem die normalen Laborkittel und Straßenschuhe gegen Schutzkleidung ausgetauscht werden können, die dann nur im Sterilbereich getragen wird. Wenn möglich, sollte schon im Vorraum eine Handwaschmöglichkeit bestehen, wobei ebenso wie im Sterilbereich nur Einmalhandtücher verwendet werden. Es hat sich bewährt, in diesem Vorraum Staubschutzmatten auszulegen, um den Staub von den Schuhsohlen zu binden.

1.3 Der Sterilbereich

Dieser Bereich, in dem die eigentlichen Arbeiten an den Zellkulturen durchgeführt werden, ist so sparsam wie möglich auszustatten, um nicht unnötigerweise Platz und Ecken für Kontaminationsmöglichkeiten zu schaffen. Hier sollten nur die sterile Werkbank, der Brutschrank, eine Zentrifuge, ein Umkehrmikroskop und Schränke für die Aufbewahrung von sterilen Gebrauchsgegenständen vorhanden sein. Dazu kommen allgemeine Einrichtungen wie Waschbecken, Gasanschluß und ausreichende Beleuchtung.

1.3.1 Die sterile Werkbank

Die sterile Werkbank, auch Reinraumwerkbank oder Sicherheitswerkbank genannt, ist in dem Sterilbereich möglichst weit entfernt von der Tür aufzustellen. Eine solche Werkbank ist heute eine unbedingte Voraussetzung zur erfolgreichen Zellzüchtung. Alle anderen Lösungen, wie Arbeiten im Abzug mit UV-Lampe o.ä. sind unzureichend und schützen nicht zuverlässig vor Kontaminationen. Es gibt eine Vielzahl von Modellen verschiedener Firmen, die aber prinzipiell in zwei Typen zu unterscheiden sind:

Sterile Werkbank mit horizontaler Luftströmung

Bei diesem Werkbanktyp wird die Luft in der Regel zunächst durch ein Hochleistungs-schwebstoffilter (HOSCH-Filter, s.u.) gedrückt, das senkrecht an der Rückwand des Geräts montiert ist, und dann als sterile laminare Verdrängungsströmung horizontal über die Arbeitsfläche geführt (Abb. 1-3).

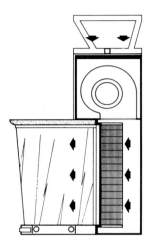

Abb. 1-3: Prinzip der Reinraumwerkbank mit horizontaler Luftströmung (Tischmodell).

Diese Geräte sind keine Sicherheitswerkbänke im Sinne der DIN-Norm 12 950: *«Sicherheitswerkbänke für mikrobiologische und biotechnologische Arbeiten»*. Sie dürfen daher für Arbeiten mit Gefährdungspotential nicht verwendet werden. Sie sind jedoch für Arbeiten ohne Gefährdungspotential durchaus geeignet, z.B. für sterile Präparationen unter einem Stereomikroskop, bei denen es zweckmäßig ist, wenn der Luftstrom herabfallende Partikel vom Präparat wegbläst. Die Werkbänke sind einfach gebaut, wartungsarm und preisgünstig. Länger dauernde Arbeiten sind meistens unangenehm, weil dem Experimentator ständig Luft ins Gesicht bläst.

Reinraumwerkbank (Sicherheitswerkbank) mit vertikaler Strömung

Bei diesem Typ, zu dem alle Sicherheitswerkbänke nach DIN 12 950 gehören, wird die Luft entweder vertikal nach oben (Klasse 1) oder vertikal nach unten (Klasse 2) geleitet.

Bei der **Klasse 1** (Abb. 1-4a) wird die Raumluft ohne Filterung angesaugt und durch ein HOSCH-Filter nach oben in den Raum entlassen. Für steriles Arbeiten sind solche Werkbänke nicht geeignet.

Hingegen sind die Sicherheitswerkbänke der **Klasse 2** (Abb. 1-4b) die am häufigsten verwendeten im Zellkulturlabor. Hier herrscht im Arbeitsraum eine turbulenzarme Verdrängungsströmung (laminar flow, LF) von oben nach unten. Sie werden daher, nicht ganz zutreffend, auch als «Laminar Flow Box» bezeichnet. Mikrobiologisch gesehen ist jedoch nicht die Laminarität, sondern die Sterilität die wichtigste Eigenschaft des Luftstromes. Die zu 90 % im Innenraum zirkulierende Luft wird durch ein HOSCH-Filter sterilfiltriert und dann vertikal nach unten geführt. Durch die Arbeitsöffnung werden ca. 10 % Raumluft angesaugt (im Fachhandel gibt es Geräte, bei denen diese Raumluft zusätzlich vorgefiltert wird). Bei herabgelassener Frontscheibe entsteht so eine starke Luftströmung zwischen Schei-

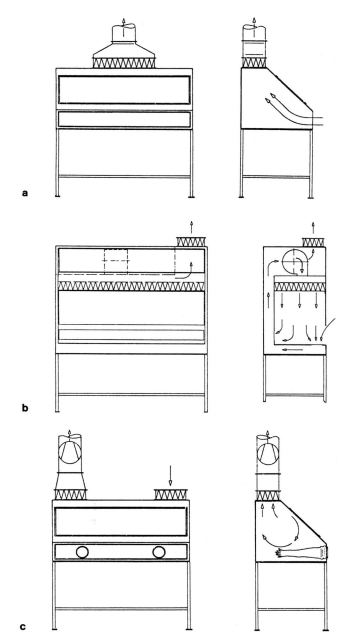

Abb. 1-4: Sicherheitswerkbänke nach DIN 12950
a: Klasse 1
b: Klasse 2
c: Klasse 3

benunterkante und der Tischkante. Vorgeschrieben ist nach DIN 12 950 eine Geschwindigkeit von $\geq 0,4$ m/s, die verhindert, daß Partikel aus der Raumluft in den sterilen Arbeitsraum gelangen (Luftschleuse). Der geringe Anteil Raumluft, der durch die Arbeitsöffnung angesaugt wird, verläßt die Sicherheitswerkbank wieder durch einen HOSCH-Filter in den Raum oder in ein Fortluftsystem. Ein Anschluß an das Fortluftsystem ist nicht vorgeschrieben.

Sicherheitswerkbänke der **Klasse 3** (Abb. 1-4c) sind für Arbeiten mit Organismen und Viren der Risikogruppe 4 vorgeschrieben. Sie bestehen aus einem geschlossenen Experimentierraum, in dem ein Unterdruck von ≥ 150 Pa[1] herrschen muß. Die Zuluft wird durch ein HOSCH-Filter eingeleitet, die Abluft muß gemäß DIN 12 950 von mindestens zwei HOSCH-Filtern gereinigt werden, bevor sie durch ein eigenes Fortluftsystem ins Freie abgeleitet wird. Im Experimentierraum kann nur mit Manipulatoren oder luftdicht eingesetzten, armlangen Handschuhen gearbeitet werden.

Zu den sterilen Werkbänken mit vertikalem Luftstrom gehören auch **Tischgeräte** ohne Wanne und Unterbau, bei denen die Luft von oben angesaugt, durch ein HOSCH-Filter vertikal nach unten gedrückt wird. Sie entweicht wieder vollständig durch eine Öffnung hinten über der Arbeitsfläche sowie durch die Arbeitsöffnung. Die Abluft verhindert wie bei den Sicherheitswerkbänken ein Eindringen von Keimen aus dem umgebenden Raum. Die Abluft wird jedoch nicht gefiltert, weswegen in diesen Werkbänken nur Arbeiten ohne Gefährdungspotential durchgeführt werden dürfen. Die preiswerten mobilen Tischgeräte eignen sich besonders für kleine Laborräume und für Schulungszwecke.

Die für alle Sicherheitswerkbänke zur Reinigung der Zu- und Abluft vorgeschriebenen Hochleistungsschwebstoffilter (**HOSCH-Filter**) müssen nach DIN 24 184 mindestens der Schwebstoffilterklasse S angehören. Ihre Funktion ist in regelmäßigen Intervallen zu überprüfen. Richtlinien zur Wartung und Prüfung sind den Unterlagen der Berufsgenossenschaft Chemie oder denen der kommunalen und staatlichen Versicherungsverbänden zu entnehmen (siehe Literatur).

Die allgemeine Ausrüstung von Reinraumwerkbänken

Darüber hinaus gibt es noch eine Reihe von Ausstattungsdetails und Zubehör, die man bei der Auswahl einer derartigen Bank in Erwägung ziehen sollte:

Notwendig und im Lieferumfang einbegriffen ist je ein **Vakuum-** und **Gasanschluß.** Beide Anschlüsse sollten an der Rückwand oder an einer der Seitenwände der Bank angebracht sein. Die **Arbeitsplatte** sollte aus Edelstahl gefertigt sein. Unter dieser abnehmbaren Arbeitsplatte muß ein Auffangbecken angebracht sein, das wöchentlich zu reinigen ist. Weiterhin ist zu beachten, daß der Arbeitsbereich gut beleuchtet ist und sich wenigstens eine **Steckdose** in der Bank oder in unmittelbarer Nähe befindet. **UV-Leuchten** innerhalb der Reinraumwerkbank sind nur bei ausreichender Stückzahl und jährlicher Überprüfung und kurzem Abstand zur Arbeitsfläche zur zusätzlichen Keimabtötung geeignet (näheres S. 41).

Nach der Aufstellung des Gerätes ist unbedingt ein **Lecktest** vom Hersteller durchzuführen. Dieser Test muß beweisen, daß nach einer gewissen Laufzeit der Bank keinerlei Partikel, die größer als 0,5 µm, festzustellen sind. Der betreffende Kundendienst hat dabei ein sog. «Partikelprotokoll» aufzunehmen und dem Käufer auszuhändigen.

Ferner ist sicherzustellen, daß die erforderliche Luftgeschwindigkeit innerhalb der Bank eingehalten wird. Diese sollte für den vertikalen Luftstrom zwischen 0,3 und 0,5 m/s betragen, während für die einströmende (Arbeitsöffnung bei Kl. 2) Luft mindestens 0,4 m/s emp-

---

[1] 100 kPa = 1 bar = 750 mm Hg (Torr) = 1020 cm WS = 7,5 lb/in^2

fohlen wird. Je nach Bauart muß ein Nachstellen der Luftgeschwindigkeit möglich sein, wobei eine Anzeige angibt, wie hoch Luftgeschwindigkeit oder Druckverhältnisse sind.

Empfehlenswert ist es, z. B. vierteljährlich in der Bank **Sterilitätstests** mit bakteriologischen Nährböden durchzuführen. Generell sollte eine Reinraumwerkbank nach einem Jahr nachgemessen werden, um sicherzugehen, daß die erforderlichen Werte eingehalten werden.

Zum Arbeiten an der Reinraumwerkbank (Abb. 1-5) gehört ein leicht zu desinfizierender bequemer Stuhl. Daneben kann ein **Bunsenbrenner** zum Abflammen benutzt werden. Am besten sind Bunsenbrenner geeignet, die beim Herabdrücken der Handauflage automatisch zünden. Solche Brenner gibt es auch mit einer bequemen Fußschaltung. Siehe hierzu jedoch die Ausführungen auf S. 41!

Zum Absaugen von Medium und anderen Flüssigkeiten ist es vorteilhaft, eine kleine **Vakuumpumpe** außerhalb der Werkbank aufzustellen und diese Pumpe mittels zweier Wulffscher Flaschen und geeigneten Schläuchen mit der Reinraumwerkbank zu verbinden. Eine kleine Flasche direkt an der Vakuumpumpe soll den Übertritt von Flüssigkeit in die Pumpe verhindern und eine zweite, nachgeschaltete, größere Flasche dient zum Auffangen der abge-

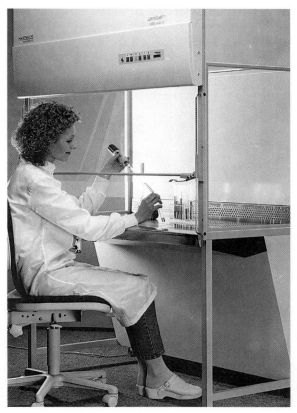

Abb. 1-5: Arbeiten an der Reinraumwerkbank. Nur was an Geräten und Zubehör unmittelbar gebraucht wird, soll sich in der Bank befinden.

zogenen Flüssigkeiten. Die verbindenden Schläuche sollten wenigstens innerhalb des Sterilbereiches der Bank aus Silikon bestehen. Ein halbautomatisches Absaugesystem (Abb. 1-6) wird derzeit von der Fa. Tecnomara angeboten. Über einen Druckknopf an der Halterung für die sterilen Pasteurpipetten wird die Saugpumpe an- und abgeschaltet, und so kann das Absaugen des Mediums beliebig gesteuert werden. Die dichten Auffanggefäße erleichtern die Entsorgung von infektiösen Medien.

Als weiteres Gerät in der Reinraumwerkbank muß eine **Pipettierhilfe** (Abb. 3-4, 3-5) vorhanden sein. Es gibt eine ganze Reihe von mechanischen und elektrischen Pipettierhilfen, wobei den elektrisch betriebenen der Vorzug eingeräumt wird, da diese bequemer und sicherer einsetzbar sind. Man sollte niemals mit dem Mund pipettieren! Bei vorschriftsmäßig herabgelassener Scheibe ist dies ohnehin nicht möglich.

Weitere Geräte sollten im Reinraumbereich nicht fest installiert sein.

1.3.2 Der Brutschrank

Da vor allem Säugetierzellen auf Temperaturschwankungen und Schwankungen des CO_2-Gehalts sehr empfindlich reagieren, ist die Auswahl eines geeigneten Brutschrankes (Abb. 1-7) von zentraler Bedeutung. Pflanzenzellkulturen kann man bei Zimmertemperatur ohne Begasung leicht züchten (siehe Kapitel 11).

Bei der Züchtung von Säugetierzellen kommt es vor allem auf die Umgebungsbedingungen an, die denen in vivo möglichst nahekommen sollten. Diese Bedingungen werden einerseits

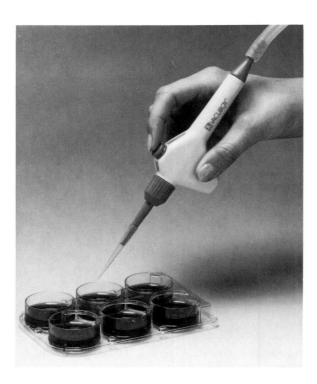

Abb. 1-6: Halbautomatisches Absaugesystem für Zellkulturmedium (Tecnomara).

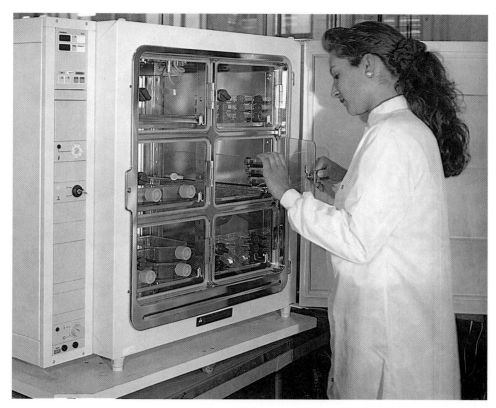

Abb. 1-7: Begasungsbrutschrank für Zellkulturen (Heraeus).

durch das die Zellen umgebende Medium simuliert, andererseits durch die Umgebungsbedingungen im Brutschrank.

Die **Temperaturkonstanz** im Brutschrank kann durch verschiedenartige Regulierungssysteme eingehalten werden. Sogenannte «Wassermantelbrutschränke» reagieren relativ träge auf einen Temperaturwechsel, da ein ca. 50 l Wasser enthaltender Mantel den eigentlichen Brutraum umschließt. Der Vorteil ist eine relativ gute Temperaturkonstanz, allerdings braucht der Brutschrank bei Temperaturabfall o.ä. relativ lange, um die Solltemperatur wieder zu erreichen. Wesentlich schneller reagieren Brutschränke ohne Wassermantel auf Temperaturschwankungen. Bei diesen Brutschränken sind an der Innenseite des Schrankes Heizelemente angebracht und die Luft wird meist mittels eines kleinen Ventilators umgewälzt. Als weitere Variante wird das sog. «Luftmantelsystem» propagiert. Hierbei ist im Außenmantel ein Heizungssystem angebracht, das nur bei Bedarf erwärmtes Wasser durch den Mantel pumpt und so eine Temperaturkonstanz im Inneren erreicht.

Der Brutschrank darf keinesfalls im Inneren Keimwachstum zulassen. Daher muß er auch in den Ecken leicht zugänglich und gut zu reinigen sein. Am geeignetsten für diesen Zweck sind Brutschränke, die innen mit **Kupferblech** ausgekleidet sind, da dieses bakterizid und fungizid wirkt. Die Einlegebleche und deren Halterung, sofern aus Edelstahl, müssen dennoch regelmäßig desinfiziert werden. Der einzig sichtbare Nachteil solcher Schränke ist, daß das Kupferblech trotz guter Pflege nach einiger Zeit relativ unansehnlich wirkt, was aber ihrer Funktionsfähigkeit keinen Abbruch tut.

Neben der Temperaturkonstanthaltung und der guten Reinigungsmöglichkeit muß der Brutschrank eine **interne Raumbefeuchtung** besitzen. Dies spielt bei Zellkulturen mit relativ großem Nährmediumvolumen (15 ml und mehr) für die Zeit der Inkubation (3–7 Tage) noch keine entscheidende Rolle. Bei Kulturen mit geringem Mediumvolumen (z.B. beim Klonieren in sog. «Multikammersystemen» o.ä.) spielt dies dagegen eine sehr erhebliche Rolle. Ein drastischer Anstieg der Osmolarität bei Austrocknung wäre die Folge, woran die empfindlichen Kulturen sehr schnell sterben würden. Es gibt hier auch bauartbedingte Unterschiede, um eine nahezu 100 %ige relative Luftfeuchtigkeit zu gewährleisten. Entscheidend bei der Auswahl ist hier neben der möglichst guten Raumbefeuchtung die Reinigungs- und Austauschmöglichkeit des Wassers bzw. des Wasserbehälters. Kondenswasser an den Türen bzw. an den Seitenwänden sollte nicht auftreten.

Ein weiterer wichtiger Faktor bei der Auswahl eines Brutschrankes zum Züchten von Säugetierzellen ist die kontrollierte **Zufuhr von Gasen**, in der Hauptsache CO_2-Gas. Auch wenn es einige Zellarten gibt, die ganz ohne äußere CO_2-Zufuhr auskommen, sollte stets ein Begasungsbrutschrank eingeplant werden. Man sollte sich von Zeit zu Zeit vergewissern, daß die Anzeige der CO_2-Konzentration am Gerät auch wirklich mit der internen Gaskonzentration übereinstimmt.

Zur Kontroll-Messung der CO_2-Konzentration, die ca. alle 2–3 Monate durchgeführt werden sollte, verwendet man am besten ein Gerät der Fa. Drägerwerk AG, Lübeck, das zur

Abb. 1-8: Gerät zur Prüfung von Gaskonzentrationen

Prüfung von gasförmigen Stoffen für vielerlei Zwecke eingesetzt werden kann (Abb. 1-8). Es handelt sich dabei um eine kalibrierte Handpumpe, die ein Gasvolumen von exakt 100 ml durch ein Prüfröhrchen pumpt. Dieses Röhrchen ist mit einem Farbindikator, einer Anzeigeschicht und einer Meßskala ausgestattet. Pumpt man die Luft bzw. das zu prüfenden Gasgemisch durch das Röhrchen, verfärbt sich die Anzeigeschicht (Abb. 1-9). Es gibt CO_2-Röhrchen für 0,01% Vol. bis 60 Vol.% CO_2. Bei der Messung ist zu berücksichtigen, daß der Brutschrank vor der Messung eine Zeitlang nicht geöffnet wird, um eine gute Durchmischung zu gewährleisten. Für die Messung gibt es bei manchen Brutschränken eigene Gasaustrittsöffnungen, an die das Röhrchen über einen Gummiadapter o.ä. angeschlossen werden kann. Bei diesen Adaptern empfiehlt es sich, zunächst etwas Luft mittels einer Pipette o.ä. aus dem Schlauch zu saugen, damit man beim Meßvorgang wirklich nur Innenluft des Brutschrankes absaugt. Sollte sich keine spezielle Öffnung dafür am Brutschrank befinden, muß die Pumpe im zusammengedrückten Zustand sehr schnell in den Brutschrank gebracht werden, die Türe zum Brutschrank darf nicht zu weit geöffnet und muß sofort wieder geschlossen werden, um nicht allzuviel CO_2 aus dem Brutschrank entweichen zu lassen. Dies erfordert Übung und einige Röhrchen! Durch Glastüren lassen sich leicht Löcher zur Einführung eines Meßröhrchens bohren, die mit einem Gummistopfen verschlossen werden können.

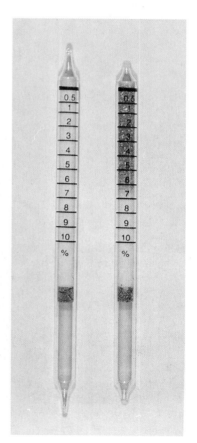

Abb. 1-9: Meßröhrchen zur Messung von CO_2-Konzentrationen. Links ungeöffnetes Meßrohr, rechts geöffnetes und benutzt, Gehalt 6% CO_2.

Für besondere Fragestellungen gibt es heute Brutschränke, die neben der erforderlichen CO_2-Gaszufuhr noch weitere kontrollierte Zufuhren anderer Gase, wie O_2 oder N_2 zulassen. Die Gasflaschen selbst sind am besten in unmittelbarer Nähe des Brutschrankes gesichert aufzustellen. Dabei hat sich ein sog. «Gaswächter» bewährt, der von der Versorgungsflasche auf eine zweite vorhandene Reserveflasche automatisch umschaltet, wenn die 1. Flasche leer ist. Eine elegante Lösung stellen vollautomatische zentrale CO_2-Versorgungsanlagen dar.

Abb. 1-10: Beleuchteter Brutschrank mit Schütteleinrichtung für Pflanzenzellkulturen (New Brunswick Scientific).

Es gibt auch größere Brutschränke als den in Abb. 1-7 dargestellten. In ihnen können mehrere Spinnerflaschen oder größere Rollergestelle mit 20–30 Rollerflaschen untergebracht werden.

Der Brutschrank sollte in unmittelbarer Nähe der Reinraumwerkbank aufgestellt werden. Der Brutschrank sollte so aufgestellt werden, daß man auch an die Rückseite zu Reinigungszwecken gelangen kann. Weiterhin sollte der Brutschrank weder in die Nähe einer Wärmequelle, wie Heizung o.ä., noch in unmittelbarer Nähe des Fensters aufgestellt werden, da dies zu erheblichen Temperaturschwankungen führen kann.

Für Pflanzenzellkulturlaboratorien eignen sich thermostatisierte Brträume mit Beleuchtungsmöglichkeiten am besten, in denen größere Schüttler aufgestellt werden können. Für kleiner Ansätze gibt es thermostatisierte Brutschränke mit Schüttlereinrichtung (Abb. 1-10). Eine Begasung oder Feuchteeinrichtung ist für Pflanzenzellkulturen nicht notwendig (weiteres s. Kap. 11).

Säugerzellen benötigen Temperaturen um 37°C. Für Fischzellkulturen und Invertebratenzellen muß die Temperatur individuell eingestellt werden, während für Pflanzenzellkulturen meist die Zimmertemperatur optimal ist. Näheres darüber in den speziellen Kapiteln.

Neben den bereits genannten Geräten werden im Sterilbereich noch folgende Geräte benötigt:

– ein **Wasserbad**
– eine **Kühlzentrifuge**, die wenigstens 1000 × g leistet
– ein **Umkehrmikroskop** mit Phasenkontrasteinrichtung (Abb. 1-11)
– eine **Kühl-/Gefrierkombination** ($+ 4°C / - 20°C$).

Im Sterilraum sollte möglichst viel **Platz für sterile Gläser und Einmalartikel** vorhanden sein. Am besten sind staubgeschützte Schränke (Formaldehyd-frei) mit verglasten Türen zu verwenden.

Zudem ist es wünschenswert, daß die Wände des Sterilraumes abwaschbar sind. Wichtig ist ferner eine gute Be- und Entlüftung, wobei ein leichter Überdruck im Sterilraum herrschen sollte. Die Zuluft sollte möglichst gefilterte Frischluft sein. Weitere Einrichtungen für den Sterilraum sind ein **Waschbecken**, sowie eine **Arbeitsfläche**. Weiterhin sollten verschließbare **Abfalleimer** o.ä. vorhanden sein, die täglich zu entleeren sind. Dies gilt auch für das Gefäß, in dem verbrauchte Medien aufgefangen werden.

Wenn größere Mengen gleichartiger Zellkulturen in geschlossenen Kulturgefäßen gezüchtet werden sollen, können begehbare, thermostatisierte Brträume, auch sog. Klimakammern geeignet sein. Da der technische Aufwand für Bau und Betrieb nicht unerheblich ist, nur *eine* Temperatur mit zumutbarem Aufwand eingeregelt werden kann und nur Medien ohne Hydrogencarbonat verwendet werden können, sind begehbare Brträume keine generelle Alternative zu den vielseitig verwendbaren Brutschränken.

1.4 Sicherheitsvorschriften und Entsorgung

Grundsätzlich gelten in Zellkulturlaboratorien wie in anderen Laboratorien die allgemeinen und speziellen Unfallverhütungsvorschriften der regionalen Gemeindeunfallversicherungsverbände für kommunale und staatliche Behörden, die Vorschriften der branchenspezifischen Berufsgenossenschaften (BG) der gewerblichen Industrie, z.B. der BG Chemie für die chemische Industrie ebenso wie Empfehlungen der Deutschen Forschungsgemeinschaft (DFG) für deren Sachbeihilfeempfänger, sowie speziell das Gentechnikgesetz und die dazu erlassenen

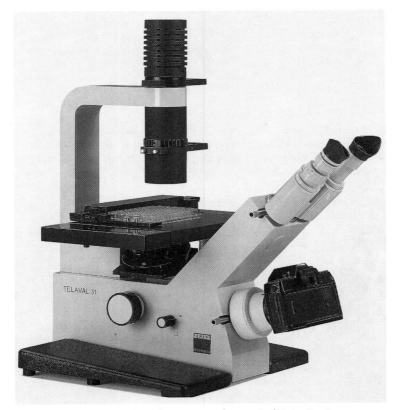

Abb. 1-11: Umkehrmikroskop mit Phasenkontrasteinrichtung (Carl Zeiss Jena).

Verodnungen. Detaillierte Vorgaben für sicheres Arbeiten stellen die Unfallverhütungsvorschriften (UVV) der BG Chemie sowie die Merkblätter der BG Chemie «Sichere Biotechnologie»: Laboratorien (B 002), Betrieb (B 003) und Zellkulturen (B 009) dar. Grundlage für die zu treffenden Maßnahmen ist die Einstufung der biologischen Agenzien nach deren Gefährdungspotential (Tab. 1-1).

Im Zellkulturlabor steht in aller Regel der Schutz der Kulturen vor Kontaminationen der verschiedensten Art im Vordergrund. Sobald jedoch mit potentiell oder tatsächlich pathogenen Organismen einschließlich bestimmter eukaryontischer Zellen, mit in vitro neu kombinierter DNS, mit toxischen, explosiven, entflammbaren, ätzenden, radioaktiven oder karzinogenen Stoffen gearbeitet werden muß, hat der Schutz des Experimentators und seiner Umgebung absoluten Vorrang.

Durch die rapide Zunahme der Arbeiten mit neukombinierten Nukleinsäuren, also auch genmanipulierten eukaryontischen Zellen, haben das Gentechnikgesetz (GenTG) und die dazu erlassenen Verordnungen, insbesondere die Gentechnik-Sicherheitsverordnung (GenTSV) für viele Zellkulturlabors Bedeutung erlangt.

Tab. 1-1: Gefährdungspotential biologischer Agenzien entsprechend WHO-Empfehlung

---

Gruppe 1: ohne
Es handelt sich um harmlose biologische Agenzien, die gut bekannt sind und bisher keine Bedrohung für Mensch, Tier und Umwelt dargestellt haben.

Gruppe 2: gering
Die biologischen Agenzien können bei unsachgemäßem Umgang oder bei unzureichenden technischen und Hygienemaßnahmen Krankheiten verursachen. Eine Ausbreitung in die Umwelt ist unwahrscheinlich, Prophylaxe und effektive Therapie sind verfügbar.

Gruppe 3: mäßig
Schwere Krankheiten können hervorgerufen werden. Die biologischen Agenzien stellen für die Beschäftigten eine mäßig bis hohe, für die Bevölkerung eine geringe Gefährdung dar. Prophylaxe und effektive Therapie sind verfügbar.

Gruppe 4: hoch
Schwere Krankheiten können bewirkt werden. Hohe Gefährdung für Beschäftigte und Bevölkerung. Effektive Prophylaxe ist nicht verfügbar und wirksame Therapie nicht bekannt. Der Einsatz dieser biologischen Agenzien in industriellem Maßstab ist nicht wahrscheinlich.

Gentechnische Arbeiten, wozu auch die Kultivierung gentechnisch veränderter Zellen gehört, dürfen nur in gentechnischen Anlagen durchgeführt werden. Die Errichtung und der Betrieb gentechnischer Anlagen für die Durchführung gentechnischer Arbeiten der Sicherheitsstufe 1 zu Forschungszwecken müssen der zuständigen Behörde spätestens 3 Monate vor Aufnahme der Arbeiten angemeldet werden. Für Arbeiten in höheren Sicherheitsstufen und für alle gewerblichen Arbeiten muß die Anlage genehmigt sein (§ 8 GenTG). Die gentechnischen Arbeiten der Sicherheitsstufen 2–4 für Forschungszwecke müssen bei der zuständigen Behörde spätestens zwei Monate vor Beginn angemeldet werden (§ 9 GenTG). Für die Durchführung gentechnischer Arbeiten der Sicherheitsstufen 2–4 zu gewerblichen Zwecken bedarf es dagegen einer förmlichen Genehmigung (§ 10 GenTG)

Je nach Gefährdungsgrad (Tab. 1-2) müssen nach den jeweils anzuwendenden Vorschriften abgestufte Sicherheitsmaßnahmen eingehalten werden, wobei die UVV zwischen Labor und Produktion unterscheidet, nicht das GenTG. Die Tab. 1-2 gibt einen Überblick über die Sicherheitsstufen, die sich aus den beiden wichtigsten Vorschriften ergeben.

Tab. 1-2: Gefährundgspotential und Sicherheitsstufen

Gefährdungs- potential biologische Agenzien	Gruppe der Organismen (Tab. 1–1)	Gesamtbeurteilung des Gefährdungs- risikos unter Beachtung der erforderlichen Hygieneregeln	Sicherheitsstufen			
			Laboratorien		Produktions- bereiche	
			UVV	GenTSV	UVV	GenTSV
Ohne Gefähr- dungspotential	1	Ohne	L 1	S 1	P 1	S 1
Mit Gefähr- dungspotential	2	Gering	L 2	S 2	P 2	S 2
	3	Mäßig	L 3	S 3	P 3	S 3
	4	Hoch	L 4	S 4	P 4	S 4

Für die einzelnen Sicherheitsstufen sind in den genannten Regelwerken ausführliche und zwingend vorgeschriebene Verhaltensweisen aufgeführt, die hier nicht näher genannt werden können. Als Stand der Technik nach wie vor für das allgemeine Zellkulturlabor gültig, sind die «Grundregeln guter mikrobiologischer Technik» (Kierski u. Mussgay, 1981), sie sind auch heute noch als allgemeingültige Regeln z.B. in den Merkblättern der BG Chemie aufgeführt; sie lauten:

– Türen und Fenster der Arbeitsräume müssen während der Arbeiten geschlossen sein.
– In Arbeitsräumen darf nicht getrunken, gegessen oder geraucht werden. Nahrungsmittel dürfen im Laboratorium nicht aufbewahrt werden.
– Laborkittel oder andere Schutzkleidung müssen im Arbeitsraum getragen werden.
– Mundpipettieren ist untersagt, mechanische Pipettierhilfen sind zu benutzen.
– Bei allen Manipulationen muß darauf geachtet werden, daß keine vermeidbaren Aerosole auftreten.
– Nach Beendigung eines Arbeitsganges und vor Verlassen des Laboratoriums müssen die Hände sorgfältig gewaschen werden.
– Laboratoriumsräume sollen aufgeräumt und sauber gehalten werden. Auf den Arbeitstischen sollen nur die tatsächlich benötigten Geräte und Materialien stehen. Vorräte sollen nur in den dafür bereitgestellten Räumen oder Schränken gelagert werden.
– Unerfahrene Mitarbeiter müssen über die möglichen Gefahren unterrichtet werden und sorgfältig angeleitet und überwacht werden.
– Ungeziefer muß, wenn nötig, regelmäßig bekämpft werden.

Weitere Sicherheitsmaßnahmen können sein:
– die Benutzung von Sicherheitswerkbänken
– die Beschränkung und Kontrolle des Zugangs zu bestimmten Arbeitsräumen (Laborfremde, Besucher, Handwerker)
– Desinfektion aller erregerhaltigen Materialen, bevor sie den Arbeitsraum verlassen
– ein Überdruck im Arbeitsraum durch künstliche Belüftung. Die Abluft kann durch geeignete Maßnahmen ausreichend keimfrei gemacht werden.

Da in vielen Zellkulturlaboratorien mit frischem Humanmaterial gearbeitet wird, möchten wir ergänzend die wichtigsten, zusätzlich zu den «Grundregeln» einzuhaltenden Vorschriften wiedergeben:
– Gelbe Hinweisschilder mit schwarzer Schrift «Infektionsgefahr» anbringen
– Werdende und stillende Mütter dürfen nicht mit Humanmaterial arbeiten
– Wer noch keine Antikörper gegen Hepatitis B hat, sollte sich impfen lassen
– Nur mit Material arbeiten, das anti-HIV negativ ist.

Nicht selten kommt unverletzte Haut mit Humanmaterial (Gewebe, Blut usw.) in Berührung. Man wischt die betreffende Hautstelle mit einem Desinfektionsmittel (Sagrotan, Primasept o. dergl.) ab und läßt es 5 min einwirken, danach gründlich mit Wasser abspülen.

Wenn während der Arbeit Verletzungen mit dem Verdacht auftreten, daß Humanmaterial in die Wunde gelangt ist, oder kommt Material mit Schleimhäuten in Berührung (Mund, Nase, Auge), muß der Vorgesetzte sofort informiert werden. Dieser veranlaßt, ggf. nach Rücksprache mit einem Arzt, die geeigneten Maßnahmen und die Sicherstellung des Materials. In gleicher Weise muß, auch bei kleinsten Verletzungen, mit genneukombiniertem Material verfahren werden.

Bei etablierten, permanent wachsenden Zellkulturen sind in über 30jähriger Erfahrung keine Zwischenfälle bekannt geworden, die zu einer Gefährdung von Mensch und Umwelt geführt hätten. Demgemäß wird der Umgang mit etablierten, gut charakterisierten Zellen, insbesondere wenn sie von einer kompetenten Zellbank ausgehen (s. Anhang), als sicher angesehen. Dies gilt nach jetzigem Kenntnisstand unter Beachtung der «Grundregeln» (s.o.) auch bezüglich endogener, Retrovirus-ähnlicher Sequenzen, amphotroper Retroviren und der z.Zt. bekannten Tumorviren und deren DNS-Sequenzen in Säuger-DNS, z.B. Papilloma-Virus-DNS-Sequenzen in HeLa-Zellen.

Die Art der **Entsorgung** in einem Zellkulturlabor, das nicht mit gentechnisch veränderten oder anderen Agenzien mit Gefährdungspotential arbeitet, richtet sich danach, ob es sich um Kulturrückstände handelt, wozu auch jedes Einmalmaterial und alle Lösungen gehören, die mit Zellen oder zellhaltigem Material in Berührung gekommen sind oder nicht.

In der Praxis hat es sich bewährt, grundsätzlich alle Zellkulturrückstände und alles mit der Kultur in Berührung gekommene, nicht wiederverwendete Material ausnahmslos zu autoklavieren. Es kann dann mit dem Hausmüll entsorgt oder in das Abwasser gegeben werden. Wenn die Materialien vor dem Autoklavieren getrennt in Autoklavenbeutel oder sonstige Gefäße gegeben wurden, ist nach dem Autoklavieren auch eine Mülltrennung möglich. Material, das auf Grund der Art der Arbeiten nicht mit Zellen in Berührung gekommen sein kann, wird ohne Desinfektion oder Sterilisation entsorgt. Bei dieser schematischen Art der Abfallbeseitigung sind Entscheidung und Verantwortung einfach und überschaubar. Es besteht ein Höchstmaß an Sicherheit. Für Organ-Abfälle menschlicher Herkunft ist Autoklavieren (Verbrennen) vor dem Entsorgen in jedem Falle vorgeschrieben. Kulturrückstände, Lösungen und Einwegartikel können vor der Entsorgung grundsätzlich auch chemisch desinfiziert werden, dabei sollte jedoch bedacht werden, daß neben Mikroorganismen einschließlich Viren auch keine eukaryontischen Zellen, die Träger von Viren oder Nukleinsäuren mit Gefährdungspotential sein könnten, überleben. Hierfür sind chemische Desinfektionsmittel in der Regel nicht gedacht. Es sei jedoch nochmals betont, daß von gesunden Zellen an sich keinerlei Gefahr ausgeht. Es ist allerdings im Einzelfall nicht mit letzter Sicherheit zu sagen, ob eine Zelle etwa gefährliche Viren oder schädliche Nucleinsäuresequenzen enthält.

Da bei der Entsorgung immer wieder Verletzungen auftreten, ist stets daran zu denken, spitze (Kanülen) und scharfkantige (Scherben) Abfälle nur in einer sicheren Umhüllung aus dem Labor zu geben. Um ein hohes Maß an Sicherheit aufrecht zu erhalten, ist es außerdem nie verkehrt, jeden Abfall vor Verlassen des Labors entweder in einen Autoklavensack zu geben oder ausreichend zu desinfizieren. Die Abfälle sollten nach Möglichkeit jeden Abend autoklaviert oder zumindest sicher verschlossen gelagert werden, auch um die Ausbreitung von Keimen im Labor zu verhindern. Zellkulturmedien sind ideale Nährböden für Mikroorganismen! Unter Kosten- und Umweltschutzgesichtspunkten sollte schließlich geprüft werden, ob die Abfallmenge durch Benutzung wiederverwendbarer Materialien, z.B. Glas- anstelle von Kunststoffpipetten, reduziert werden kann.

Wenn biologisches Material, dessen Handhabung gesetzlichen Regelungen unterliegt, entsorgt werden soll, müssen die speziellen Vorschriften eingehalten werden.

1.5 Literatur

Adelmann, S.: Umgang mit biologischen Agenzien in Labor und Produktion. Bioengineering **3**, 32–38. 1990
Bay. Gemeindeunfallversicherungsverband: Unfallverhütungsvorschrift Gesundheitsdienst (GUV 8.1), Bay. Staatsanzeiger **11**. 1983
Berufsgenossenschaft der Chem. Industrie: Merkblatt Sichere Biotechnologie: Betrieb (B 003), Jedermann-Verlag Heidelberg. 1992

Berufsgenossenschaft der Chem. Industrie: Merkblatt Sichere Biotechnologie: Laboratorien (B 002), Jedermann-Verlag Heidelberg. 1992

Berufsgenossenschaft der Chem. Industrie: Merkblatt Sichere Biotechnologie: Zellkulturen (B 009), Jedermann-Verlag Heidelberg. 1992

Berufsgenossenschaft der Chem. Industrie: Unfallverhütungsvorschrift Biotechnologie (VBG 102), Jedermann-Verlag Heidelberg. 1988

Bundesverb. der Unfallversicherungsträger der öffentlichen Hand (BAGUV): Richtlinien für Laboratorien (GUV 16.17), München. 1983

Deutsche Forschungsgemeinschaft: Zum Einsatz mikrobiologischer Sicherheitskabinen, Empfehlungen. Deutsche Forschungsgemeinschaft Bonn. 1979

DIN, Deutsches Institut für Normung e. V.: Sicherheitswerkbänke für mikrobiologische und biotechnologische Arbeiten, Anforderungen, Prüfung. DIN 12950, Teil 10, Beuth Verlag Berlin. 1991

DIN, Deutsches Institut für Normung e. V.: Typprüfung von Schwebstofffiltern. DIN 24184, Beuth Verlag Berlin. 1990

Döhmer, J. et al.: Gefährdungspotential durch Retroviren beim Umgang mit tierischen Zellkulturen. Arbeitsgruppe Gefährdungspotential durch Retroviren beim Umgang mit tierischen Zellkulturen des DECHEMA-Arbeitskreises Tierische Zellkulturtechnik. Bioforum **11**, 428–436, 1991

Driesel, A.-J. (Hrsg.): Sicherheit in der Biotechnologie, 3 Bände. Hüthig Buch Verlag Heidelberg. 1992

Gesetz zur Regelung von Fragen der Gentechnik (Gentechnikgesetz – GenTG), Bundesgesetzblatt I, 1080. 1990

Gesetz zur Verhütung und Bekämpfung übertragbarer Krankheiten beim Menschen (Bundesseuchengesetz), Bundesgesetzblatt I, 2262, ber. I, S. 151. 1980

Hasskarl, H.: Gentechnikrecht. Editio Cantor Verlag Aulendorf. 1990

Hauptverband der gewerblichen Berufsgenossenschaften: Merkblatt für das sichere Arbeiten an und mit mikrobiologischen Sicherheitswerkbänken (ZH 1/48). Carl Heymanns Verlag Köln. 1987

Johannsen, R. et al.: Chancen und Risiken durch Säugerzellkulturen. Arbeitskreis Sicherheitsaspekte beim Umgang mit Säugerzellkulturen des DECHEMA-Arbeitsausschusses Sicherheit in der Biotechnologie. Forum Mikrobiologie **9**, 359–367. 1992

Johnson, R. W.: Application of the principles of good manufacturing practices (GMP) to the design and operation of a tissue culture laboratory. J. Tissue Culture Methods **13**, 265–274. 1991

Kierski und Mussgay: Vorläufige Empfehlungen für den Umgang mit pathogenen Mikroorganismen und für die Klassifikation von Mikroorganismen und Krankheitserregern nach den im Umgang mit ihnen auftretenden Gefahren, Bundesgesundheitsblatt **24**, 347–358. 1981

Rabenau, H., Doerr, H. W.: Die Infektionssicherheit biotechnologischer Pharmazeutika aus virologischer Sicht. GIT Verlag Darmstadt. 1990

Stadler, P., Wehlmann, H.: Arbeitssicherheit und Umweltschutz in Bio- und Gentechnik. VCH Verlagsgesellschaft Weinheim. 1992

Tierseuchengesetz, Bundesgesetzblatt I, 386. 1980

VDI, Verein Deutscher Ingenieure: Reinraumtechnik: Meßtechnik in der Reinraumluft. VDI 2083, Blatt 3, Beuth Verlag Berlin. 1993

Verordnung über die Sicherheitsstufen und Sicherheitsmaßnahmen bei gentechnischen Arbeiten in gentechnischen Anlagen (Gentechnik-Sicherheitsverordnung – GenTSV), Bundesgesetzblatt I, 2340. 1990

Wallhäusser, K.H.: Sterilisation, Desinfektion, Konservierung, Keimdifferenzierung-Betriebs-hygiene. 4. Aufl. Thieme Verlag, Stuttgart. 1988
WHO, World Health Organization: Laboratory biosafty manual, WHO Genf. 1983

2 Kulturgefäße und ihre Behandlung

Zellen können auf Unterlagen von **Glas, Metall** und **Kunststoff** gezüchtet werden. Wachstum von tierischen Zellen in Suspension kommt nur bei einigen wenigen Zellinien vor, während sie bei den Pflanzenzellen die Regel darstellt.

Seit Beginn der ersten Versuche, Zellen in vitro zu züchten, ist Glas aufgrund der optischen Eigenschaften bis in die heutigen Tage das ideale Substrat für tierische Zellen. Während es für die Pflanzenzellkulturen kein Problem darstellt, welches Material für die Züchtung verwendet wird (es ist in der Hauptsache Glas), stellt das geeignete Substrat für die tierischen adhärenten Zellen mitunter ein entscheidendes Problem dar. Er soll hier nicht nur auf die Materialien und Gefäße eingegangen werden, sondern auch auf die verschiedenen Arten der Vorbehandlung ihrer Oberflächen.

2.1 Züchtung von Zellen auf Glas

Vor der Einführung von Kunststoffgefäßen wurden so gut wie ausschließlich Glasflaschen und -schalen für die Zellzüchtung verwendet. Glas hat den Vorteil, daß es wiederverwendbar ist (Umweltaspekt, in manchen Instituten finanzieller Aspekt), bei den Kulturgefäßen ist es jedoch vom Kunststoff wegen dessen Vorteilen (z.B. jede beliebige Form herstellbar) verdrängt worden. Für Aufbewahrung und Transport von Medien, Seren und Reagenzien sowie für Ansetzen, Abmessen und Sterilisieren der verschiedensten Lösungen wird auch im Zellkulturlabor nach wie vor Glas verwendet.

Aufgrund jahrzehntelanger Erfahrung wird Glas der 1. hydrolytischen Klasse (Tab. 2-1) bevorzugt, obwohl selbst Gläser der 3. hydrolytischen Klasse nach intensiver Behandlung (Extrahieren, Waschen) für manche Zellen durchaus geeignet sein können.

Gläser der 1. hydrolytischen Klasse, z.B. Duran 50 von Schott, bestehen hauptsächlich aus Siliziumdioxid, SiO_2, als Netzwerkbildner sowie aus Metalloxiden, wie z.B. Natriumoxid, Na_2O, als Netzwerkwandler; wegen ihres Gehaltes an Bortrioxid, B_2O_3 (Tab. 2-2) werden sie **Borosilikatgläser** genannt.

Durch Einwirken von Wasser und Säuren auf Borosilikatgläser kommt es zur Herauslösung von Ionen wie z.B. Natrium (in Tab. 2-1 als Basenabgabe angegeben), an deren Stelle H^+- und OH^--Ionen treten. Dadurch kann sich eine dünne, porenarme Silikagelschicht

Tab. 2-1: Wasserbeständigkeit nach DIN 12111.

Hydrolytische Klasse	Säureverbrauch an n/100 HCl ml/g	Basenabgabe als Äquivalentwert µval/g
1	bis 0,10	bis 1,0
2	über 0,10 bis 0,20	über 1,0 bis 2,0
3	über 0,20 bis 0,85	über 2,0 bis 8,5
4	über 0,85 bis 2,0	über 8,5 bis 20,0
5	über 2,0 bis 3,5	über 20,0 bis 35,0

Gewichtsprozente	
SiO_2	80,60
B_2O_3	12,70
Al_2O_3	2,40
Fe_2O_3	0,03
ZrO_2	0,055
TiO_2	0,035
Na_2O	3,55
K_2O	0,53
CaO	0,035
MgO	0,010
F	0,001
Cl	0,065
	100,011

Tab. 2-2: Zusammensetzung eines Borosilikatglases, Marke Duran 50 (Schott).

ausbilden. Dieser erwünschte Vorgang wird durch die in Abschn. 2.5 beschriebene Reinigung frischer und gebrauchter Gläser gefördert.

In proteinhaltigen Medien können Proteine an die Oberflächen von Glas und Zellen adsorbieren, so daß sich an den Anhaftungsstellen der Zellen an das Glas eine Eiweißdoppelschicht ausbildet. In proteinfreien Medien kann es nötig sein, die Glasoberfläche z.B. mit basischen Polymeren zu beschichten (s. Abschn. 2.6), deren positive Ladung für die Anhaftung der negativ geladenen Zellmembranen verantwortlich gemacht wird. Die Anhaftung der negativ geladenen Zellen an das ebenfalls negativ geladene, unbeschichtete Glas wird durch bivalente Kationen wie z.B. Calcium besorgt. Deshalb enthalten alle Medien für adhärente Zellen $CaCl_2$, das in den Rezepturen für Suspensionskulturen fehlt.

Um mögliche Störungen zu vermeiden, ist es empfehlenswert, auch alle Gläser, die nicht unmittelbar der Anhaftung von Zellen dienen, wie Bechergläser oder Meßzylinder in Borosilikatglas-Qualität zu benützen.

2.2 Züchtung von Zellen auf Plastikmaterial

Seit mehr als 15 Jahren wird in zunehmendem Maße Glas als Substrat zur Züchtung von Zellen durch **Polystyrol** und anderes Plastikmaterial verdrängt. Dieses wird nach einmaligem Gebrauch weggeworfen und stellt eine bequeme, allerdings teure und keinesfalls umweltneutrale Alternative zum Glas dar. Die Flaschen, Röhrchen und Schalen bestehen zum allergrößten Teil aus speziell vorbehandeltem Polystyrolmaterial, das von guter optischer Qualität und für die Zellzüchtung gut geeignet ist. Die Vorbehandlung der normalerweise **hydrophoben Oberfläche** der Polystyrolgefäße erfolgt beim Hersteller entweder durch Bestrahlung mit Gamma-Strahlen, auf chemischem Wege oder durch Lichtbogenbehandlung. Die Plastikoberfläche ist durch diese Behandlung mehr oder weniger gut zur Zellzüchtung geeignet, und deshalb sollte die Qualität der einzelnen Fabrikate getestet werden, um beste Ergebnisse für die jeweilige Zellinie zu erhalten.

Neben Polystyrol gibt es noch andere Plastikmaterialien, die zur Züchtung von tierischen Zellen ein geeignetes Substrat abgeben. Dazu gehören z.B. Polycarbonat, Polytetrafluorethylen (P.T.F.E.), Cellophan, Polyacrylamide und andere Kunststoffe (Zusammensetzung und Eigenschaften siehe Tab. 2-3). Während es bei den Glaskulturgefäßen nur einige gängige Größen gibt, ist die Auswahl der Kunststoffkulturgefäße sehr groß. Neben den Standardkul-

Tab. 2-3: Eigenschaften von thermoplastischen Kunststoffen.

Material	Eigenschaften (für den Laborgebrauch)	Durchsichtig-keit	Auto-klavier-barkeit	Hitze-beständigkeit bis ca.	Brennbar-keit
Polystyrol (Styrol)	Biologisch inert, hart, ausge-zeichnete optische Eigenschaf-ten	durchsichtig	schmilzt	64–80°C	langsam
Stark verdichtetes Polystyrol	Gummigehalt erhöht die Fe-stigkeit von Styrol	matt	schmilzt	64–90°C	langsam
Styrol (Acrylnitril)	Erhöhte Festigkeit gegenüber Polystyrol	durchsichtig	schmilzt	90–93°C	langsam
Polyethylen (hohe Dichte)	biologisch inert, hohe chemi-sche Widerstandsfähigkeit	matt	mehrmals möglich	121°C	langsam
Polyethylen (niedrige Dichte)	biologisch inert, hohe chemi-sche Widerstandsfähigkeit	matt	schmilzt	40–50°C	langsam
Polypropylen	biologisch inert, hohe chemi-sche Widerstandsfähigkeit, be-sonders zäh	durch-scheinend	mehrmals möglich	140°C	langsam
Polycarbonat	durchsichtig, sehr fest, inert, widerstandsfähig gegen hohe Temperaturen	durch-sichtig	ja	135–160°C	flamm-hemmend
Methyl-Methacrylat (Plexiglas, Lucite)	beste optische Eigenschaften	durch-sichtig	schmilzt	71–88°C	langsam
Celluloseacetat (Acetat)	durchsichtig, fest, etwas flexi-bel	durch-sichtig	schmilzt	43–90°C	langsam
Nylon	fest, hitzebeständig, hohe Was-serdampfdurchlässigkeit	matt	ja	150–180°C	flamm-hemmend
PTFE (Teflon)	biologisch und chemisch inert, hohe Hitzebeständigkeit, glatte Oberfläche	matt	ja	121°C	nicht brennbar
PVC (Weichmacher)	inert, fest, durchsichtig, hohe chemische Widerstandsfähig-keit	durch-sichtig	schmilzt	43–80°C	flamm-hemmend
Vinylchlorid	durchsichtig, beliebt als Fo-lienmaterial	durch-sichtig	schmilzt	54–66°C	flamm-hemmend
Cellulosenitrat (Celluloid)	fest	durch-sichtig	schmilzt	60–71°C	schnell (explosiv)
Polypropylen-Folie	durchsichtig, als Folienmate-rial	durch-sichtig	ja	126°C	langsam
Polyester Folien	durchsichtig, beliebt als Fo-lienmaterial	durch-sichtig	ja	121°C	flamm-hemmend

| Beeinflussung durch Labor-Reagenzien | | | | Organische Lösungsmittel | Gasdurchlässigkeit* dünnwandiger Produkte | | |
Schwache Säuren	Starke Säuren	Schwache Alkalien	Starke Alkalien		O_2	N_2	CO_2
keine	wird durch oxidierende Säuren angegriffen	keine	keine	löslich in aromatischen chlorierten Kohlenwasserstoffen	niedrig	sehr niedrig	hoch
keine	wird durch oxidierende Säuren angegriffen	keine	keine	löslich in aromatischen chlorierten Kohlenwasserstoffen			
keine	wird durch oxidierende Säuren angegriffen	keine	keine	löslich in Ketonen, Estern und chlorierten Kohlenwasserstoffen	sehr niedrig	sehr niedrig	niedrig
keine	wird durch oxidierende Säuren angegriffen	keine	keine	widerstandsfähig unter 80°C	hoch	niedrig	hoch
keine	wird durch oxidierende Säuren angegriffen	keine	keine	widerstandsfähig unter 60°C	hoch	niedrig	sehr hoch
keine	wird durch oxidierende Säuren angegriffen	keine	keine	widerstandsfähig unter 80°C	hoch	niedrig	sehr hoch
keine	keine	keine	wird langsam angegriffen	löslich in halogenierten Kohlenwasserstoffen – teilweise in aromatischen Stoffen	sehr niedrig	sehr niedrig	niedrig
leicht	wird durch oxidierende Säuren angegriffen	leicht	leicht	löslich in Ketonen, Estern und aromatischen Kohlenwasserstoffen	sehr hoch	sehr niedrig	
leicht	Zersetzung	leicht	Zersetzung	weicht in Alkalien auf; löslich in Ketonen und Estern	sehr niedrig	sehr niedrig	hoch
keine	wird angegriffen	keine	keine	widerstandsfähig	sehr niedrig	sehr niedrig	
keine	keine	keine	keine	widerstandsfähig			
keine	keine	keine	keine	löslich in Ketonen, Estern	niedrig		hoch
keine	keine	keine	keine	leicht; widerstandsfähig	niedrig		hoch
leicht	Zersetzung	leicht	Zersetzung	löslich in Ketonen und Estern; weicht in Alkohol auf; wird durch Kohlenwasserstoffe leicht angegriffen			
keine	wird durch oxidierende Säuren angegriffen	keine	keine	widerstandsfähig unter 80°C	hoch	niedrig	sehr hoch
keine	keine	keine	keine	gut bis ausgezeichnet	sehr niedrig	sehr niedrig	sehr niedrig

* gemessen in $cm^3/645\ cm^2$ in 24 h/je ml Lösung. Die Eigenschaften können je nach Hersteller variieren.

turflaschen von 25 bis 175 cm² Kulturfläche gibt es in Kunststoffausführung viele Formen von Kulturröhrchen, Petrischalen und Multischalen sowie Mikrotestplatten mit Vertiefungen für Volumina von 0,01 bis 15 ml (Abb. 2-1).

Ebenfalls aus Kunststoffmaterial sind die Gefäße zur Züchtung von Zellen in größerem Maßstab, darunter die sog. Rollerflaschen und die Wannenstapel (s. Kap. 9).

Aus Polymermaterialien sind auch die Mikroträger (Microcarrier), Kugeln von ca. 10–800 µm Durchmesser, auf denen ebenfalls Zellen gezüchtet werden können. Diese Mikroträger werden in speziell dafür konstruierten Gefäßen ganz vom Nährmedium bedeckt gehalten (s. Kap. 9)

Kunststoff-Einmalartikel für die Zellkultur müssen normalerweise vor Gebrauch nicht behandelt werden. Es gibt aber immer wieder Fragestellungen, bei denen es notwendig ist, die Oberflächen zu modifizieren.

2.3 Züchtung von Zellen auf anderen Materialien

Daneben gibt es noch weitere Substrate zur Züchtung von tierischen Zellen, wobei es sich meist um Spezialfälle handelt. Zellen können im Prinzip auf rostfreiem **Stahl** sehr gut wach-

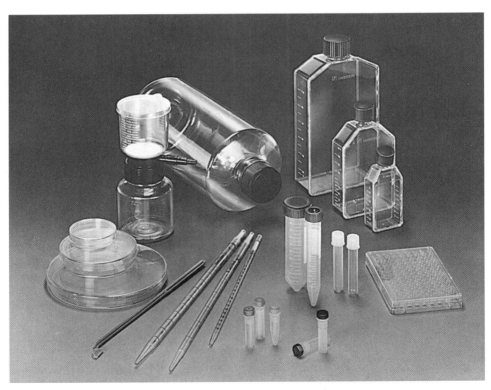

Abb. 2-1: Diverse Einmalartikel für die Zellkultivierung (Fa. Sarstedt)

sen, ebenfalls auf **Palladium** oder **Titan**. Weiterhin können Zellen auf Filterpapier oder anderem Filtermaterial wachsen, ebenso zwischen Kapillarsystemen («hollow fibers»).

Ein weiteres Substrat zur Züchtung von transformierten, nicht strikt adhärenten Zellinien stellt **Agar** dar. Solche halbfesten Substrate dienen häufig zur Erkennung von Transformationsvorgängen. Diploide Zellinien sterben auf Agar bzw. Agarosesubstrat sehr schnell ab.

2.4 Spezielle Kulturgefäße

2.4.1 Kulturflaschen

Es gibt eine ganze Reihe von Kulturflaschen verschiedener Größe, wobei man prinzipiell auf die Wachstumsfläche achten muß, weniger auf das Volumen.

Dabei spielt natürlich die ungefähre Zellausbeute die entscheidende Rolle, so liegt die Zellausbeute z.B. bei einer 25 cm²-Flasche (T 25) bei maximal 5×10^6 Zellen, während Standardplastikflaschen mit 75 cm² (T 75) eine Zellausbeute zwischen 5×10^6 und 2×10^7 Zellen je nach Zellinie erreichen.

Die Kulturflaschen sind entweder mit einem **Silikonstopfen** zu verschließen, der luftdurchlässig sein kann, um bei CO_2-Begasung des Mediums die richtige Einstellung des pH-Wertes zu gewährleisten, oder sie sind mit einem **Schraubverschluß** ausgestattet. Dieser Verschluß kann bei CO_2-Begasung im Brutschrank mit einer Vierteldrehung leicht geöffnet werden, bevor die Flasche mit den Kulturen in den Schrank gestellt wird. Um das nachträgliche Öffnen der Flaschen für die CO_2-Versorgung zu vermeiden, wurden Zellkulturflaschen entwickelt, die mit einer kontaminationssicheren Belüftungskappe ausgestattet sind (Abb. 2-2). Dabei ist in die Schraubkappe ein hydrophober Filter (0,22 µm) eingebaut, der sowohl einen optimalen CO_2-Austausch garantiert als auch eine Benetzung des Schraubdeckels mit Medium verhindert. Dies kann mögliche Kontaminationsrisiken im Brutschrank vermeiden helfen.

Abb. 2-2: Zellkulturflaschen mit integrierten hydrophoben Filtern in der Schraubkappe (Costar).

Die Kulturflaschen sind entweder mit geradem oder leicht abgewinkeltem Hals erhältlich, wobei es dem jeweiligen Benutzer überlassen ist, welche der beiden Typen er benutzt. Ähnliches gilt für die Formgestaltung der Flaschen, die ebenfalls unterschiedlich sein kann.

Für das Waschen und Vorbehandeln der **Glaskulturflaschen** gilt ähnliches wie für alle Glasgeräte, die in der Zellkultur Verwendung finden (s. Abschn. 2.5).

Bei **Plastikflaschen** ist vor dem Auspacken darauf zu achten, daß die Flaschen nicht Risse oder ähnliches aufweisen, die durch Herstellung und Transport verursacht sein können. Ferner ist auf die Unversehrtheit der Verpackung zu achten, um die Sicherheit der Sterilität zu gewährleisten.

Während Glasflaschen sehr gut wiederholt gebraucht werden können, ist dies bei Plastikflaschen nicht der Fall. Erstens können die Polystyrolmaterialien weder heiß gereinigt werden, noch ist derzeit eine Methode gebräuchlich, die eine Sterilisation von solchen Plastikflaschen im Labor zuläßt. Weiterhin können strikt abhärente Zellinien die Oberfläche von Polystyrolkulturflaschen stark verändern, so daß ein mehrmaliger Gebrauch keine reproduzierbaren Ergebnisse liefert.

Eine Variante der normalen Kulturflaschen stellen die **Rollerkulturflaschen** oder «rollerbottles» dar. Rollerflaschen sind runde Flaschen, meist mit einer Wachstumsfläche von 700 bis 1500 cm², die auf Rollen in einer speziellen Apparatur entlang ihrer Längsachse gedreht werden (s. Abb. 9-1).

Das Mediumvolumen sollte sich bei allen Arten von Kulturgefäßen zur Wachstumsfläche in einem Verhältnis von ca. 1:5 bis 1:2 bewegen, so daß eine Kulturflasche mit einer Wachstumsfläche von 75 cm² mit einem Volumen von 15 bis 150 ml je nach Zellinie und Wachstumsbedingungen an Nährmedium beschickt werden sollte.

2.4.2 Petrischalen, Vielfachschalen und Mikrotiterplatten

a) Petrischalen:

Die Petrischalen stellen eines der ältesten Kulturgefäße dar. Es gibt sie heute sowohl aus Glas als auch aus verschiedenen Plastikmaterialien. Sie sind die billigsten Gefäße für die Zellzüchtung. Petrischalen benötigen stets einen Brutschrank, der eine kontrollierte Luftfeuchtigkeit (100% relative Luftfeuchtigkeit) besitzt, da die Ventilation sehr viel stärker ist als bei dicht zu verschließenden Flaschen. Um eine bessere Gaszufuhr (bei CO_2-Brutschränken) zu gewährleisten, sind manche Petrischalen mit speziellen Nocken ausgestattet, die bei aufgelegtem Deckel eine optimale Belüftung garantieren.

Die Kontaminationsmöglichkeit ist zwar größer, da die Oberfläche bei geöffnetem Deckel ganz der Außenluft ausgesetzt ist, während dies bei Kulturflaschen nicht der Fall ist. Allerdings ist bei Petrischalen die Kulturfläche wesentlich besser zugänglich, da es hier keine Probleme mit etwaigen Ecken oder unzugänglichen Stellen gibt.

Plastikpetrischalen sind in unterschiedlichsten Ausführungen erhältlich, wobei es Schalen mit Unterteilungen, mit Raster u.ä. gibt, die für spezielle Fragestellungen sehr gut zu verwenden sind. In jüngster Zeit gibt es Petrischalen aus Plastikmaterial, deren Unterseite aus Cellophan oder anderem weichen gasdurchlässigen Material besteht. Vorteile dieser Ausführungen sind die bessere Gaszuführung auch von unten und die Kulturfläche kann zur weiteren zellbiologischen Analyse ausgeschnitten bzw. speziell behandelt werden. Prinzipieller Nachteil bei allen Plastikpetrischalen ist der Umstand, daß mit vielen organischen Lösungsmitteln nicht gearbeitet werden kann, da vor allem Polystyrol sich mit den meisten Lösungsmitteln nicht verträgt (Tab. 2-3).

b) Multischalen:

In den letzten Jahren sind für Mehrfachkultivierungen in kleinerem Maßstabe Schalen aus Plastikmaterialien entwickelt worden, die mehrere Vertiefungen besitzen mit einem gemeinsamen Deckel. Sie sind sehr gut geeignet, unter Standardbedingungen, Mehrfachbestimmungen durchzuführen. Solche Multischalen gibt es sowohl in runder als auch in rechteckiger Ausführung, wobei die Zahl der Vertiefungen pro Schale sich zwischen 4 und 48 bewegt. Entsprechend ist die Kulturfläche verschieden, sie bewegt sich von ca. 28 cm²/Vertiefung bis zu 1 cm²/Vertiefung bei einer 48-er Schale.

Einsätze für Multischalen, deren Boden aus porösen Membranen bestehen (Abb. 2-3), können für Transport-, Permeabilitäts- und Differenzierungsstudien adhärenter und nicht adhärenter Zellkulturen verwendet werden. Die Nährstoffe können hierbei die Zellen von oben und unten erreichen.

Abb. 2-3: Kulturplatteneinsatz mit poröser Membran als Wachstumsfläche zum Einsatz in eine Multischale (Fa. Millipore).

c) Mikrotiter- oder Mikrotestplatten:

Eine konsequente Fortführung der Multischalen stellen die sog. Mikrotestplatten oder «Terasakiplatten» dar (Abb. 2-4). Dies sind Plastikschalen mit bis zu 144 Vertiefungen pro Platte, wobei jede einzelne Vertiefung von der anderen strikt getrennt ist. Die Wachstumsfläche solcher Mikrotestplatten variiert je nach Ausführung zwischen knapp einem Quadratmillimeter bis zu 35 mm². Entsprechend gering ist hier die Zellausbeute, die zwischen tausend bis zu 50.000 Zellen pro Vertiefung liegt. Diese Mikrotestplatten gibt es in verschiedenen Ausführungen, wobei sowohl die Form der Vertiefung unterschiedlich ist als auch die Art des Deckels.

Speziell für Klonierungs- und Wachstumsexperimente sind diese Mikrotiterplatten gut geeignet, wenn die Zahl der Replikate relativ hoch ist. Solche Platten werden in bestimmter Ausführung auch für die Hybridomtechnologie verwendet.

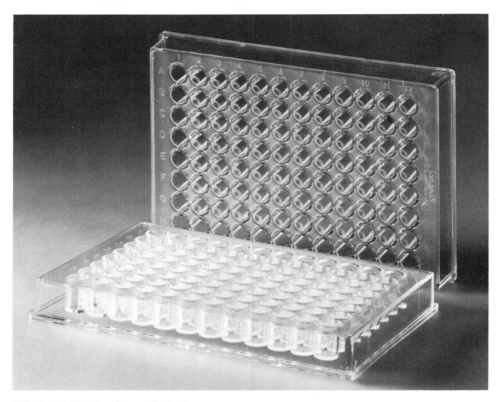

Abb. 2-4: Mikrotiterplatten (Greiner).

2.4.3 Wannenstapel und andere Kulturgefäße

Für die industrielle Zellzüchtung in größerem Maßstab gibt es eine Reihe von Kulturgefäßen und von Systemen, die ebenfalls entweder aus Glaskörpern oder aus Plastikmaterial bestehen (s. Kap. 9).

2.4.4 Deckgläser und Objektträger

Deckgläser und Objektträger gibt es heute sowohl aus Glas in vielen Formen und Größen wie auch in Plastikausführungen. Für Glasobjektträger und Deckgläser gilt das Gleiche wie für die Glaskulturflaschen, sie müssen speziell gewaschen und vorbehandelt werden, um sie für die Zellzüchtung brauchbar zu machen. Dies gilt nicht für die Objektträger und Deckgläser aus Plastikmaterial, sie sind nicht vorzubehandeln und brauchen auch nicht sterilisiert zu werden, da sie in aller Regel steril verpackt geliefert werden.

Objektträger- und Deckglaskulturen werden meist nicht zur Routinezüchtung verwendet. Sie dienen der zellbiologischen Analyse oder zum Anlegen einer Primärkultur mit anschließender mikroskopischer Kontrolle. Weitere Verwendung finden die Deckglas- bzw. Objektträgerkulturen in speziellen Zellkulturkammern, bei denen es möglich ist, die Zellen mit neuem Medium zu perfundieren, sie unter einem normalen Mikroskop zu betrachten und die Zellen für Anfärbungen etc. weiter zu verarbeiten.

Deckglas- und Objektträgerkulturen sind stets noch in Petrischalen o. ä. zu halten, wobei es unerheblich ist, ob diese Schalen aus unbehandeltem Polystyrol oder aus Glas bestehen.

Für elektronenmikroskopische Studien sind dünne Deckgläser aus Celluloseacetat oder Folien aus P.T.F.E. geeignet. Ferner gibt es Objektträgersysteme, bei denen über dem Deckglas Kulturkammern angeklebt sind, die für die cytologische Analyse abgezogen werden können (Abb. 2-5).

Abb. 2-5: Objektträgersysteme mit unterteilten Kulturkammern (Fa. Nunc).

2.4.5 Reagenzgläser, Zentrifugengläser und andere Kulturröhrchen

Neben den Objektträgern und Deckgläsern spielten in der Frühzeit der Zellzüchtung Röhrchen und Reagenzgläser eine entscheidende Rolle. Allerdings wurden sie im Laufe der Entwicklung mehr und mehr von den Kulturflaschen abgelöst. Sie sind aber heute noch für Blutzellkulturen, für Routinecytotoxizitätsexperimente und für biochemische Experimente sehr gut brauchbar. Dabei können die Gläser mittels einer speziellen Apparatur auch gedreht werden, – ähnlich wie bei den Rollerkulturen –, so daß die gesamte Innenfläche der Gläser ausgenutzt werden kann.

Kulturröhrchen aus Plastikmaterial gibt es ebenfalls in vielerlei Ausführungen, wobei allerdings, – wie übrigens bei allen runden Kulturgefäßen –, die Beobachtung unter dem Mikroskop relativ schwierig ist. Weiterhin gibt es spezielle Kunststoffröhrchen (aus Polystyrol), die einen abgeflachten Kulturboden besitzen. Dadurch wird die mikroskopische Beobachtung erleichtert.

2.5 Reinigung und Vorbehandlung von Glaswaren

Neue und gebrauchte Glaswaren müssen nach speziellen Vorschriften gereinigt werden. Eine Reinigung wie in chemischen Laboratorien üblich ist ungeeignet.

Der Reinigung sollte größte Beachtung geschenkt werden, sie sollte nach einem festen Schema peinlich genau erfolgen, Spülmaschinen z.B. sind ständig zu kontrollieren, Störungen müssen unverzüglich behoben werden. Manche Mißerfolge haben ihre Ursache in der Spülküche, deshalb sollte auch das Personal immer wieder auf die besonderen Anforderungen hingewiesen werden.

Sowohl moderne Spülmaschinen als auch die Reinigungsmittel sind in der Lage, allen Anforderungen gerecht zu werden. Von daher gesehen besteht kein Anlaß, Wegwerfartikel aus Kunststoff zu benützen. Umweltschutz durch Abfallvermeidung kann hier voll zum Tragen kommen.

Wenn Glaswaren nicht geeignet sind, kann dies, übrigens wie bei Kunststoffen auch, von den biologischen Eigenschaften der Zellen abhängen. Ungewaschene Glaswaren können für manche permanenten Zellinien geeignet sein, während selbst gut gespülte Glaswaren für gewisse «empfindliche» Zellinien ungeeignet sind.

Neben der Abgabe unerwünschter Ionen aus dem Glas ist die produktions- und transportbedingte Verschmutzung neuer Glaswaren zu beseitigen. Nach Gebrauch sind anhaftende Zellreste sowie Reste von Lösungen usw. zu entfernen. Mikrobiell kontaminierte Glaswaren werden nach speziellen Vorschriften dekontaminiert, bestimmte Glaswaren, z.B. Deckgläser müssen ebenfalls gesondert behandelt werden.

Reinigung neuer Glaswaren

- Mehrmals unter fließendem, heißem Leitungswasser (LW) bürsten und spülen
- Für 10–16 Stunden in 1% Salzsäure einlegen (15 ml konz. HCl auf 1 l Aqua dem., Vorsicht, Handschuhe)
- Mehrmals unter fließendem warmen LW abspülen
- Für 2 Stunden in heiße Spülmittellauge (7 X, 1%, ICN) einlegen, vollständig bedecken, ohne Luftblasen
- Kurz mit warmem H_2O abspülen
- Ohne Antrocknen sofort in einer Spülmaschine mit üblichem Zellkulturprogramm spülen. Wenn man nicht selbst programmiert, sollte man sich zumindest nach Referenzen für das vom Hersteller angebotene Zellkulturprogramm erkundigen. Seit vielen Jahren bewährte Spülmittel sind z.B. Neodisher GK (für automatisch dosierende Maschinen Neodisher FT, flüssig) und Neodisher N (Chem. Fabrik Dr. Weigert). Alternativ von Hand: 10 × mit warmem Leitungswasser spülen und bürsten, 5 × mit Aqua dem. spülen. Detergentien dürfen niemals antrocknen; wenn doch geschehen, wieder in Salzsäure einweichen und wie oben weiterbehandeln
- Trocknen bei 160°C in 2 Stunden im Heißlufttrockenschrank, wenn die Spülmaschine über keinen leistungsfähigen Trockner verfügt.

Reinigung gebrauchter Glaswaren

- Gebrauchte Glaswaren nicht antrocknen lassen, deshalb möglichst noch im Labor in Spülmittel- oder Desinfektionsmittellösung einweichen, zumindest jedoch in Aqua dem.
- Mit warmem LW abspülen; Gefäße, in denen Zellen gewachsen sind, kurz ausbürsten
- In der Spülmaschine mit Zellkulturprogramm spülen
- Trocknen bei 160°C in 2 Stunden im Heißlufttrockenschrank.

Mikrobiologische Dekontamination von Glaswaren

Glaswaren können Infektionen mit Pilzen, Bakterien, Mycoplasmen und Viren aus kontaminierten Zellkulturen verbreiten, nicht selten wachsen in Mediumresten Mikroorganismen, vor allem Pilze. Um dies zu verhindern, legt man die Glaswaren in eine Natrium-Hypochlorit-Lösung ein, der man etwas Detergens beifügt:

- 50 ml Na-Hypochlorit in 950 ml Aqua dem. geben, dazu 20 ml 7 X. Mit Handschuhen arbeiten, Na-Hypochlorit ist hautreizend, keine Säuren zugeben
- Weiterbehandlung wie bei Reinigung gebrauchter Glaswaren
- Bei bekannter Kontamination, insbesondere mit pathogenen Mikroorganismen oder antibiotikaresistenten Keimen gibt man die Glaswaren im Labor in ein dichtes Behältnis (Kunststoffbeutel autoklavierbar), außen mit Desinfektionsmittel gründlich desinfizieren, auf kürzestem Weg in einen Autoklaven bringen und 30 min bei 121°C autoklavieren.

Reinigung von Deckgläsern

Deckgläser für Deckglaskulturen sollten aus Glas der 1. hydrolytischen Klasse bestehen (18 × 18 mm). Diese Gläser werden wie folgt gereinigt:

- Mit sauberem, fusselfreiem Tuch und abs. Ethanol (unvergällt) abwischen
- Für 12 Stunden in abs. Ethanol (unvergällt) überkreuz einlegen, um ein Zusammenkleben zu vermeiden
- Mit flacher Deckglaspinzette entnehmen und auf fusselfreiem Tuch im Brutschrank bei 37°C trocknen
- Mit Deckglaspinzette in Glaspetrischale legen und bei 180°C für 2 Stunden im Heißluftsterilisator sterilisieren.

Reinigung von Objektträgern

Objektträger bestehen aus Glas der 3. hydrolytischen Klasse. Früher war die Reinigung solcher Gläser in stark oxidierenden Säuren weit verbreitet. Der Nachteil heißer Schwefelsäure, Chromschwefelsäure und Salpetersäure besteht in ihrer Gefährlichkeit. Hilfskräfte sollte man damit nicht umgehen lassen. Chromschwefelsäure ist äußerst korrosiv und läßt sich nicht immer vollständig entfernen. Bezüglich der Cytotoxizität von möglichen Rückständen sei erwähnt, daß Nitrat (Salpetersäure) natürlicherweise vorkommt und vermutlich viel weniger toxisch ist als das Chromat.

Wer Säurebehandlung dennoch bevorzugt, kann folgendermaßen verfahren:
- Objektträger mit Pinzette für 2 Stunden in heiße 50%ige Salpetersäure einlegen (überkreuz, um Zusammenkleben zu vermeiden), mit größter Vorsicht im Abzug arbeiten
- Unter fließendem Aqua dem., 30 min im Ständer gründlich spülen
- 30 min in abs. Ethanol, unvergällt, stehen lassen
- Mit Pinzette entnehmen und bei 180°C für 2 Stunden sterilisieren.

Ebenso effektiv, aber ungefährlicher ist folgendes Verfahren:
- Objektträger im Objektträgerständer für 12 Stunden in Detergens (7 X) einweichen
- Mit Leitungswasser kurz abspülen und in 26% Ethanol, enthaltend 2% Eisessig 12 Stunden stehen lassen
- In Aqua dem. kräftig spülen
- Ständer mit Objektträgern in Alufolie einpacken und für 15 min bei 121°C autoklavieren.

Pipettenreinigung

- Pipetten sofort nach Gebrauch mit den Wattestopfen in Pipettenständer mit Aqua dem. oder Na-Hypochloritlösung (50 ml + 950 ml H_2O), Spitzen nach unten, einstellen
- Wattestopfen mit Druckluft ausblasen und über Nacht in Spülmittel (7 X) einweichen (das Einweichen entfällt, wenn die Pipetten in einer Spülmaschine gewaschen werden)
- In Pipettenspüler (mit Leitungswasser und Aqua dem. – Zulauf sowie Ablauf) mit Spitzen nach oben stellen und mind. 2 Stunden lang mit Leitungswasser spülen
- Pipettenspüler leer laufen lassen, mit Aqua dem. 3mal füllen
- Pipetten bei 160°C für 2 Stunden trocknen
- Die Weiterbehandlung wird im Abschn. 3.4.3 beschrieben.

Pipetten können auch in Spülmaschinen mit speziellen Einsätzen gereinigt werden.

Silikonisieren von Glaswaren

Um z.B. in Suspensionskulturen das Anheften von Zellen zu verhindern, werden die Glaswaren mit einem Silikonfilm überzogen. Das Silikon darf nicht toxisch sein und muß fest haften.

– Silikonöl oder eine 2%ige Silikonöllösung in Chloroform in das zu beschichtende Gefäß geben und dieses 30 s lang durch Schütteln vollständig benetzen
– Silikonöl abgießen
– Mit Aqua dem. 6mal spülen
– Für 1 Stunde bei 100°C im Heißluftschrank einbrennen
– Für 2 Stunden bei 180°C sterilisieren.

Entfernung von Silikon

– Silikonisierte Glaswaren von den anderen Glaswaren getrennt halten
– Glaswaren für 30 min in 0,5 N NaOH erhitzen
– Lauge mit H_2O verdünnt verwerfen, Glaswaren mit Spülmaschine waschen.

Prüfung des Wascheffektes

Material: – Stammlösung: Methylenblau B 100 mg, Aqua dem. 150 ml
– Gebrauchslösung: Stammlösung 2,5 ml, Aqua dem. 100 ml
– Chloroform 100 ml

– Man mischt Stamm- und Gebrauchslösung. Die Stammlösung ist bei Raumtemperatur (RT) mehrere Monate haltbar
– In ein frisch gewaschenes Reagenzglas oder Leighton-Röhrchen aus Glas werden 2 ml Gebrauchslösung mit frischer Einmalpipette einpipettiert, das Röhrchen mit sauberem Silikonstopfen verschlossen und 10 mal kräftig geschüttelt
– danach 1 ml Chloroform dazugeben, gut verschließen und ca. 40 mal mit der Hand schütteln oder entsprechend intensiv auf dem Whirl-Mix mischen
– Röhrchen im Ständer solange stehen lassen, bis sich die beiden Phasen – Wasser und Chloroform – getrennt haben. Wenn die untere Phase, das Chloroform, blau gefärbt ist, war das Röhrchen nicht sauber. Bei gutem Wascheffekt bleibt das Chloroform farblos.

2.6 Vorbehandlung von Kulturgefäßen mit Substanzen zur Modifizierung der Oberflächeneigenschaften

Zur Verbesserung und zur Veränderung von Oberflächeneigenschaften von Kulturgefäßen aus Glas wie auch aus Plastik kann man bestimmte Verfahren anwenden. So kann man durch Vorbeschichtung der Kulturgefäße erreichen, daß z.B. Nervenzellkulturen besser überleben oder daß Differenzierungsvorgänge bei Collagen-beschichteten Epithelzellen überhaupt erst in vitro möglich gemacht werden können. Gerade für tierische Zellkulturen spielt bei den strikt adhärenten Zellinien die Oberfläche des Kulturgefäßes eine entscheidende Rolle, wobei prinzipiell die Zellen bei physiologischem pH-Wert (7,2) an ihrer Oberfläche negative Ladungen tragen. Diese Ladungen sind unregelmäßig über die ganze Zelle verteilt und können durch den physiologischen Zustand der Zellen beeinflußt werden. Zellen können auf Oberflächen mit positiver als auch mit negativer Ladung gezüchtet werden. Es scheint wohl eher die Ladungsdichte als die Qualität der Ladung entscheidend für das Anheften der Zellen an die jeweilige Oberfläche zu sein. Für die Adhäsion der Zellen sind zwei Ladungsträger entscheidend: Bivalente Kationen und/oder Proteine ganz bestimmter Art, die sich im Medium befinden und sich an die Oberfläche des Kulturgefäßes anheften können. Während als bivalente Kationen vor allem Calciumionen in Frage kommen, scheint es physiologische Zellproteine zu geben, die auch in vivo entscheidend dazu beitragen, daß Zellen aneinander haften. Während für Fibroblasten sowohl Collagen als auch Fibronectin als Anheftungsfaktoren eine Rolle spielen, scheint es für Epithelzellen das Laminin zu sein.

Zur Vorbeschichtung von Zellkulturoberflächen werden sowohl künstliche als auch natürliche Substanzen verwendet. So werden z.B. Polylysine von einem Molekulargewicht größer = 70.000 oder Polyornithine (Molekulargewicht zwischen 60.000 und 90.000) eingesetzt, um bei Medien ohne Serumzusatz den Zellen bessere Anheftungsbedingungen zu geben.

Beschichtung von Oberflächen mit Polylysin

- Man stelle eine sterile Lösung von Poly-D-Lysin in einer Konzentration von 0.1 mg/ml her
- Pro 10 cm² Wachstumsfläche 1 ml der Lösung in die Kulturflasche geben und ca. 30 min bei 37°C im Brutschrank inkubieren
- Danach die Lösung absaugen und dreimal mit phosphatgepufferter Salzlösung waschen
- Die Kulturflasche anschließend sofort verwenden.

Beschichtung von Oberflächen mit Fibronectin

- Das verwendete Fibronectin wird aus Humanplasma ohne Zusatz von Heparin gewonnen. Das käufliche Fibronectin ist tiefgefroren und darf erst kurz vor Gebrauch aufgetaut werden. Die eingesetzte Konzentration kann zwischen 0,05 mg/ml und 0,01 mg/ml variieren, wobei dies mit sterilem Aqua bidest. eingestellt werden kann

– Die Fibronectinlösung bei 37°C im Wasserbad auftauen und mit sterilem Aqua dem. auf die gewünschte Konzentration einstellen. Danach den Boden des Kulturgefäßes mit einer dünnen Schicht der Fibronectinlösung bedecken und an der Luft trocknen
– Beschichtete Gefäße sind bis zu zehn Wochen haltbar.

Beschichtung von Oberflächen mit Collagen

– Zur Beschichtung von Kulturgefäßen mit Collagen (meist Collagen A oder Collagen I) die sterile Collagen-Lösung auf ca. 0,1 bis 0,05 % (W/V) mit steril. Aqua dem. bringen
– Danach den Boden mit der Lösung gerade bedecken und ca. 1–2 Tage lufttrocknen. Das Aufbewahren in feuchter Atmosphäre ist ca. 2 Monate möglich.

Beschichtung von Oberflächen mit Gelatine

Beschichten der Kulturgefäße mit Gelatine stellt eine preiswerte Alternative zur Collagenbeschichtung dar:

– Mit Aqua dem. (steril) die Gelatine auf 10 mg/ml einstellen und im Wasserbad bei 37°C verflüssigen. Pro 10 cm² Bodenfläche 1 ml der Lösung in die Kulturflasche geben und 30 min bei 37°C inkubieren
– Danach die Lösung sofort absaugen, die Fläche mit PBS 1 × waschen und die Kulturflasche sofort verwenden
– Alternativ kann die gewaschene Kulturflasche auch im Exsikkator über Silikagel getrocknet und verschlossen bei Zimmertemperatur über Monate gelagert werden.

Sterile Gelatinelösungen können entweder käuflich erworben oder als Lösung autoklaviert werden.

Beschichtung von Oberflächen mit fetalem Kälberserum

Für erste Anhaltspunkte beim Anlegen einer Primärkultur o. ä. ist die Beschichtung mit fetalem Kälberserum eine preiswerte Alternative zur Fibronectinbeschichtung. Dabei wird normales, steriles fetales Kälberserum in die Flasche pipettiert und zwar nur soviel, um den Boden gerade zu bedecken. In verschlossenem Zustand bei Zimmertemperatur antrocknen lassen und innerhalb von 2 – 4 Tagen verwenden.

3 Steriltechnik – Kontaminationen

Die Steriltechnik umfaßt aseptische Arbeitsverfahren, die darauf abzielen, mikrobiologische Kontaminationen in Zellkulturen zu verhindern. Eingeschlossen werden auch die Kontaminationen mit anderen Zellarten, auf die am Schluß des Kapitels eingegangen wird.

Unter **mikrobiologischen Kontaminationen** versteht man Einbringen und Wachstum von Mikroorganismen, worunter die prokaryonten Bakterien (und Mycoplasmen) sowie die eukaryonten Pilze fallen. Wenn es um die Elimination aller pathogenen oder zellschädigenden Kontaminationen geht, dann fallen auch die Viren darunter, obwohl sie als nichtzelluläre Partikel nicht zu den Mikroorganismen zu rechnen sind.

Zellkulturmedien stellen auch für Mikroorganismen ausgezeichnete Nährböden dar, in denen sie sich innerhalb kürzester Zeit außerordentlich stark vermehren können. Aus einer Zelle von *Escherichia coli* entstehen theoretisch innerhalb von 30 Stunden Kulturdauer bei einer Generationszeit von 30 min 32 kg Zellmasse aus 2^{60} Zellen bestehend. In der Praxis sind dies zwar erheblich weniger, aber dennoch meist genügend, um eine Zellkultur über Nacht dadurch zu zerstören, daß die Bakterien wichtige Nährstoffe völlig verbrauchen und durch die gebildeten Metabolite und Zerfallsprodukte eine Kultur meist irreversibel schädigen. Mikroorganismen können dabei außerordentlich resistent sein.

Zum Begriff «steril» ist festzuhalten, daß dieser «frei von vermehrungsfähigen Mikroorganismen» bedeutet, also ein absoluter Begriff ist. Die Prüfung der Sterilität ist meist schwierig (s. Abschn. 3.5), da die Gefahr falsch positiver wie falsch negativer Ergebnisse groß ist (Sekundärkontamination, begrenzte Stichprobenzahl).

Trotz der Verwendung von Antibiotika bilden Kontaminationen mit Bakterien, Pilzen und Mycoplasmen nach wie vor ein wesentliches Problem bei der Kultur von Zellen. **Viruskontaminationen** scheinen dagegen weit weniger häufig zu sein. Dies hängt wohl mit der größeren Empfindlichkeit der Viren gegenüber z.B. Temperaturen über 37°C bzw. 55°C zusammen.

Alle aseptischen Arbeitsschritte sollen sowohl mikrobiologischen Grundregeln als auch dem gesunden Menschenverstand folgen. Sie müssen wirtschaftlich und im Routinelabor praktikabel sein. Eine absolute Sicherheit kann dabei nicht erreicht werden, auch wenn alle Maßnahmen immer wieder kontrolliert werden. **Quellen der Kontamination** können sein: Kontaminierte Zellen, Gerätschaften, Medien und Reagenzien sowie Luftkeime (Abb. 3-1).

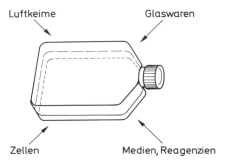

Abb. 3-1: Kontaminationsquellen für Zellkulturen.

Kontaminierte Zellen werden oft von einem Labor zum anderen weitergegeben (s. Abschn. 3.8), Gerätschaften können vor allem bei Ausfall von Autoklaven und Heißluft-stabilisatoren keimhaltig sein, während Medien und Reagenzien fehlerhaft hergestellt und mangelhaft geprüft sein können. Die größte Quelle für Luftkeime ist meist der Mensch (Abb. 3-2).

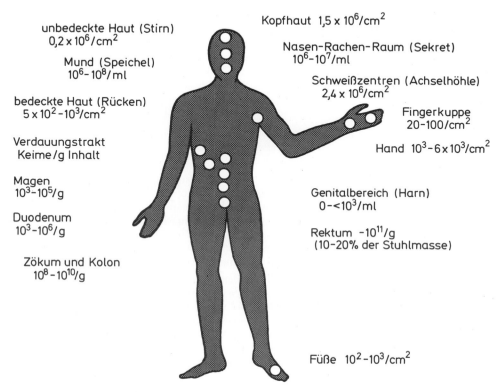

unbedeckte Haut (Stirn)
$0,2 \times 10^6/cm^2$

Mund (Speichel)
$10^6-10^8/ml$

bedeckte Haut (Rücken)
$5 \times 10^2-10^3/cm^2$

Verdauungstrakt
Keime/g Inhalt

Magen
$10^3-10^5/g$

Duodenum
$10^3-10^6/g$

Zökum und Kolon
$10^8-10^{10}/g$

Kopfhaut $1,5 \times 10^6/cm^2$

Nasen-Rachen-Raum (Sekret)
$10^6-10^7/ml$

Schweißzentren (Achselhöhle)
$2,4 \times 10^6/cm^2$

Fingerkuppe
$20-100/cm^2$

Hand $10^3-6 \times 10^3/cm^2$

Genitalbereich (Harn)
$0-<10^3/ml$

Rektum $-10^{11}/g$
(10-20% der Stuhlmasse)

Füße $10^2-10^3/cm^2$

Abb. 3-2: Keimdichte beim Menschen.

3.1 Der Sterilbereich

Wie bereits in Abschn. 1.3 ausgeführt, soll dieser Teil vom übrigen Labor abgetrennt sein, empfehlenswert sind weitgehend verglaste Wände und eine gut dichtende Schiebetür. Wände und Fußböden werden zweckmäßigerweise mit fugenlosen Kunststoffbahnen belegt, die leicht zu reinigen sind. Sie müssen UV-stabil sein, falls UV-Strahler installiert werden sollen.

Den eigentlichen Arbeitsplatz, die Reinraumwerkbank, stellt man an dem der Tür entferntest gelegenen Platz auf, Fenster und Türen bleiben während der Arbeit geschlossen (vgl. Sicherheitsvorschriften Abschn. 1.4). Alle Installationen sollen unter Putz verlegt sein, um keine Staubablagerungsmöglichkeiten zu schaffen. In diesem Raum sollten auch keine Tiere seziert werden, etwa immunisierte Mäuse zur Entnahme der Milz. Dazu ist ein eigener Raum oder zumindest eine eigene Reinraumwerkbank mit vertikalem Luftstrom vorzusehen. Versuchstiere und deren Käfige sind eine große Quelle von Luftkeimen. Als sehr nützlich haben sich sog. **Staubschutzmatten** erwiesen. Sie müssen täglich feucht gereinigt werden und halten dann viel Staub und Schmutz von den Schuhen zurück.

3.2 Laborreinigung

Auf dem Fußboden und anderen Oberflächen lagern sich vor allem nach Arbeitsende Staubpartikel mit anhaftenden Keimen ab. Sie können dann wieder aufgewirbelt werden, wenn sie nicht möglichst täglich entfernt werden. Für die Fußbodenreinigung verwendet man am besten ein **Desinfektionsmittel** mit einem Reinigerzusatz. Es wird selbstverständlich für jede Reinigung frisch angesetzt. Der zur Reinigung benutzte Mop sollte gelegentlich autoklaviert werden, wozu man ihn in einen Autoklavenbeutel verpackt.

3.3 Hygiene

Der Mensch beherbergt eine Vielzahl von Mikroorganismen (vermehrungsfähige Keime), die durch «Tröpfcheninfektion» in die Kulturen gelangen können. Bei Arbeiten in Reinraumwerkbänken sollte daher nicht gesprochen werden. Es sollte außerdem nicht mit einer Erkältung gearbeitet werden, zumindest sollte man eine **Gesichtsmaske** tragen, da allein bei einmaligem Niesen ca. 10^4–10^6 Keime abgegeben werden. Außer in der Mundflora finden sich vor allem auf der Haut z.T. erhebliche Keimmengen (Abb. 3-2), die bei körperlicher Aktivität und vor allem beim Schwitzen verstärkt an die Umgebung abgegeben werden können.

Durch **Händewaschen** mit **antimikrobiellen Seifen** kann der Keimgehalt um 80–90% reduziert werden. Statt die Hände zu waschen, können diese auch nur desinfiziert werden, wozu alkoholische Zubereitungen, aber auch 70%iges Ethanol geeignet sind. Sie töten vegetative Keime in 0,5–5 min ab, das Auskeimen von Sporen wird unterdrückt. In der Regel ist nach Waschen oder Desinfizieren erst innerhalb von 1–2 h die normale Keimbesiedelung wieder hergestellt. Das Tragen von **Einmal-Handschuhen** ist in der Regel nur bei Arbeiten mit pathogenem oder potentiell pathogenem Material nötig und sinnvoll. Wichtig ist auch bei Benutzung von Handschuhen, daß man während des Arbeitens Kontaminationen der Handschuhe vermeidet, sich z.B. nicht in die Haare faßt; lange Haare sollten übrigens stets zurückgebunden werden. Das Tragen besonderer **Labormäntel** oder **-schuhe** ist bei Einhaltung der Grundregeln der aseptischen Technik und Verwendung einer Reinraumwerkbank nicht unbedingt erforderlich, jedoch empfehlenswert. Die gesetzlichen Regelungen wurden bereits im Kapitel 1.4 behandelt.

3.4 Aseptische Arbeitstechnik

Es gilt heute als Stand der Technik, eine Reinraumwerkbank für alle sterilen Arbeitsschritte zu benutzen. Die nachfolgend beschriebenen Techniken sind daher für das Arbeiten in einem solchen Gerät gedacht.

3.4.1 Arbeitsfläche

Es werden nur die unbedingt nötigen Utensilien aufgestellt, wobei Luftansaugschlitze in Werkbänken ohne durchbrochene Tischplatte stets frei bleiben sollten. Abfälle und beim

Arbeiten nicht mehr benötigte Glas- und Kunststoffwaren werden sofort auf eine Ablage (kleiner Wagen) außerhalb der Reinraumwerkbank gestellt. Welche Gegenstände beispielsweise für einen Mediumwechsel benötigt werden, wird in einem zu beschreibenden Arbeitsbeispiel aufgeführt.

3.4.2 Desinfektion

Die Arbeitsfläche wird vor dem Einbringen des Arbeitsmaterials mit **70 %igem Ethanol** gründlich ausgewischt. Beim auch möglichen Versprühen sollte man daran denken, daß für Ethanol ab 3,3 Vol. % in Luft Explosionsgefahr besteht. Die in der Werkbank benötigten Gegenstände werden ebenfalls sorgfältig mit einem in 70 %igem Ethanol getränkten Tuch abgewischt. Ethanol (stets unvergällt benutzen) wirkt nur mit einem gewissen Wassergehalt, absoluter Alkohol (99,46 %) konserviert dagegen Bakteriensporen, ist daher meist unsteril und sollte nicht verwendet werden. Alkohol hat im Vergleich zu anderen Mitteln den großen Vorteil, schnell zu wirken und durch Verdampfen ohne Rückstände zu verschwinden.

Jede verschüttete Flüssigkeit wird ebenfalls mit einem Desinfektionsmittel-getränkten Tuch abgewischt. **Formaldehyd 1,5–3,5 %ig** wirkt zusätzlich noch sporozid, hinterläßt aber u.U. Rückstände, kann zu Reizungen führen und steht im Verdacht, cancerogen zu sein. Die maximale Arbeitsplatzkonzentration (MAK-Wert) darf höchstens 1 ppm (1,2 mg/m³) betragen. Eine Übersicht über Wirkungsspektren von Desinfektionsmitteln vermittelt die Abb. 3-3. Für die Aufbewahrung von gebrauchten Glaswaren bis zum Spülen (z.B. Pipetten) hat sich eine **10 %ige Lösung** von handelsüblicher **Natriumhypochlorit**-Lösung bewährt. Handelsübliche Lösungen sind selbstangesetzten vorzuziehen, da sie stabilisiert sind.

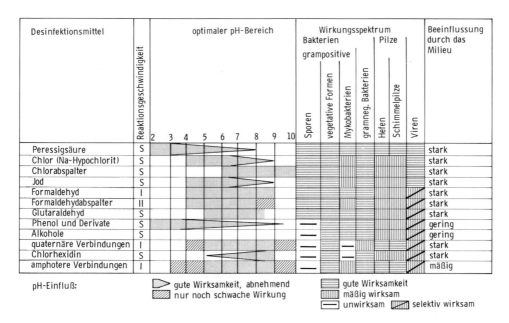

Abb. 3-3: Wirkungsspektrum und pH-Abhängigkeit der wichtigsten Desinfektionsmittel (S = schnell wirksam, I = langsam wirksam, II = sehr langsam wirksam).

3.4.3 Pipettieren

Im Zellkulturlabor soll nie mit dem Mund pipettiert werden, auch wenn die Pipetten mit Watte gestopft sind, da z.B. Gesundheitsgefahren entstehen, wenn potentiell pathogenes Material verschluckt wird. In einer Werkbank mit vertikalem Luftstrom ist dies ohnehin nicht möglich, wenn die Frontscheibe vorschriftsmäßig geschlossen ist. Beim Mundpipettieren können vor allem auch Mycoplasmen in die Kultur gelangen, außerdem sollte man mit dem Kopf nicht so nah über Flaschen und Kulturen hantieren, wie es für das Pipettieren mit dem Mund nötig wäre. Man verwendet entweder eine einfache oder eine elektrische **Pipettierhilfe**, in die die sterile, mit Watte gestopfte Pipetten gesteckt werden (Abb. 3-4 und 3-5).

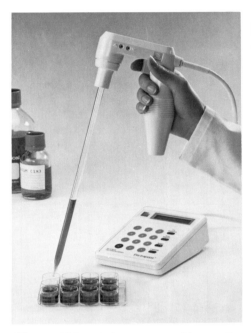
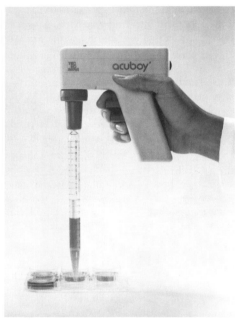

Abb. 3-4: Elektronisch gesteuerte Pipette (Fa. Tecnomara).

Abb. 3-5: Aufladbare elektrische Pipette (Fa. Tecnomara).

Wiederverwendbare Pipetten, sortiert nach den Größen 1 ml, 2 ml, 5 und 10 ml, werden in rechteckigen, nicht wegrollenden Pipettenbehältern aus Aluminium sterilisiert (s. Abschn. 3.5.2) und zum Gebrauch in der Werkbank geöffnet aufgestellt. Für runde Behälter gibt es spezielle Ständer.

Praktisch, wenn auch relativ teuer und umweltschädlich, sind **Einmalpipetten** aus Glas oder Kunststoff. Welche Pipetten auch verwendet werden, sie müssen die richtige Länge zur Benutzung in der Werkbank haben und dürfen nicht zu dick sein. Insbesondere aber müssen alle Größen absolut fest in der Pipettierhilfe halten.

Wenn Flüssigkeit in die Watte gelangt, muß die Pipette ausgewechselt werden. Mit Pipetten darf nicht gespart werden. Häufiger Pipettenwechsel vermindert die Gefahr der Verschleppung von Kontaminationen und die Vermischung verschiedener Zellinien. Beim Pipettieren sollte man auch berücksichtigen, daß Zellen, Keime und Substanzen mit der Pipette unbemerkt auch in die Vorratsflasche gelangen und weiterverschleppt werden könnten.

Häufig muß aus einer größeren Anzahl von Kulturen Medium abgesaugt werden. Hier würde die Verwendung einzelner Pipetten mit Pipettierhilfe die Gefahr einer Kontamination durch eine Vielzahl von Handgriffen stark erhöhen. Hierfür benutzt man deshalb besser **Pasteurpipetten** (ungestopft!), die über eine Saugflasche an eine Vakuumpumpe angeschlossen sind.

Für die Ablage gebrauchter Pipetten eignet sich ein außerhalb der Arbeitsfläche, z.B. auf dem Boden rechts vor der Werkbank aufgestellter Pipettenbehälter, der mit 10% Natriumhypochlorit-Lösung gefüllt ist (s. Abschn. 3.4.2). Pasteurpipetten und Spritzenkanülen gehören in einen **sicheren Abfallbehälter,** der ein Durchstechen verhindert. Bei der Verwendung von Spritzen und Kanülen sollte man stets die Gefahr einer Verletzung und Injektion beachten und sie nur benutzen, um Lösungen (z.B. Colcemid) aus Flaschen mit Durchstechstopfen zu entnehmen.

3.4.4 Abflammen (Flambieren)

Das Abflammen ist keine sichere Sterilisationsmethode und daher als solche abzulehnen (Wallhäußer 1988). Die dabei erreichten Temperaturen sind zu niedrig und die Einwirkungszeit ist zu kurz, um an Glas oder Metall anhaftende Keime sicher abzutöten. Zu heiße Pipetten können andererseits Zellen schädigen und thermolabile Substanzen zerstören. Auch das Eintauchen in Alkohol und anschließendes Abflammen sind höchstens ein Notbehelf. Als einzige Rechtfertigung für das Abflammen in Klasse II-Werkbänken kann angeführt werden, daß man in bestimmten Fällen, wenn man den Verdacht auf Berührung mit einer unsterilen Oberfläche hat und z.B. kein Ersatzstopfen zur Hand ist, den vielleicht nur ganz gering kontaminierten Stopfen ausführlich abflammt unnd abkühlen läßt. Auch das Fixieren von Staub und das Abbrennen von Wattefäden an Pipetten könnten Gründe für Flambieren sein.

3.4.5 Ultraviolettes Licht (UV)

Ultraviolettes Licht mit dem Wirkungsoptimum bei 253,7 nm (UV-C) wird zur Verminderung der Keimzahl in der Raumluft und zur Sterilisation glatter Oberflächen ca. 30 min vor Arbeitsbeginn eingesetzt. Die Bestrahlung ist eine zusätzliche Desinfektionsmaßnahme, die nur wirksam ist, wenn die Strahlungsleistung jährlich kontrolliert wird und der Abstand bei der Desinfektion von Flächen zwischen 10 und 30 cm beträgt. Für die Desinfektion der Raumluft z.B. durch mobile UV-Strahler hat sich der gleichzeitige Betrieb eines kleinen Ventilators, der die keimhaltigen Partikel in den Nahbereich des Strahlers wirbelt, bewährt. Sinnvoll ist die UV-Desinfektion in Werkbänken, in denen mehrere Strahler unmittelbar über die Arbeitsfläche geschwenkt werden können. Das UV-Licht ist vor Arbeitsbeginn unbedingt auszuschalten, da es sonst zu erheblichen Verbrennungen der Augen kommen kann. Auch die Kulturen können geschädigt werden. Kaum sinnvoll ist das Anbringen von UV-Leuchten an der Decke von Räumen, in denen mit Zellkulturen gearbeitet wird.

Zusammenfassung der aseptischen Grundregeln:

1. Kulturen vor Arbeitsbeginn auf Sterilität kontrollieren
2. Arbeitsfläche immer aufgeräumt halten
3. Kein Mundpipettieren
4. Hände waschen und/oder desinfizieren
5. Geräte und Flaschen außen mit Alkohol desinfizieren
6. Nie über offenen sterilen Flaschen oder Schalen hantieren
7. Bei Berührung steriler mit unsterilen Stellen neue Glaswaren/Kunststoffwaren benutzen, nur als Notbehelf nach Abflammen weiterverwenden
8. Verschüttete Lösungen sofort mit alkoholgetränktem Tuch abwischen.

3.5 Sterilisationsverfahren

Alle Sterilisationsverfahren zielen darauf ab, Mikroorganismen und Viren zu eliminieren oder abzutöten. Man muß sich jedoch im klaren darüber sein, daß keines der Sterilisationsverfahren in jedem Fall zu einer vollständigen Eliminierung aller Keime führen muß. Man rechnet im allgemeinen mit einer Überlebenswahrscheinlichkeit von 10^{-6}, was soviel bedeutet wie die sichere Abtötung von 10^6 Keimen/ml Ausgangslösung, oder, anders ausgedrückt, nicht mehr als einer von 10^6 Keimen/ml darf überleben.

Auch die Prüfung des Sterilisationsverfahrens bietet meist keine absolute Sicherheit, da bei jeder Öffnung des zu prüfenden Gutes die Gefahr einer Sekundärkontamination besteht. Auf verschiedene Überprüfungsverfahren wird bei den einzelnen Sterilisationsarten noch näher eingegangen.

Bei der Anwendung **feuchter** oder **trockener Hitze**, den beiden gebräuchlichsten Verfahren im Labor, wird das Gut im rekontaminationssicheren Endbehälter sterilisiert.

Tab. 3-1: Sterilisation von Geräten.

Drahtnetze	Autoklav
Filtergeräte mit Membranfiltern	Autoklav*
Filterkerzen (z.B. Flow Nr. 12112)	Autoklav
Gaze (Mull)	Autoklav
Glaswaren (Flaschen, Kolben, Gläser)	Heißluft**/Autoklav
Pasteurpipetten, Glas, gestopft	Heißluft
Pipetten, Glas, gestopft	Heißluft/Autoklav
Pipettenspitzen	Autoklav
Rührstäbchen	Autoklav
Scheren, Pinzetten	Autoklav
Schläuche (Gummi, Silikon)	Autoklav
Schraubverschlüsse (z.B. Schott rot)	Autoklav
Schraubverschlüsse (z.B. Schott blau)	Heißluft
Stopfen (Gummi, Silikon)	Autoklav

* Autoklav: 15 min, 121 °C, 200 kPa, (2 bar)
** Heißluftsterilisator: 30 min, 180 °C

Bei der Keim- oder **Sterilfiltration** genannten Abtrennung von Mikroorganismen mit Filtern muß das Filtrat unter aseptischen (keimfreien) Bedingungen in den Endbehälter gebracht werden. Welches Sterilisationsverfahren angewandt wird, hängt vom Material, das sterilisiert werden soll ab (Tab. 3-1 und 3-2), im Zellkulturlabor also in erster Linie von der Stabilität gegenüber feuchter oder trockener Hitze sowie in gewisser Weise auch vom Umfang und von der Art der Kontamination. Im allgemeinen wird Material aus Metall, Gummi und Kunststoff autoklaviert, ebenso thermostabile Lösungen wie Wasser, EDTA oder HEPES, während Glaswaren durch trockene Hitze sterilisiert und entpyrogenisiert werden. Die Behandlung mit Hitze im Endbehälter ist, wenn immer möglich, vorzuziehen. Von den beiden hierfür in Frage kommenden Verfahren, der Anwendung feuchter und der Anwendung trockener Hitze, ist das mit gespanntem, gesättigtem Dampf arbeitende Autoklavieren die sicherste Methode. Wenn für die Dampferzeugung destilliertes, vollentsalztes Wasser verwendet wird, bleiben auch keine unerwünschten Rückstände auf dem Gut zurück.

Tab. 3-2: Sterilisation von Flüssigkeiten.

Agar	Autoklav*
Aminosäuren	Filter**
Antibiotika	Filter
DMSO	Selbststerilisierend
EDTA	Autoklav
Enzyme	Filter
Glucose 20%	Autoklav
Glucose 1–2%	Filter (geringe Konzentrationen karamelisieren beim Autoklavieren)
Glutamin	Filter
Glycerin	Autoklav
HEPES	Autoklav
HCl, 1 N	Filter
Lactalbumin-Hydrolysat	Autoklav
NaHCO$_3$	Filter
NaOH, 1 N	Filter
Natriumpyruvat 100 mM	Filter
Phenolrot	Autoklav
Proteinhaltige Lösungen (Serum, Trypsin u.a.)	Filter
Salzlösungen ohne Glucose	Autoklav
Tryptose	Autoklav
Vitamine	Filter
Wasser	Autoklav

* 15 min, 121°C, 200 kPa, (2 bar)
** 0,1 µm Porendurchmesser

3.5.1 Autoklavieren

Autoklaven arbeiten mit gesättigtem, gespanntem Dampf. Der Dampfdruck beträgt bei 100°C = 98,1 kPa, bei 120,6°C = 196,1 kPa und bei 133,9°C = 294,2 kPa. Die übliche Sterilisationstemperatur beträgt 121°C, sie wird jedoch nur erreicht, wenn die Luft zuvor vollständig aus der Autoklavenkammer vertrieben wurde. Dies geschieht in kleineren Geräten (Abb. 3.6) durch strömenden Dampf, der sich eine Zeit lang in dem Gerät ausbreitet. In größeren Geräten wird die Luft vollautomatisch, z.B. durch ein fraktioniertes Vakuum- und

Abb. 3-6: **a**: Einwandiger Autoklav (Fa. Tecnomara), **b**: Tischautoklav (Fa. H + P Labortechnik).

Dampfinjektionsverfahren, entfernt. Besonders bei Sterilisationsgut mit vielen Höhlungen, z.B. Absaugvorrichtungen mit Schläuchen, aber auch bei Gaze und vor allem bei Wäsche ist es unbedingt nötig, die Luft zu entfernen, da sonst die erforderliche Temperatur nicht erreicht wird (Tab. 3-3).

Tab. 3-3: Temperatur von Dampf-Luftgemischen.

Luftanteile	Temperatur in °C bei einem Druck von			
	137,3 kPa (1,373 bar)	156,9 kPa (1,569 bar)	196,1 kPa (1,961 bar)	304,0 kPa (3,040 bar)
0%	109	115	121	135
25%	96	105	112	128
50%	72	90	100	121

In den größeren, aber auch wesentlich teureren Autoklaven können größere Flaschen und Filtergeräte vollautomatisch nach vorgewähltem Programm mit Vor- und Nachvakuum sterilisiert werden. Meist sind ein Lösungsprogramm für Wasser und Lösungen und ein Geräte- und Glaswarenprogramm mit fraktioniertem Vorvakuum und Nachvakuum zur Trocknung der Geräte vorprogrammiert, wobei Höhe der Temperatur, Dauer der Sterilisation und Dauer der Nachtrockenzeit frei wählbar sind. Als **Standardverfahren** hat sich eine Sterilisationsdauer von 15 min bei 121°C bewährt, dabei herrschen ca. 2 bar oder 200 kPa Druck.

Beim Autoklavieren ist es wichtig zu wissen, daß die Temperatur im Gut der Temperatur in der Kammer hinterherhinkt (thermisches Nachhinken) und daß für Erreichen und Absinken der Temperatur gewisse Zeiten erforderlich sind. Die gesamte Betriebszeit eines Autoklavenlaufs gliedert sich demnach in:

Anheizzeit (Steigzeit): Dampf wird erzeugt bzw. eingeblasen, Luft wird verdrängt,

Ausgleichzeit (thermisches Nachhinken): alle Teile des Gutes nehmen die Sterilisationstemperatur an, Luft ist bis auf ca. 10% verdrängt. Wenn das Gut die Sterilisationstemperatur angenommen hat (Meßfühler im Gut!) beginnt die

Sterilisationszeit (Abtötungszeit), die aus Sicherheitsgründen nicht unter 15 min betragen sollte. Es folgt die

Abkühlzeit (Fallzeit), während der der Druckausgleich langsam erfolgen sollte, um Siedeverzug zu vermeiden. Es könnten sonst nicht nur Wattestopfen feucht werden, sondern auch Flaschen wegen des zunächst noch höheren Innendrucks explodieren.

Beim empfehlenswerten **fraktionierten Vakuumverfahren** wird

1. durch wiederholtes Evakuieren mit Dampfeinblasen die Restluftmenge auf 2% und weniger verringert und damit die Ausgleichszeit wesentlich verkürzt. Ein fraktioniertes Vakuumverfahren zeigt die Abb. 3-7, wobei nach Ende der Sterilisationszeit nochmals evakuiert wird, was die Dampfentfernung beschleunigt und

2. eine Trocknung des Gutes bewirkt («Geräteprogramm»).

Bei dem Verfahren, Flüssigkeiten im dicht verschlossenen Endbehälter zu sterilisieren, besteht praktisch keine Rekontaminationsgefahr, auch die Gefahr einer Explosion oder einer Implosion ist bei Verwendung der dickwandigen Durangläser sowie bei einwandfrei mit Stützdruck arbeitenden Autoklaven praktisch nicht gegeben. Das Behältnis selbst übernimmt

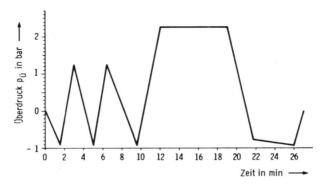

Abb. 3-7: Schema für ein fraktioniertes Vakuumverfahren. Dreimaliges Evakuieren vor der Sterilisation, danach einmaliges Evakuieren zur Trocknung.

gewissermaßen die Funktion des Autoklaven, der Dampf dient lediglich als Wärmeüberträger.

Auf **autoklavierbare Medien** wird im Abschn. 4.1 hingewiesen. Autoklavieren ist weniger arbeitsaufwendig und wesentlich sicherer als Filtrieren. Es ist jedoch genau zu prüfen, ob sich der Aufwand der Eigenherstellung von Medien aus Pulvern lohnt.

Autoklavieren

Material: – Automatischer Autoklav mit Festprogrammen
 – 20 × 100 ml Schott Duran-Flaschen mit roten Schraubverschlüssen
 – Sterilisationsetiketten
 – Sterilisationsindikator «Steam-Clox» (Fa. Biolog. Arbeitsgem., Lich) (Abb. 3-8)

– Entmineralisiertes und/oder destilliertes Wasser in die Flaschen so einfüllen, daß wenig Luft darin bleibt. Alle Flaschen fest verschrauben

– Jede Flasche mit einem Sterilisationsetikett bekleben, mit «H_2O» und dem Datum beschriften. Flaschen gleichmäßig auf dem Einlegeblech aufstellen. Auf ausreichenden Zwischenraum achten

– Temperaturfühler des Autoklaven in eine der Flaschen ohne Schraubverschluß geben

– Temperaturwähler am Autoklaven auf 121°C, Zeitschalter auf 15 min, Rückkühlzeit (bei Autoklaven mit Preßluftkühlung oder dergl.) auf 30 min einstellen

– Lösungsprogramm einschalten, Autoklav starten

– Nach Beendigung der Betriebszeit Schreiberprotokoll des Autoklaven prüfen (falls vorhanden). Steam-Clox-Indikator auf korrekten Farbumschlag prüfen

– Flaschen herausnehmen und auf nicht wärmeleitender Unterlage auf Zimmertemperatur abkühlen lassen.

Überwachung der Sterilisation

Die schon erwähnten **Sterilisationsindikatoren** und -etiketten sind Thermoindikatoren auf chemischer Basis. Die 4 Felder des «Steam-Clox» (Abb. 3-8) schlagen in Abhängigkeit von der Einwirkungszeit um. Die «Sterilabel»-Etiketten schlagen nach ca. 15 min Einwirkungszeit um. Sie sind, falls auf jeder Flasche angebracht, auch bei späterer Verwendung ein Hinweis dafür, daß die Flasche erfolgreich sterilisiert wurde.

Für die **biologische Autoklavenkontrolle** verwendet man in der Regel Sporen von *Bacillus stearothermophilus* (ATCC 7953), die in gebrauchsfertiger Form z.B. als Sterikon-Testampulle bezogen werden können. Man plaziert die Ampullen (z.B. alle 4 Wochen) an einen Draht angebunden, in das Innere von 3 Wasserflaschen und verteilt diese an verschiedenen Stellen im Autoklaven. Die Sporen werden bei 121°C erst nach 15 min Einwirkungszeit abgetötet. Nach dem Autoklavieren werden die Ampullen für 24–48 h bei 55°C bebrütet. Waren noch lebende Sporen in der Ampulle, schlägt die violette Farbe der Nährlösung in gelb um. So läßt sich leicht feststellen, ob im Inneren der Behälter die gewünschten Sterilisationsbedingungen erreicht wurden.

Die Verpackung im Autoklaven

Die sicherste Verpackung ist ein dicht schließender Behälter, der selbst als Autoklav wirkt, was für Ampullen, Rollrand- und Schraubverschlußflaschen gilt.

Für kleine Geräte und Apparate haben sich dampfdurchlässige **Polyethylenfolien,** die zugeschweißt werden können, sehr bewährt: man sieht den Inhalt und kann auf eine Beschriftung verzichten. Auch der eingelegte Indikator ist gut ablesbar. Zum Verschweißen der Folien eignen sich alle üblichen Haushalts-Folienschweißgeräte.

Außerdem gibt es **spezielles Verpackungspapier** und spezielle dampfdurchlässige Beutel. In Papier eingepackte Geräte sollten auf der Außenseite dort, wo sie nach Öffnen angefaßt werden können, markiert werden. Universell einsetzbar ist **Aluminiumfolie,** die allerdings nie so dicht zugeklebt werden darf, daß der Dampf nicht mehr ungehindert einströmen kann. Bei Filtergeräten z.B. genügt es, wenn über alle Öffnungen Aluminiumfolie angedrückt wird. Aluminiumfolie darf wegen möglicher Beschädigung niemals wiederverwendet werden, sollte aber dem Recycling zugeführt werden.

 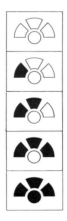

0 min	keine Sterilisation
2 min	unzureichende Sterilisation
10 min	unzureichende Sterilisation
15 min	ausreichende Sterilisation
>15 min	Überprüfen, ob energiesparender und materialschonender autoklaviert werden kann.

Abb. 3-8: Sterilisationsindikator «Steam-Clox».

3.5.2 Heißluftsterilisation

Die trockene Hitze ist weniger wirksam als die Anwendung luftfreien, gesättigten und gespannten Wasserdampfes.

Wichtig ist, daß das zu sterilisierende Gut trocken ist. Trocknen und Sterilisieren sind immer getrennt durchzuführen, damit die Resistenz von Sporen nicht durch Restwassergehalte gesteigert wird und durch Verdunstungskälte lokale Temperaturerniedrigungen auftreten. Für die Heißluftsterilisation verwendet man **Sterilisierschränke** mit **Luftumwälzung, Zeitschaltuhr** und **Übertemperatursicherung,** wobei es sicherer und ökonomischer ist, statt eines großen Schrankes mehrere kleinere anzuschaffen.

Die Richtwerte für die Sterilisation gibt die Tab. 3-4 wieder.

Wie bei der Dampfsterilisation unterscheidet man auch hier Anheizzeit, Ausgleichszeit, Sterilisationszeit und Abkühlzeit:

Anheizzeit: sie wird nie mitgerechnet, ebensowenig die

Ausgleichszeit: diese kann bei dickwandigen Glaswaren sehr lange dauern. Es empfiehlt sich daher, mindestens einmal, bei Inbetriebnahme des Schrankes, den Temperaturverlauf im Innern einer Flasche mit einem Thermometer zu überprüfen. Die Ablesung des Innenraumthermometers genügt nicht.

Sterilisationszeit: Siehe Tab. 3-4.

Abkühlzeit: Bei geschlossenem Schrank abkühlen lassen.

Wenn der Schrank gleich wieder gebraucht wird, können die Flaschen auch in einem besonderen «Sterilraum» oder unter einer Reinraumwerkbank zum Abkühlen aufgestellt werden. Die Flaschen werden in einem besonderen, staubfreien «Sterilschrank» aufbewahrt.

Tab. 3-4: Richtwerte für die Heißluftsterilisation.

Temperatur	Mindest-Sterilisierzeit
160° C	180 min
170° C	120 min
180° C	30 min

Sterilisation von Flaschen

Material: – Heißluftsterilisator mit Luftumwälzung und Zeitschaltuhr
– Glasflaschen, gewaschen und getrocknet
– Aluminiumfolie
– Heißluftindikatoren

– Flaschen mit Aluminiumfolie verschließen

– Jede Flasche mit Indikator und Datum versehen

– Flaschen mit ausreichendem Zwischenraum im Sterilisierschrank aufstellen

– Temperatur einstellen, Ventilator einschalten

- Am Kontrollthermometer ablesen, wann im Innern die erforderliche Temperatur erreicht ist, Ausgleichzeit hinzurechnen
- Zeitschaltuhr einstellen
- Bei geschlossener Tür abkühlen lassen.

Sterilisation von Pipetten

Material: – gereinigte, getrocknete Pipetten
– Pipettenbüchsen, eventuell mit Zylindergläsern, Höhe und Durchmesser passend für Pasteurpipetten
– Watteschnur
– Aluminiumfolie
– Sterilisationsklebeband
– Sterilindikatoren für Heißluft
– Pipettenstopfmaschine
– Heißluftsterilisator

- Pipetten mit Pipettenstopfmaschine stopfen; die Watte muß für diesen Zweck geeignet sein, sie darf bei 180°C nicht verkohlen
- Boden der Pipettenbüchsen mit einer Schicht Verbandsmull (100 % Baumwolle) belegen, Pipetten nach Volumen in Pipettenbüchsen sortieren, Pasteurpipetten vorsichtig, Spitzen nach unten, einlegen
- Pipettenbüchsen schließen, Verkleben des Deckels ist nicht unbedingt nötig. Mit Größenangaben (1 ml usw.) und einem Indikator versehen, mit Aluminiumfolie umwickeln und mit Sterilisationsklebeband einmal rundum festkleben
- Für 30 min bei 180°C sterilisieren, dabei allgemeine Grundsätze einhalten (s. Abschn. 3.5.2)
- Pipetten entnehmen, an staubfreiem Ort abkühlen lassen, staubfrei aufbewahren.

Sterilisation von Pipetten

Zu den am häufigsten benutzten Geräten gehören Pipetten, deren Reinigung und Sterilisation daher mit besonderer Sorgfalt erfolgen muß.

Überwachung der Sterilisation

Auch hierfür gibt es **Indikatoren** auf chemischer Basis. Bioindikatoren stehen nicht zur Verfügung.

Verpackung im Heißluftsterilisator

Hier ist darauf zu achten, daß keine Materialien verwendet werden, die verkohlen oder verbrennen und unerwünschte Rückstände hinterlassen, die sowohl das Gut als auch den Sterilisator verunreinigen.

3.5.3 Sterilfiltration (Keimfiltration)

Diese aseptische Methode wird für die **Filtration thermolabiler Lösungen** verwendet. Es ist in vielen Labors üblich, Medien unmittelbar vor Verwendung nochmals durch Einmal-Vakuumfilter zu saugen, was die Sicherheit zweifellos erhöht. Wiederverwendbare Filtergeräte, in die Filtermembranen oder Filterkerzen unterschiedlicher Porengröße eingelegt werden können, werden meist für mittlere und größere Volumina benützt (Vorratshaltung) (Abb. 3-9). Für kleine Volumina von 1 bis ca. 50 ml eignen sich Einmalfilter in der Form von Spritzenvorsätzen (Abb. 3-10) oder Filtration mittels einer Schlauchpumpe (Abb. 3-11). Die Filtration bewirkt nicht immer eine vollständige Keimabscheidung. Durch einige immer vorhandene größere Poren können besonders kleine Bakterien durchschlüpfen. Empfehlenswert sind daher Doppelschichtmembranen bzw. das Aufeinanderlegen zweier Membranen mit gleichem Porendurchmesser oder die Verwendung von zwei Spritzenvorsätzen, wenn die Gefahr der Kontamination besonders groß ist.

Für Zellkulturflüssigkeiten wie Medien, Seren oder andere Zusätze ist eine Porengröße von $\leq 0,1$ µm dringend anzuraten, da Mycoplasmen (s. Abschn. 3.7) bei den üblichen Porengrößen von 0,22 µm bzw. 0,45 µm nicht zurückgehalten werden, weshalb die Flüssigkeiten strenggenommen nicht sterilfiltriert werden.

Abb. 3-9: Vakuumfiltriergeräte aus Kunststoff (Fa. Sartorius).

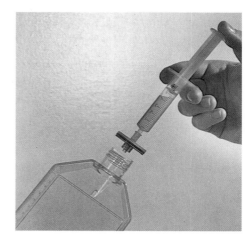

Abb. 3-10: Einmalfiltereinheit für kleine Mengen (Fa. Sarstedt).

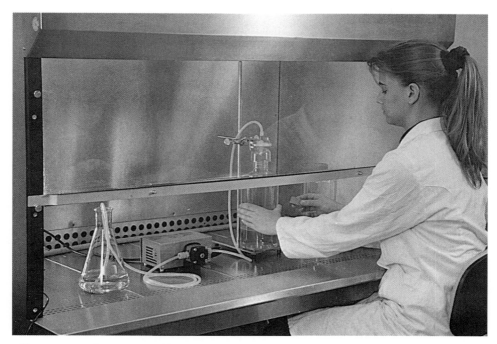

Abb. 3-11: Anordnung zur Sterilfiltration mittels Membranpumpe und Filtereinheit im Labormaßstab (Fa. Sarstedt).

Abb. 3-12: Druckfiltrationseinheit mit Sterilglocke für die Sterilfiltration von Medien und wässrigen Lösungen (Fa. Sartorius).

Vakuumfiltration

Sie wird für kleine Volumina von 100 ml bis 500 ml verwendet, da sie wenig apparativen Aufwand erfordert. Sehr praktisch sind die bereits sterilisiert zu beziehenden Einmalgeräte, die direkt an eine Vakuumpumpe angeschlossen werden können (Abb. 3-9).

Bei der Vakuumfiltration können durch den Unterdruck CO_2-Verluste auftreten und es muß auf unbedingte Dichtigkeit auf der Filtratseite geachtet werden, damit keine Keime aus der Luft angesaugt werden. Für Lösungen, die leicht flüchtige Substanzen enthalten oder leicht schäumen (**Serum**), ist stets Druckfiltration vorzuziehen.

Druckfiltration

Bei dieser Filtrationstechnik wird die zu filtrierende Flüssigkeit aus einem autoklavierbaren Edelstahldruckbehälter mit Stickstoff (ersatzweise Druckluft) durch eine Filtermembran gedrückt, die in einem Edelstahldruckfiltrationsgerät oder in einem einmal verwendbaren Kunststoffgehäuse eingelegt ist. Die Abb. 3–13 zeigt eine schematische Anordnung zur Druckfiltration.

Die Filtermembranen bestehen aus den verschiedensten Materialien. Wichtig ist, daß möglichst keine extrahierbaren Substanzen nachweisbar sind. Man informiere sich bei den Herstellern über die Eignung der Materialien für den vorgesehenen Zweck.

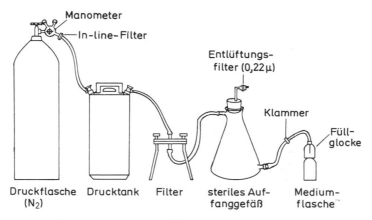

Abb. 3-13: Schematische Anordnung zur Druckfiltration.

In ein Filtergerät wird zuunterst die Sterilmembran, in der Regel mit einem Porendurchmesser von 0,1 µm eingelegt. Darauf legt man einen Vorfilter, der gröbere Partikel vom Sterilfilter fernhält. Dies kann im einfachsten Fall ein Glasfaserfilter sein.

Für kleinere Volumen bis zu 5 l können die erwähnten Einmalkerzen verwendet werden. Das Medium wird mit einer Schlauchpumpe «drucklos» über das in einem Stativ gehaltene Filter in eine Stutzenflasche, wie oben geschildert, gepumpt oder in Portionen abgefüllt, wobei jedesmal die Schlauchpumpe abgestellt werden muß, damit sich kein Druck aufbauen kann, den der Silikonschlauch der Schlauchpumpe nicht aushalten würde.

Sterilisation eines Membranfilters

– Filtergehäuse völlig zerlegen, mit Spülmittel waschen, mit viel Leitungswasser und entmineralisiertem Wasser spülen, anschließend trocknen

– Filterunterstützung richtig einlegen, Filtermembran mittels flacher Pinzette ohne Riffelung auflegen, Membranen aus Celluloseacetat und Polycarbonat stets feucht einlegen, jegliches Knicken vermeiden

– Vorfilter auflegen

– Deckel auflegen, Schrauben nur lose anziehen, keinesfalls festziehen

– Ausgang des Filters bzw. bei aufgestecktem Schlauch diesen sorgfältig mit Aluminiumfolie verschließen, ebenso locker den Einlaß des Filters

– Kompletten Filter bei 121°C und 2 bar (200 kPa) Druck für 30 min sterilisieren. Hierfür nur das «Geräteprogramm» wählen, ohne Vor- und Nachvakuum, die Filtermembran darf auch beim Abkühlen nicht austrocknen

– Filter über Nacht im Autoklaven oder an einem anderen staubfreien Ort abkühlen lassen

– Deckel kreuzweise fest anschrauben.

Sterilfiltration von Medien

Material: – Druckgefäß
  – Filtergerät, steril
  – Stickstoffflasche mit Reduzierventil
  – Sterile Stutzenflasche zum Auffangen des Filtrats, am Auslaufstutzen Silikon-
    schlauch mit Abfüllglocke
  – Sterile Flaschen, in die abgefüllt werden soll
  – Sterile Verschlüsse in separatem Sterilisierbehälter

– Das unsterile Medium in das Druckgefäß schütten

– Druckgefäß gut verschließen, mit Stickstoffflasche und Filter unsteril durch Druck-
  schläuche verbinden

– Stutzenflasche erhöht aufstellen, Abfüllglocke in Stativklemme festhalten

– Druck auf 50 kPa (0,5 bar) einstellen

– Filtergerät durch Entlüftungsventil auf der Oberseite des Gerätes entlüften

– Die ersten 50–100 ml abfüllen und für spätere Sterilitätsprüfung verwenden (dieser «Verlauf» enthält gelegentlich Fremdsubstanzen oder Wasser, ist also für die
  Zellkultur ohnehin nicht zu verwenden)

– Druck möglichst nicht über 150 kPa (1,5 bar) steigern, um keine Keime «durchzu-
  drücken»

– Sofort nach Ende der Abfüllung den **«Bubble Point»**-Test durchführen. Dazu das
  an der Unterseite des Filters befindliche 2. Ventil mit kurzem Schlauch versehen
  und diesen in ein Gefäß mit Wasser hängen (unsteril), Ventil öffnen, Druck nach
  Angabe des Herstellers erhöhen, bei 0,2 μm – Membranen von Sartorius dürfen
  z.B. erst ab 400 kPa (4,0 bar) Blasen aus dem Schlauch im Wasser aufsteigen.
  Steigen vorher Blasen auf, ist die Filtermembran defekt, das gesamte Filtrat muß
  nochmals filtriert werden Für industrielle Zwecke ist der **Druckhaltetest** zu empfehlen, oft sogar vorgeschrieben.

3.5.4 Sterilitätstest

Wenn der «Bubble-Point»-Test ein intaktes Filter anzeigt, werden die erwähnten
50–100 ml vom Anfang, sowie von der Mitte und vom Ende der Filtration je eine Flasche bei
37°C für 4 Tage bebrütet. Bleibt der Inhalt klar, ist die Abfüllung als steril anzusehen. Trübt
sich der Inhalt, werden weitere 3 Flaschen bebrütet, trübt sich der Inhalt wieder, sollte die
ganze Charge vernichtet werden.

Eine umfangreichere Sterilitätsprüfung kann mit Hilfe der **Membranfiltermethode** durchgeführt werden. Proben des Filtrats werden durch spezielle Filter (z.B. Sartorius Sterilitätssy-
stem) gesaugt und dann mit Dextrosebouillon, Thioglykolat- und Sabouraud-Nährboden
aufgefüllt und bebrütet. Die Methode eignet sich z.B. für zentrale Medienküchen.

3.6 Antibiotika

Zwischen 1907 und 1945, als noch kein Penicillin in die Zellkulturmedien gemischt wurde, konnten Kontaminationen und damit der Verlust der Kultur nur durch rigorose Steriltechnik vermieden werden. Dies war stets sehr aufwendig und mit vielen Verlusten verbunden, weshalb sich die Zellkulturmethode erst nach Einführung der Antibiotika sprunghaft verbreitete. Ab diesem Zeitpunkt wurden auch die Massenkultur und der exakte quantitative Versuch möglich.

3.6.1 Anwendung

Üblicherweise werden 100 µg/ml **Dihydrostreptomycinsulfat** und 100 U/ml **Penicillin G-Natrium** in Kombination gegen gramnegative und grampositive Bakterien verwendet. Dabei muß berücksichtigt werden, daß Penicillin in wäßriger Lösung nur ca. 3 Tage aktiv bleibt. Penicillin-haltige Medien dürfen daher, auch kurzfristig, nur in gefrorenem Zustand aufbewahrt werden. Die käuflich erhältlichen Antibiotika-Lyophilisate werden mit sterilem Wasser gelöst. Dieser Stammlösung werden kleine Mengen entnommen und den Medien in einer Endkonzentration von 100 µg/ml Streptomycin und 100 IU/ml Penicillin zugesetzt. Reste der Stammlösung müssen eingefroren und können mehrfach aufgetaut werden.

Gentamycin ist dagegen unter gleichen Bedingungen 5 Tage lang stabil und außerdem sowohl gegen gramnegative wie grampositive Bakterien wirksam. Es wird mit 50 µg/ml eingesetzt.

Schließlich wird gegen Pilze **Amphotericin B** in einer Konzentration von 2,5 µg/ml gefährdeten Kulturen zugegeben. Eine Übersicht über Wirkungsspektren und Konzentrationen weiterer Antibiotika zeigt Tab. 3-5.

Die Anwendung von Antibiotika hat verschiedene Nachteile (s.u.), sie ist jedoch angezeigt bei der Primärkultur kontaminierter Gewebeproben (z.B. Hautbiopsien). Außerdem halten viele Bearbeiter die Anwendung von Antibiotika bei der Massenkultur für unverzichtbar. Dient die Massenkultur z.B. zur Herstellung therapeutischer Proteine, dürfen sie nicht verwendet werden.

Tab. 3.5: Wirkungsspektren und Anwendungskonzentrationen verschiedener Antibiotika

Antibiotikum	Wirkungsspektrum	Cytotoxische Konzentration µg/ml	Empfohlene Konzentration µg/ml	Stabilität Tage bei 37°C
Amphotericin B	Pilze, Hefen Mycoplasmen	30	2,5	3
Ampicillin	Gramnegative Grampositive Bakterien		100 U/ml	3
Carbenicillin	Gramnegative Grampositive Bakterien		100 U/ml	3
Chloramphenicol	Grampositive Gramnegative Bakterien	30	5	5
7-Chlortetracylin	Grampositive Gramnegative Bakterien	80	10	1

Tab. 3.5: Fortsetzung

Antibiotikum	Wirkungsspektrum	Cytotoxische Konzentration µg/ml	Empfohlene Konzentration µg/ml	Stabilität Tage bei 37° C
Ciprofloxacin	Mycoplasmen		10	5
Dihydrostreptomycinsulfat	Grampositive Gramnegative Bakterien	30000	100	5
Erythromycin Base	Grampositive Gramnegative Bakterien	300	100	3
Gentamycin	Grampositive Gramnegative Bakterien Mycoplasmen	3000	50	5
Kanamycin-Sulfat	Grampositive Gramnegative Bakterien Mycoplasmen	10000	100	5
Lincomycin-Hydrochlorid	Grampositive Bakterien		100	4
Minocyclin	Grampositive Gramnegative Bakterien Mycoplasmen	*	5	~3
Neomycinsulfat	Grampositive Gramnegative Bakterien	3000	50	5
Nystatin	Pilze incl. Hefen	600	50	3
Oxytetracyclin-Hydrochlorid	Grampositive Gramnegative Bakterien			
Polymyxin B-Sulfat	Gramnegative	3000	50	5
Penicilin G	Grampositive Bakterien	10000	100 U/ml	3
Streptomycinsulfat	Grampositive Gramnegative Bakterien	20000	100	3
Tetracyclin Base	Grampositive Gramnegative Bakterien Mycoplasmen	10	35	4
Tetracyclin-Hydrochlorid	Grampositive Gramnegative Bakterien Mycoplasmen	35	10	4
Tiamulin	Grampositive Bakterien Mycoplasmen	*	10	~4
Tylosin	Grampositive Bakterien Mycoplasmen	300	10	5

* Die empfohlene Konzentration sollte nicht überschritten werden, genauere Angaben sind nicht verfügbar.

Grundsätze für die Verwendung von Antibiotika

1. Antibiotika nie unterdosiert verwenden.

2. Entsprechend der Stabilität in wäßriger Lösung rechtzeitig nachdosieren.

3. Trotz Anwendung von Antibiotika auftretende Kontaminationen nicht mit einer Vielzahl weiterer Antibiotika behandeln, sondern Kulturen vernichten. Aseptische Arbeitstechnik Schritt für Schritt überprüfen.

4. Gelegentlich die Kulturen für 2–3 Wochen antibiotikafrei weiterzüchten, um die Wirksamkeit der Steriltechnik zu überprüfen und überdeckte Kontaminationen zu entdecken.

3.6.2 Antibiotikafreie Kultur

Die dauernde Anwendung von Antibiotika verführt oft zur Vernachlässigung der Steriltechnik. Folge können schwere, auch durch hohe Dosierung von Antibiotika kaum mehr zu beherrschende Kontaminationen sein. Die Vernachlässigung steriler Arbeitstechniken birgt außerdem die Gefahr der Kreuzkontamination in sich (s. Abschn. 3.8). Wenn auf Antibiotika in der Routine nicht verzichtet werden kann, dann sollten die oben aufgeführten Grundsätze beachtet werden. Es ist jedoch ein Zeichen für die besonders erfolgreiche Anwendung der aseptischen Arbeitstechniken und den hohen Standard der Zellkulturtechnik, wenn alle Routinearbeiten ohne Antibiotika durchgeführt werden und damit die Aussagekraft der Versuchsergebnisse wesentlich gesteigert werden kann.

3.7 Mycoplasmen

Mycoplasmen sind die kleinsten sich selbst vermehrenden Prokaryonten. Sie sind in ihrer Form variabel, ihre Größe schwankt zwischen 0,22 µm und 2 µm, können also die üblichen Sterilfilter aus Cellulose- und Polyvinylderivaten passieren, deren Porengröße um 0,2 µm schwankt. Neuere anorganische Filtermembranen (Anotop) mit Porengrößen um 0,1 µm machen eine sichere Mycoplasmenabtrennung möglich.

Kontaminationen von Zellkulturen mit Mycoplasmen sind häufig, sie sind lang andauernd und meist schwierig zu behandeln, jedoch mit neueren Methoden leicht zu identifizieren. Sie bewirken nicht immer dramatische Effekte und bleiben deshalb lange unentdeckt, obwohl sie vielfältig in den Stoffwechsel der befallenen Zellen eingreifen.

3.7.1 Der Arginin-Effekt

Verschiedene Mycoplasmen-Spezies, unter ihnen die häufigen *Mycoplasma orale* und *M.arginini* benutzen als Energiequelle (ATP-Gewinnung) statt der üblichen Glucose das Arginin. Infizierte Zellkulturen leiden daher z. T. sehr stark an Argininmangel. Durch Zugabe von 1 mM Arginin statt der üblichen 0,1 mM kann der Wachstumsstillstand der infizierten Kultur aufgehoben und dann eine gezielte Bekämpfung eingeleitet werden.

3.7.2 Nachweismethoden von Mycoplasmenkontaminationen

In der Literatur wurden zahlreiche Detektionssysteme beschrieben, von denen viele für die Routineprüfung von Zellkulturen zu aufwendig sind (Tab. 3-6).

Tab. 3-6: Nachweis von Mycoplasmenkontaminationen (BG Chemie B 009, 6/92).

Methode	benötigte Geräte	Kommentar
DNA-bindende Fluoreszenz-farbstoffe. Bisbenzimid (H33258), DAPI	Fluoreszenzmikroskope mit geeigneten Filtersätzen	Empfindlicher Test für adhärie-rende Mycoplasmen; oft nega-tive Ergebnisse für nicht adhärie-rende Mycoplasmen. Falsch-positive Ergebnisse z.B. durch artifizielle Zellkernzerstörung und DNA-Versprengungen
ELISA	Mikrotiterplattenphotometer mit Filter (405 nm)	Erkennt möglicherweise nicht alle Stämme. Empfindlichkeit im Durchschnitt
nachweis mycoplasmen-spezifischer Enzyme, 6-MPDR-Test	keine	Verwendung von Indikatorzelli-nien (z.B. 3T6) erforderlich. Bakterien können falsch-positive Ergebnisse vortäuschen. Nach-weisempfindlichkeit nicht son-derlich hoch. Leicht durchzufüh-ren.
Molekularbiologische Methoden: – Hybridisierung mit DNA/ RNA Sonden – PCR von z.B. ribosomaler RNA bzw. ihren Genen	– Szintillationzähler, ra-dioaktive Substanzen – PCR-Gerät, Elektrophore-seeinheit, UV-Lampe, evtl. Sequenzierungseinheit	– Sehr empfindlich, nicht zum Nachweis aller Mycoplasmen geeignet – Sehr empfindlich, Mycoplas-mentypisierung möglich, noch nicht kommerziell erhältlich
Mikrobiologische Kultivie-rung	Brutschrank	Sehr empfindlich, allerdings sind nicht alle Mycoplasmen kulti-vierbar

3.7.2.1 Darstellung der Mycoplasmen durch Fluorochromierung mit DAPI

Kontaminationen mit Mycoplasmen können am schnellsten durch die Anfärbung der Mycoplasmen-DNA mit dem speziell an DNA-bindenden Fluorochrom DAPI (4-6-Diami-dino-2-phenylindol-di-hydrochlorid) festgestellt werden (Russel et al. 1975). Die Mycoplas-men erscheinen als gleichmäßig geformte, kleine hell leuchtende Punkte oder Ansammlungen von solchen. Da sich mitochondriale DNA kaum sichtbar anfärbt, ist die Hintergrundfluores-zenz gering. Kerntrümmer zerfallender Zellen sowie Bakterien und Pilze sind wesentlich größer und anders geformt als Mycoplasmen und daher nach Einarbeitung zu unterscheiden. In gleicher Weise kann auch Bisbenzimid (Hoechst 33258) verwendet werden. Die Methode erfordert etwas Übung. Positivkontrollen sind dabei unerläßlich.

Diese mikroskopische Kontrolle, deren Vorbereitung kaum 30 min dauert, sollte in regel-mäßigen Abständen, je nach Zellinie, durchgeführt werden. Zur Dokumentation können auch Dauerpräparate angefertigt werden.

Gute Dauerpräparate, die im Fluoreszenzlicht nicht so schnell ausbleichen, können mit einem speziellen Einbettmittel hergestellt werden. Dann ist auch nach 10–20 min kein Ausbleichen festzustellen, so daß genügend Zeit zur Anfertigung von Mikrofotografien bleibt.

Einbettmittel für Fluoreszenzpräparate

Material: – p-Phenylendiamin
 – Phosphatgepufferte Kochsalzlösung: Na_2HPO_4 0,01 M, NaCl 0,01 M
 – Glycerin
 – Carbonat-Bicarbonatpuffer 0,5 M: 42 g/l $NaHCO_3$ + 53 g/l Na_2CO_3, pH 9,0

– 100 mg p-Phenylendiamin in 10 ml phosphatgepufferter Kochsalzlösung lösen und zu 90 ml Glycerin geben. Mit Carbonat-Bicarbonatpuffer auf pH 8,0 einstellen
– Portionieren und bei −20°C unter Lichtabschluß aufbewahren, um Braunwerden des Puffers zu verhindern
– Mit diesem Einbettmittel angefertigte Präparate müssen liegend aufbewahrt werden.

DAPI-Test auf Mycoplasmen

Material: – 50–70% dichte Monolayerkultur in Kunststoffpetrischale, 60 mm ∅
 – DAPI, Serva
 – PBS
 – Methanol
 – Fluoreszensmikroskop
 Zeiss: Erregerfilter G 436, Farbteiler FT 510, Sperrfilter LP 520, als kompletter Filtersatz unter Nr. 487707 erhältlich
 Leitz: Erregerfilter Bp 340, Teilerspiegel RKP 400, Sperrfilter LP 430, als kompletter Filterblock A unter Nr. 513410 erhältlich (für andere Mikroskopfabrikate: Absorption λ = 340 nm, Emission λ = 488 nm).

– DAPI-Stammlösung mit 5 µg/ml in Aqua demin. herstellen (50 ×), in 0,2 ml Portionen bei −20°C einfrieren, Haltbarkeit 12 Monate
– 0,2 ml DAPI-Stammlösung auftauen, mit Methanol auf 10 ml auffüllen (= 0,1 µg/ml)
– Medium von der Kultur abgießen (Kontaminationsgefahr!), einmal mit PBS waschen, einmal mit DAPI-Methanol waschen
– mit Dapi-Methanol 15 min bei 37°C im Brutschrank gut bedeckt färben
– Färbelösung abgießen, mehrmals mit PBS bzw. Aqua demin. waschen, Deckglas mit etwas PBS darunter auf Kultur legen. Mit 100 × Ölimmersionsobjektiv mikroskopieren.

3.7.3 Elimination von Mycoplasmen

Es gibt einige erfolgreiche Methoden, mit Mycoplasmen infizierte Zellen zu kurieren. So haben sich die neuartigen Antibiotika (Tab. 3-5) gegen Mycoplasmen gut bewährt. Weitere Methoden wie z.B. die Kultivierung infizierter Zellen mit Peritonealmakrophagen oder die

Inokulation solcher Zellen in die Aszitesflüssigkeit von Mäusen sind aufwendig und bringen zusätzliche Probleme mit sich (Tierversuche, Einbringung von Retroviren in die Zellen).

Von Schmidt et al. (1984) wurde gefunden, daß eine alternierende Anwendung von **Minocyclin** (BM-Cyclin 2) und **Tiamulin** (BM-Cyclin 1) Mycoplasmen innerhalb von 16–23 Tagen sicher abtötet, ohne für eine Vielzahl getesteter Zellen toxisch zu sein oder zur Resistenz zu führen.

Behandlung von Zellkulturen gegen Mycoplasmen

Material: – BM-Cyclin 1 + 2 (Boehringer Mannheim)
  – Infizierte Kulturen
  – Medium für Mediumwechsel

– 5 mg BM-Cyclin 1 in 1 l komplettem Medium lösen (Konz. 5 µg/ml), portionieren und bei −20°C einfrieren
– 10 mg BM-Cyclin 2 in 1 l komplettem Medium lösen (Konz. 10 µg/ml), portionieren und bei −20°C einfrieren
– Medium von der Kultur absaugen
– Kultur 3 Tage mit aufgetautem BM-Cyclin 1-Medium inkubieren, dann Mediumwechsel oder Subkultur mit BM-Cyclin 2-Medium für 4 Tage inkubieren
– Rhythmus: 3 Tage BM-Cyclin 1, 4 Tage BM-Cyclin 2 für 3 Wochen beibehalten
– Kulturen mit Dapi auf Mycoplasmen prüfen
– Antibiotika nicht prophylaktisch verwenden.

3.8 Kreuzkontaminationen

Die Vernachlässigung der sterilen Arbeitstechnik kann auch zu einer Vermischung verschiedener permanenter Zellinien führen. Bekannt ist die Kontamination verschiedener Zellinien, z.B. HEp-2 mit HeLa-Zellen (Gartler 1967).

Die Identität der gezüchteten Zellinien sollte in kritischen Fällen überprüft werden. Dies ist immer dann angezeigt, wenn sich Morphologie, Wachstumsrate, spezielle Produktionseigenschaften usw. deutlich verändern.

Für bestimmte biotechnologische Anwendungen ist die Prüfung der Identität zwingend erforderlich. Hierfür ist die Prüfung der Isoenzymmuster spezieller Enzyme hervorragend geeignet (Abb. 3-14). Für weitere Prüfungen der Identität (z.B. mittels DNA-Fingerprinting) muß auf die einschlägige Literatur verwiesen werden (ATCC 1992, Stacey et al. 1991).

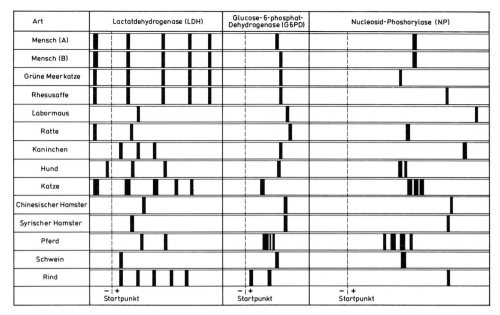

Abb. 3-14: Muster für Isoenzyme der LDH, 6-GPD und NP von verschiedenen Säugerarten

3.9 Literatur

Adam, W.: Wiss. Nachrichten Nr. 9, Münchner Medizin Mechanik GmbH, München. 1975

American Type Culture Collection (ATCC): Catalogue of cell lines of hybridomas. 7th edition Rockville. 1992

American Type Culture Collection (ATCC): Catalogue of strains, 17th edition, Rockville. 1992

American Type Culture Collection (ATCC): Quality controll methods of cell lines. 2nd edition Rockville. 1992

Gartler, S.M.: Genetic markers as tracers in cell culture. NCI-Monographs, 167–195. 1967

Johnson, G.D. et al.: A simple method of reducing the fading of immunfluorescence during microscopy. Jour. Immunol. Meth. **43**, 349–350. 1981

Russel, W.C. et al.: A simple cytochemical technique for demonstration of DNA in cells infected with mycoplasmas and viruses. Nature **253**, 461–462. 1975

Schmidt, J. et al.: Elimination of mycoplasmas from cell cultures and establishment of Mycoplasma – free cell lines. Exp. Cell Res. **152**, 565–570. 1984

Stacey, C.N. et al.: The quality control of cell banks using DNA-fingerprinting. In: Burkes. T. et al. (eds.): DNA-fingerprinting: approaches and applications. Birkhäuser, Basel. 1991

4 Zellkulturmedien

4.1 Herstellung gebrauchsfertiger Medien

Für die aus einem Organismus isolierten Zellen muß unter in vitro-Bedingungen eine Umgebung geschaffen werden, die Proliferation, Wachstum und, wenn nötig, Differenzierung und Ausübung von typischen Zellfunktionen erlaubt. Hierzu müssen den Zellen alle nicht selbstsynthetisierbaren Substanzen zugeführt werden (**essentielle Substanzen**). «Abfallprodukte» müssen so lange wie möglich neutralisiert werden (**Puffer**). Als Ersatz für das Immunsystem des Organismus können **Antibiotika** zugegeben werden (s. Kap. 3).

Seit den Tagen von Ross Grenville Harrison (1907), der als der Begründer der Gewebekultur bezeichnet wird, wurden Zellen in verschiedensten Nährmedien gezüchtet. In aller Regel enthielten diese komplexe organische Zusätze, die chemisch nicht definiert und standardisiert waren. Das erste chemisch definierte Medium gelang dann Eagle 1955, dessen Rezeptur jene niedermolekularen Substanzen enthielt, die das Wachstum mehrerer bekannter Zellinien ermöglichte.

Für ein optimales Wachstum über längere Zeit ist jedoch bis zum heutigen Tage ein Zusatz von tierischem oder menschlichem **Serum** nötig. Erst seit den Untersuchungen von Sato (1979) ist deutlich geworden, welche makromolekularen Substanzen («**Wachstumfaktoren**») den Medien im Einzelnen zugegeben werden können, um das äußerst komplex zusammengesetzte Serum, das diese Substanzen in meist unbekannter Form und Konzentration enthält, zu ersetzen (s. Abschn. 4.3).

Die Zellkulturmedien setzen sich in der Regel aus Aminosäuren, Vitaminen, sonstigen Substanzen und einem anorganischen Puffergemisch zusammen. Diesen Medien muß Serum zugegeben werden, außerdem je nach Formulierung Glutamin und Natriumhydrogenkarbo-

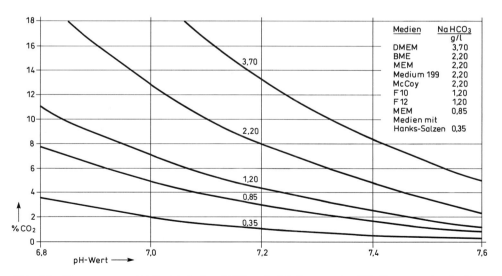

Abb. 4-1: Diagramm zur Abhängigkeit der pH-Werte in Medien von der CO_2-Konzentration im Brutschrank.

nat. Alle bekannten Medien werden heute von Firmen in vorgemischter, geprüfter Form als Pulver oder als Lösung angeboten, wobei man gebrauchsfertige Lösungen, Konzentrate und vorgefertigte Pulvermischungen unterscheidet.

Bei Medien für Säugerzellen sollte vor allem die **Osmolalität** in folgenden Grenzen gehalten werden: 270 mOsmol/kg H_2O für RPMI-1640, 340 mOsmol/kg H_2O für DMEM. Für

---

Herstellung eines Mediums aus gebrauchsfertigen Teillösungen

Material: – Flasche mit Mediumlösung, steril
– L-Glutamin, steril
– Antibiotika (Streptomycin/Penicillin oder Gentamycin)
– Serum
– sonstige erforderliche Zusätze
– CO_2-Gasanschluß mit Sterilfilter, 0,22 μm
– 1 N NaOH, 7,5%ige Lösung (w/v), steril
– 1 Wasserbad, 37°C

– Zuerst das Serum und das Glutamin im Wasserbad bei 37°C auftauen; die Mediumlösung und sonstige benötigte Lösungen ebenfalls auf 37°C vorwärmen

– Die Antibiotikaflasche unter sterilen Bedingungen öffnen und das Lyophilisat mittels Pipette mit sterilem Medium auflösen

– Nach Erwärmen aller Teillösungen die erforderlichen Mengen jeweils mit einer neuen Pipette in der sterilen Werkbank in die angewärmte Mediumflasche geben und durch vorsichtiges Umschütteln bzw. Suspendieren mit der Pipette mischen, **Konzentrationsangaben** für Antibiotika (s. Tab. 3-5), Seren (5–25%, s. Abschn. 4.4.1), L-Glutamin (s. Tab. 4-6), $NaHCO_3$ (s. Tab. 4-7) und Hepes (s. Abschn. 4.4.4)

– Nun den pH-Wert durch Auftropfen auf Indikatorpapier oder mit einem pH-Meter in einem separaten Gefäß unsteril messen und auf den für das jeweilige Medium richtigen Wert einstellen. Die Korrektur des pH-Wertes nach unten erfolgt am einfachsten durch Einleiten von CO_2-Gas über ein kleines Sterilfilter mit 0,22 μm Porendurchmesser. Das Gas vorsichtig auf die Oberfläche der Lösung blasen und hierbei gut schütteln. Das Einstellen muß langsam geschehen, da der üblicherweise in den Medien enthaltene Phenolrotindikator verzögert umschlägt. In selteneren Fällen ist es nötig, das Medium mit 1 N NaOH Lösung auf einen höheren pH-Wert einzustellen

– Das Medium ist nun gebrauchsfertig, Teilmengen können mit einer Pipette entnommen werden. Die Entnahme sollte nicht durch Schütten erfolgen, da auch das Schraubgewinde einer Flasche Keime tragen kann

– Wird auf Vorrat hergestellt, oder werden Reste verwendet, so sollte das Mischungsdatum, Art und Menge der Zusätze sowie die Zellinie, für die das Medium gedacht ist, auf der Flasche durch ein besonderes Etikett vermerkt werden. Für jede Zellinie getrennte Flaschen benutzen, um die Vermischung von Zellinien zu vermeiden

– Das komplette Medium kann bei −20°C für maximal ein halbes Jahr aufbewahrt werden, im Kühlschrank kann es allenfalls für 4 Wochen gelagert werden. Um mehrfaches Erwärmen einer Charge zu vermeiden, das Medium in 100 ml Portionen abfüllen und Reste wegwerfen.

Insektenkulturen muß die Osmolalität auf etwa 360 mOsmol/kg H_2O eingestellt werden. Am besten überprüft man die Osmolalität des frisch hergestellten Mediums mit einem Osmometer.

Noch enger sind die Grenzen für den **pH-Wert** im Medium zu setzen. Ideal für nahezu alle Zellen sind Ausgangswerte von pH 7,2–7,4, wobei sich diese während der Kultivierung auf ein physiologisches Optimum einstellen, das von Zellart zu Zellart unterschiedlich sein kann. Gemäß Abb. 4-1 hängt der pH-Wert von $NaHCO_3$-gepufferten Medien wesentlich vom CO_2-Gehalt der Brutschrankatmosphäre ab.

Herstellung eines Mediums aus einem 10x Konzentrat

Material: – sterile 1000 ml Schraubenverschlußflasche
            – sterile Pipetten
            – 100 ml Konzentrat, steril
            – 1000 ml steriles, hochreines Wasser (s. Abschn. 4.5)
            – L-Glutamin, steril
            – Antibiotika (Streptomycin/Penicillin oder Gentamycin)
            – Serum
            – Sonstige erforderliche Zusätze
            – $NaHCO_3$, 7,5%ige Lösung (w/v), steril
            – 1 N NaOH, steril

– Alle Arbeiten unter sterilen Bedingungen in einer sterilen Werkbank durchführen
– 800 ml steriles, hochreines Wasser in der 1 l-Flasche bereitstellen und unter vorsichtigem Schwenken 100 ml Konzentrat hinzufügen, anschließend Natriumhydrogenkarbonatlösung (s. Tab. 4-7)
– Mit sterilem Wasser auffüllen bis auf die erst unmittelbar vor Gebrauch zuzusetzende Menge L-Glutaminlösung
– Den pH-Wert unter vorsichtigem Umschwenken mit sterilem NaOH auf 7,1–7,4 einstellen. Notfalls den pH-Wert mit steriler 1 N HCl nach unten korrigieren
– Das Medium kann bei +4°C vier bis sechs Wochen ohne Aktivitätsverlust gelagert werden. Unmittelbar vor Gebrauch steril Glutamin, Antibiotika, Serum und andere Zusätze hinzufügen (Konzentrationsangaben siehe Verweise oben).

Herstellung eines Mediums aus einer Pulvermischung

Material: – 1 Magnetrührer mit Rührstab
            – Ansatzgefäße, steril oder keimarm
            – Sterilfilter, sterilisiert
            – sterile Flaschen mit sterilen Verschlüssen
            – Pulvermedium
            – hochreines Wasser (s. Abschn. 4.5)
            – 1 N HCl
            – 1 N NaOH
            – $NaHCO_3$, 7,5%ige Lösung (w/v), steril

– Ca. 90% der Wassermenge in das Ansatzgefäß auf dem Magnetrührer geben. Erforderliche Menge Pulvermedium abwiegen und sofort in ca. 15–30°C warmes

Wasser einrühren. Die Pulver sind meist stark hygroskopisch, längeres offenes Stehenlassen führt zur Verklumpung und zu unkontrollierten Reaktionen der Substanzen untereinander

- Nun das Natriumhydrogencarbonat hinzufügen und mit Wasser bis zum Endvolumen auffüllen. In Pulvermedien ist Glutamin meist enthalten

- Bei manchen Medien ist es nötig, den pH-Wert mit NaOH oder HCl auf den gewünschten Wert einzustellen. Bei anschließender Druckfiltration kann der pH-Wert nach der Filtration durch CO_2-Verlust um 0,2−0,3 ansteigen, weshalb man den pH-Wert vor der Filtration entsprechend niedriger einstellt

- Die nun folgende Druckfiltration ist der Vakuumfiltration vorzuziehen. Besondere Hinweise zur Druckfiltration s. Abschn. 3.5.3

- Das Medium in einer sterilen Werkbank in die vorbereiteten Flaschen abfüllen, beschriften und bei +4°C lagern. Die Haltbarkeit beträgt in der Regel 1 Jahr. Es ist durchaus möglich, dem Medium vor (unsteril) oder nach (steril) der Filtration alle benötigten Zusätze zuzumischen, das Medium muß dann jedoch bei −20°C eingefroren werden und sollte nicht länger als 1 Jahr gelagert werden.

Autoklavierbare Medien

Material: − Ansatzgefäß, steril oder keimarm
            − Flaschen mit Verschlüssen, unsteril
            − autoklavierbares Pulvermedium
            − hochreines Wasser
            − $NaHCO_3$, 7,5%ige Lösung (w/v), steril
            − 1 N HCl, steril
            − 1 N NaOH, steril

- Ca. 90% der erforderlichen Wassermenge in das Ansatzgefäß geben. Erforderliche Menge Pulvermedium abwiegen und sofort in ca. 15−30°C warmes Wasser einrühren, da die Pulver stark hygroskopisch sind. Mit Wasser auffüllen, abzüglich der benötigten 7,5%igen $NaHCO_3$-Lösung

- Der pH-Wert sollte bei 4,1 liegen und ist notfalls mit 1 N HCl nachzustellen

- Nun die Lösung zu höchstens 500 ml je Flasche abfüllen, wieder jeweils abzüglich der später hinzuzufügenden $NaHCO_3$-Lösung. Die Schraubverschlüsse sollen nur ganz leicht geöffnet sein (Kontaminationsgefahr!)

- Autoklavieren für 15 min bei 121°C

- Danach die Flaschen auf Raumtemperatur abkühlen lassen (man sollte unbedingt so lange warten!) und zu jeder Flasche die benötigte Menge an steriler $NaHCO_3$-Lösung in der sterilen Werkbank hinzufügen

- Glutamin, Serum und andere Zusätze folgen zuletzt, da sie nicht hitzestabil sind

- Erforderlichenfalls den pH-Wert mit 1 N sterilem NaOH oder 1 N steriler HCl auf 7,2−7,4 einstellen

- In dieser kompletten Form sollte das Medium nur bei −20°C für höchstens 1 Jahr aufbewahrt werden; bei 4°C ist es höchstens 4 Wochen haltbar.

Die autoklavierbaren Medien werden verwendet, wenn keine geeigneten Filter zur Verfügung stehen oder wenn Agarmedien benötigt werden. Streng genommen ist das Autoklavieren stets sicherer als das Filtrieren, wenn auch für die eingesetzten Substanzen oft weniger schonend.

Daneben gibt es 50 X-Flüssigkonzentrate von bestimmten Medien, die in drei Positionen dem autoklavierten Aqua dem. steril zugesetzt werden.

4.2 Anmerkungen zu einigen Rezepturen

4.2.1 Glutamin und NaHCO$_3$

Pulverförmige Medien enthalten in der Regel Glutamin, aber kein Hydrogencarbonat; bei flüssigen Medien verhält es sich umgekehrt.

4.2.2 Earle- und Hanks-Puffer

Viele Medien sind entweder nach Earle oder Hanks gepuffert. Earle-gepufferte Medien mit **2200 mg NaHCO$_3$/l** eignen sich für Zellkulturen mit hoher Proliferationsrate, die zweckmäßigerweise in einem CO$_2$-Brutschrank gezüchtet werden. Nach Earle gepufferte Medien mit **850 mg NaHCO$_3$/l** sind für Zellen mittlerer Proliferationsrate und außerdem für die Zugabe von Hepes konzipiert (s. Abschn. 4.4.4). Hepes-gepufferte Medien müssen nur in speziellen Fällen mit CO$_2$ begast werden.

Hanks-gepufferte Medien enthalten **350 mg NaHCO$_3$/l** und werden für schwach wachsende Kulturen verwendet, vor allem für frisch angelegte Primärkulturen. Diese Medien dürfen nicht in einem CO$_2^-$-Brutschrank verwendet werden, da das Medium sonst zu schnell sauer wird. Ausschließlich mit NaHCO$_3$-gepufferte Medien sollten nicht zu lange offen stehen, da sonst CO$_2$ entweicht und der pH-Wert sehr schnell auf unphysiologische Werte von pH 7,6 und höher ansteigen kann.

4.2.3 Basal- und Minimalmedien nach Eagle

Im Minimalmedium sind die meisten Aminosäuren in nahezu doppelter Konzentration im Vergleich zum Basalmedium enthalten, weshalb bei Verwendung von Basalmedium häufigere Medienwechsel nötig sind.

4.2.4 Minimalmedium nach Dulbecco

Der Gehalt mancher Aminosäuren ist gegenüber dem Minimalmedium nach Eagle verdoppelt, der der meisten Vitamine vervierfacht. Der NaHCO$_3$-Gehalt ist gegenüber dem Earle-gepufferten Medium nach Eagle 1,7fach erhöht, weshalb für dieses Medium mit hoher Pufferkapazität ein CO$_2$-Brutschrank unbedingt erforderlich ist.

4.2.5 Minimalmedium für Suspensionskulturen (MEM Spinner)

Diese Medien sind nicht für strikt adhärente Zellkulturen geeignet, also auch nicht für Mikroträgerkulturen. Diesem Medium fehlt das CaCl$_2$, von NaH$_2$PO$_4$ ist gegenüber dem Minimalmedium 10mal mehr enthalten. Das Medium ist also vor allem phosphatgepuffert. Die Kulturen benötigen daher auch kein von außen zugeführtes CO$_2$, was die Kultur größerer Volumina z.B. in Spinnern und Bioreaktoren erleichtert.

4.2.6 L-15

Dieses Medium enthält kein $NaHCO_3$, es soll daher auch kein CO_2-Inkubator benutzt werden. Die basischen Aminosäuren L-Arginin, L-Histidin und L-Cystein übernehmen zusammen mit Na_2HPO_4 die Pufferung. Die sonst übliche D(+)-Glucose ist durch D(+)-Galactose, Na-Pyruvat und L-Alanin ersetzt. Da Galactose zu einem geringeren Anteil als Glucose in Milchsäure umgesetzt wird, benötigen L-15 Kulturen in der Regel weniger Medienwechsel, da sie nicht so schnell sauer werden. Andererseits wird wegen des auf 550 mg/l erhöhten Na-Pyruvats genügend zelleigenes CO_2 produziert, um die Zellen mit dem nötigen CO_2 zu versorgen.

4.2.7 Medium F 10

Das von Ham (1965) für die Züchtung von diploiden Ovarialzellen des chinesischen Hamsters nach exakten Versuchen zusammengestellte Medium ermöglicht bei geringer Serumzugabe, z.B. 2% FKS, die Klonierung von Hamster-Ovarialzellen. Andererseits wird F-10-Medium mit 20% FKS erfolgreich zur Züchtung der meist schlecht wachsenden primären menschlichen Fruchtwasserzellen verwendet.

4.2.8 Medium F 12

Es ist eine Weiterentwicklung von F 10, der Gehalt einiger Aminosäuren und des Zinksulfats ist erhöht, außerdem wurden Putrescin und Linolsäure hinzugefügt. In dieser Form können Zellen des chinesischen Hamsters ohne Serum vermehrt werden.

4.2.9 RPMI 1640

Vor allem Lymphocyten von Tier und Mensch werden in diesem Medium gezüchtet. Für periphere Blutlymphocyten wird häufig eine Mischung aus 80% RPMI 1640 und 20% FKS verwendet, für Mäuse-Myelomazellen hat sich eine Mischung aus 85% RPMI 1640 und 15% FKS bewährt, wobei das FKS besonders sorgfältig ausgesucht werden sollte. Die in der Hybridom-Technologie üblichen Selektionsmedien erhält man durch Zusatz von HAT oder HT (s. Abschn. 8.1.1) zu RPMI 1640 oder MEM Dulbecco.

4.3 Serumfreie Medien

Aus der Tab. 4-1 (Zusammensetzung fetaler Kälberseren) ist leicht zu entnehmen, wie groß allein schon die Zahl der bekannten Inhaltstoffe ist und wie sehr ihre Konzentrationen schwanken können. Die genaue Zahl der Inhaltsstoffe ist verständlicherweise nicht bekannt (man denke an die Zahl der unbekannten Antikörper oder Wachstumsfaktoren!) man schätzt sie jedoch auf mehr als 1000. Seren sind also stets undefinierte Naturprodukte wechselnder Zusammensetzung und schwankenden Gehalts der Inhaltsstoffe. Die daraus folgenden Nachteile sind nachstehend aufgeführt:

Nachteile der Verwendung serumhaltiger Medien:

1. Serum ist für die Mehrzahl der Zellen keine physiologische Flüssigkeit, außer bei der Wundheilung.
2. Seruminhaltsstoffe können von Charge zu Charge qualitativ und quantitativ stark schwanken, wodurch zumindest ein erhöhter Aufwand für die Auswahl geeigneter Seren entsteht.
3. Seren können Inhibitoren enthalten, deren Wirkung im Einzelfall schwer einzuschätzen ist (Bakterientoxine, Lipide).
4. Seren können Stoffen enthalten, die mit Sekreten der Zellen cytotoxische Substanzen bilden können, z.B. oxidieren Polyamin-Oxidasen Polyamine zu toxischen Polyamino-aldehydden; Proteasen in den Seren bauen erwünschte Proteine ab.
5. Inhaltsstoffe von Seren stören die weitere Verwendung der Zellkulturen oder deren Stoffwechselprodukten: Antikörper neutralisieren zu diagnostizierende Viren, stören die Aufreinigung von monoklonalen Antikörpern; Endotoxine stimulieren unerwünscht das Wachstum von Lymphocyten usw.
6. Mikroorganismen (Pilze, Bakterien, Viren) können trotz steriler Herstellung der Seren in die Zellkulturen gelangen, der Nachweis von z.B. Virenfreiheit in Arzneimitteln aus Zellkulturen erfordert einen enormen Aufwand.
7. In Primärkulturen wird das unerwünschte Wachstum von Fibriblasten begünstigt.
8. In heterogenen Zellpopulationen von Primärkulturen werden unkontrollierbar bestimmte Zelltypen bevorzugt zum Wachstum stimuliert (selektiert).

Aus der voranstehenden Auflistung von Nachteilen bei der Verwendung von Seren als Zusatz zu Wachstumsmedien ergeben sich gleichzeitig die Vorteile, weshalb in bestimmten Fällen auf die Verwendung von Serum verzichtet werden kann.

Gründe für serumfreie Zellkulturen:

1. Vermeidung qualitativer und quantitativer Schwankungen der Närmedienbestandteile.
2. Arbeiten unter definierten und kontrollierten Bedingungen.
3. Vermeidung mikrobieller Kontaminationen.
4. Leichtere Isolierung von Zellprodukten.

Wenn auf die Verwendung von Serum verzichtet wird, sollte grundsätzlich folgendes beachtet werden:

1. Was als Vor- und Nachteil definiert wird, hängt von der jeweils verwendeten Zellinie und vom Verwendungszweck der Zellkultur ab.
2. Das Weglassen von Serum erfordert je nach Zellinie und Verwendungszweck den Zusatz anderer Substanzen und bei vielen adhärenten Zellen die Verwendung bestimmter Oberflächen der Kulturgefäße oder deren gezielte Beschichtung mit Anheftungsfaktoren (Tab. 4-2).
3. Die anstelle von Serum der Medien zugefügten Substanzen können chemisch komplex oder definiert sein. Sollen chemisch definierte Medien verwendet werden oder sollen mit den Zellkulturen Arzneimittel hergestellt werden, so wäre z.B. die Verwendung von Produkten tierischen Ursprungs (z.B. Rinderserumalbumin, Transferrin) problematisch, rekombinante Proteine wären vorzuziehen.

4. Auch in chemisch definierten Substanzen können Spuren von Verunreinigungen festgestellt werden, z. B. Cu^{2+} in NaCl. Die Anforderung an die Reinheit hat also ihre Grenzen und ist für den speziellen Verwendungszweck jeweils festzulegen.
5. Serumfreie Medien sind nicht notwendigerweise preiswerter als serumhaltige Medien. Vielmehr kann der Preis eines serumfreien Mediums deutlich über dem eines serumhaltigen liegen, da z. B. viele Wachstumsfaktoren sehr teuer sind.

Für die meisten Routinezüchtungen ist jedoch der Zusatz von Serum, wobei die nicht immer fetales Kälberserum sein muß, auch heute noch der einfachste, effektivste und meist auch wirtschaftlichste Weg, gut wachsende Zellkulturen zu erhalten. Wie später noch zu erörtern sein wird (S. 76), setzt dies eine nach den jeweiligen Erfordernissen der Zellen vorab geprüfte Serumqualität voraus.

4.3.1 MCDB-Serie

Es seien hier Medien aufgeführt, die das Wachstum von normalen humanen Epithelzellen ermöglichen. In der Vergangenheit wurden die meisten definierten Medien für fibroblastoide Zellen konzipiert und enthielten vor allem eine hohe Calciumkonzentration. Die in Tab. 4-4 aufgeführten Medien eignen sich insbesondere zur Züchtung von humanen Epithelzellen ohne weitere Zusätze.

4.3.2 MEM Iscove

Dieses Medium ist eine Variante des MEM Dulbecco, das zusätzliche Aminosäuren, Vitamine und Selen enthält. Nach Zugabe von Albumin, Transferrin und Sojabohnenlipiden kann man darin verschiedene Knochenmarkszellen, Lymphocyten und Hybridom-Zellen züchten. Das Medium enthält zwar Hepes als Puffersubstanz, aber auch mit 3024 mg/l relativ viel $NaHCO_3$, so daß die Kulturen in einem CO_2-Brutschrank gehalten werden sollten. Medium und Zusätze sind kommerziell erhältlich, es sind damit sowohl Langzeitkulturen von B-lymphoblastoiden Zellinien (Muzik 1982) als auch Massenkulturen von Hybridzellen möglich.

4.3.3 F 12 mit MEM Dulbecco

Barnes und Sato (1980) benutzten erfolgreich eine Mischung aus Hams F 12 und der Dulbecco-Modifikation von Eagles MEM. Auf diese Weise wurde die Reichhaltigkeit des F 12 an Bestandteilen mit der hohen Nährstoffkonzentration des MEM Dulbecco kombiniert. Das Medium DMEM/F 12 (50 : 50) ist heute Grundlage vieler serumfreier Medien und solcher Medien, mit deren Hilfe Zellen z. B. wichtige Humanproteine (z. B. Erythropoetin) produzieren und in den Überstand abgeben.

4.3.4 Zusätze zu serumfreien Medien

Seren versorgen die Kulturen neben anderen, vorwiegend höher-molekularen Stoffen, vor allem mit Polypeptiden und Hormonen. Welche Substanzen zugegeben werden müssen, um das Serum zu ersetzen, ist von Zellart zu Zellart verschieden. Vor allem **Insulin, Transferrin und Selenit** (ITS) haben sich für viele Zellarten als geeigneter Serumersatz erwiesen (Barnes und Sato 1980). Eine Übersicht über die derzeit bekannten wachstumsstimulierenden Faktoren ist in den Tab. 4-2 und 4-3 aufgelistet.

Wichtig für adhärente Zellen in serumfreier Kultur ist die Beschichtung der Kulturgefäße mit **Anheftungsfaktoren** wie z. B. Poly-D-Lysin oder Fibronectin.

Tab. 4-1: Zusammensetzung fetaler Kälberseren

	Durchschnitt	Streuung	Zahl der Proben
Endotoxin	0,356 ng/ml	0,008–10,0	39
pH	7,40	7,20–7,60	40
Hämoglobin	11,3 mg/dl	2,4–18,1	17
Glucose	125 mg/100 ml	85–247	43
Natrium (Na)	137 meq/l	125–143	43
Kalium (K)	11,2 meq/l	10,0–14,0	43
Chlorid (Cl)	103 meq/l	98–108	43
Stickstoff (Blutharnstoff)	16 mg/100 ml	14–20	43
Gesamtprotein	3,8 g/100 ml	3,2–7,0	43
Albumin	2,3 g/100 ml	2,0–3,6	43
Calcium (Ca)	13,6 mg/100 ml	12,6–14,3	43
Anorg. Phosphor	9,8 mg/100 ml	4,3–11,4	43
Cholesterin	31 mg/100 ml	12–63	43
Harnsäure	2,9 mg/100 ml	1,3–4,1	43
Kreatinin	3,1 mg/100 ml	1,6–4,3	43
Gesamt-Bilirubin	0,4 mg/100 ml	0,3–1,1	43
Direktes Bilirubin	0,2 mg/100 ml	0,0–0,5	43
Alkalische Phosphatase	255 mU/ml	111–352	43
Lactatdehydrogenase	864 mU/ml	260–1215	43
Glutamat-Oxalacetat-Transaminase 340	130 mU/ml	20–201	43
Selen	0,026 ug/ml	0,014–0,038	25
Cortison	0,05 µg/100 ml	< 0,1–2,3	43
Insulin	10 µU/ml	6–14	40
Parathyroid	1718 pg/ml	85–6180	41
Progesteron	8 ng/100 ml	< 0,3–36	42
T3	119 ng/100 ml	56–223	41
T4	12,1 ng/100 ml	7,8–15,6	42
Testosteron	40 ng/100 ml	21–99	42
Prostaglandin E	5,91 ng/ml	0,5–30,48	37
Prostaglandin F	12,33 ng/ml	3,77–42,00	38
TSH	1,22 ng/ml	< 0,2–4,5	40
FSH	9,5 ng/ml	< 2–33,8	34
Wachstumshormon	39,0 ng/ml	18,7–51,6	40
Prolaktin	17,6 ng/ml	2,00–49,55	40
LTH	0,79 ng/ml	0,12–1,8	38
Vitamin A	9 µg/100 ml	< 1–35	16
Vitamin E	0,11 mg/100 ml	< 0,1–0,42	16

4.3.5 Übergang von serumhaltigen zu serumfreien Medien

Manche Zellarten, z.B. Raji-Zellen, können ohne Adaptionsphase unmittelbar vom serumhaltigen in serumfreies Medium umgesetzt werden, ohne daß eine über das übliche Maß hinausgehende lag-Phase des Wachstums auftritt. Bei den meisten anderen Zellarten verringert sich die Lebensfähigkeit innerhalb von 2–3 Tagen um 50 %, wenn sie ohne Adaptionsphase in ein serumfreies Medium umgesetzt werden (Muzik 1982). Hier empfiehlt es sich, zunächst einige Wochen mit der Hälfte des üblichen Serumzusatzes zu kultivieren und beim Umsetzen in serumfreies Medium die doppelte der sonst üblichen Zellzahl einzusetzen (2×10^6/ml statt 1×10^6/ml).

Auf einen wichtigen Punkt sei noch hingewiesen: Bei jeder Umstellung auf serumfreies Medium sollten Veränderungen der Zellen in Betracht gezogen werden. Diese können die Morphologie, den Karyotyp, Oberflächenmarker usw. betreffen. Zellen in serumfreiem Medium müssen also nicht immer mit denjenigen aus serumhaltiger Kultur, aus denen sie hervorgegangen sind, identisch sein. Oft findet weniger eine Adaption der gesamten Zellpopulation als vielmehr eine Selektion bestimmter Zellen statt, die sich dann durchsetzen.

4.4 Zusätze zu Medien

4.4.1 Seren

Neben dem bekannten fetalen Kälberserum kann Serum von neugeborenen Kälbern, von älteren Kälbern, vom Pferd, vom Schwein und anderen Spezies sowie vom Menschen verwendet werden.

Die Seren liefern Hormone, Bindungsproteine und Anheftungsfaktoren, zahlreiche zur Synthese benötigte Aminosäuren, anorganische Salze, Spurenelemente sowie Puffer- ($NaHCO_3$) und Neutralisationssysteme, z.B. Albumin oder Immunglobuline. Seren können andererseits toxische Stoffe (z.B. Umweltgifte) und bakterielle Toxine und unerwünschte Mikroorganismen wie Viren (einschließlich Bakteriophagen), Bakterien (einschließlich Mycoplasmen) und Pilze sowie Antikörper dagegen enthalten.

Fetales Kälberserum (FKS) wird aus Blut von Rinderfeten zwischen dem 3. und ca. 7. Trächtigkeitsmonat nach der Schlachtung meist keimarm gewonnen. Das Blut wird nach der Gerinnung zentrifugiert; das überstehende Serum soll möglichst wenig Hämoglobin und Endotoxin enthalten. Wichtig scheint zu sein, daß das Blut auf natürliche Weise gerinnt, weil dabei offenbar ein Wachstumsfaktor aus den Thrombocyten in das Serum abgegeben wird. Werden hingegen die zellulären Bestandteile aus dem Plasma physikalisch entfernt, fehlt diese wachstumsfördernde Aktivität. Alle anderen Inhaltsstoffe entziehen sich mehr oder weniger der Einflußmöglichkeit der Hersteller. Das Serum wird sodann meist durch Kerzenfilter mit einem Porendurchmesser von 0,1 μm sterilfiltriert. Hierbei werden in der Regel auch Mycoplasmen (s. Abschn. 3.7) zurückgehalten. Die Sterilfiltration allein bietet jedoch keine ausreichende Gewähr für Sterilität. Vielmehr muß der gesamte anschließende Abfüll- und Verpackungsprozeß steril verlaufen. Der Grund für die besondere Rolle des fetalen Kälberserums ist bis heute unbekannt geblieben, auffällig ist jedoch insbesondere, daß der fetale Kreislauf des Rindes zu einem hohen Prozentsatz mit der vom Organismus kaum zu verwendenden Fructose betrieben wird, weshalb fetale Seren stets einen signifikant hohen Anteil an Fructose aufweisen sollten. Serum von geborenen Kälbern hat diesen hohen Fructoseanteil nicht. Einen Überblick über einen Teil der bekannten Seruminhaltsstoffe vermittelt die Tab. 4-1.

Tab. 4-2: Wachstumsstimulierende und andere Faktoren in serumfreien Medien.

Hormone	Konzentration	Zellarten
Dexamethason	4–500 ng/ml	Follikel (Rind), Hybridomzellen (Maus-Maus), Mammacarcinom (Mensch)
Dihydrotestosteron	2–100 ng/ml	Prostata-Epithel (Maus)
β-Östradiol	0,2–10 ng/ml	Mammacarcinom (Mensch)
Glucagon	0,03–10 μg/ml	
Hydrocortison	0,04–5 μg/ml	Mundhöhlenepithel, Thymusepithel, Niere, Mamma-Epithel, Adenocarcinom Lunge, Dickdarmcarcinom usw.
Insulin	0,001–20 μg/ml	
Luteinisierendes Hormon Auslöse-Faktor	0,5–40 ng/ml	
Progesteron	0,1–20 ng/ml	Mammaepithel Ratte, Hybridomzellen (Maus u. Mensch), T-Lymphocyten
Prostaglandin D2	0,25–100 ng/ml	
Prostaglandin E1	0,25–100 ng/ml	
Prostaglandin E2	0,25–100 ng/ml	
Prostaglandin F2	0,25–100 ng/ml	
Putrescin	16,1 μg/ml (100 μmol)	
Somatostatin	0,3–50 ng/ml	Niere (Hund)
Testosteron	20–300 ng/ml	
Thyrocalcitonin	≧50 μg/ml	
Thyrotropin Auslöse-Faktor	0,3–10 ng/ml	
3,3',5-Trijodthyronin	0,02–50 ng/ml	Niere (Hund), Follikel (Rind), Adenocarcinom Lunge, Mammacarcinom, Dickdarmcarcinom
L-Thyroxin	5–50 ng/ml	
Transport- und Bindungssubstanzen		
Albumin	0,5–2 mg/ml	Viele Zellarten
Transferrin	0,5–100 μg/ml	Die meisten Zellarten
Cyclodextrine	Variabel	Einige Zellarten

Anheftungsfaktoren	Konzentrationen für die Beschichtung	Zellarten
Collagen Typ I (Rattenschwanz)	5–10 µg/cm³	Säugetierzellen wie Endothel-, Epithelzellen, Fibroblasten, Hepatocyten, Muskel-, Lungen- und Nervenzellen wie bei Typ I aus Rattenschwanz
Collagen Typ I (Rinderhaut)	5–10 µg/cm³	Endothel-, Epithel-, Muskel- und Nervenzellen
Collagen Typ IV	5–10 µg/cm³	Fibroblasten, Sarcoma-, Endothel-, Epithel-, Muskel-, Nervenzellen
Fibronectin	1–5 µg/cm³	Verschiedene Zellarten
Gelatine	100–200 µg/cm³	Endothel-, Epithel-, Muskel-, Nervenzellen, Hepatocyten
Laminin	1–2 µg/cm³	
Poly-D-Lysin	2,5–5 µg/cm³	Verschiedene Zellarten
Poly-L-Lysin	2,5–5 µg/cm³	Verschiedene Zellarten

Sonstige	Konzentration im Medium	Zellarten
Aminosäuren (zusätzlich zu Medienrezeptur)	Variabel	Verschiedene Zellarten
Insulin/Transferrin/Na-Selenit-Lösung	5 µg, 5 µg, 5 ng	Viele Zellarten
Na-Selenit	0,2–2 µg/ml	Endothel human, Niere (Hund), Herzmuskel (Ratte), Fibroblasten (Hamster), Adenocarcinom Lunge usw.
Mineralien und Spurenelemente	Sehr variabel	Verschiedene Zellarten
Vitamine (zusätzlich zu Medienrezeptur)	Variabel	Verschiedene Zellarten
Kohlenhydrate (Glucose, Pyruvat) zusätzlich	Variabel	Verschiedene Zellarten
Lipide (Sojabohnen, Säugetier, Synthetisch)	Variabel	Verschiedene Zellarten
Lipoproteine (HDL, LDL)	Variabel	Einige Zellarten
α-2-Makroglobulin (Proteaseinhibitor, Transport von Zytokinen)	Variabel	Einige Zellarten
Polymere mit Schutzfunktion (PEG, PVP, Pluronic)	Variabel	Hauptsächlich Suspensionskulturen
Gly-His-Lys (Pickartsches Tripeptid)	10–200 ng/ml	Fibroblasten, Nierenzellen, Hepatome, Eosinophile, verschiedene transformierte Zellen

Tab. 4-3: Zelluläre Wachstumsfaktoren.

Bezeichnung	Abkürzung	Konzentrationen	Zellarten
Epidermal Growth Factor	EGF	1– 10 ng/ml	Fibroblasten, Endothelzellen, HeLa, Myeloma, Ovar, Prostata, Glia
Fibroblast Growth Factor, acid	a-FGF	3–100 ng/ml	Mesodermzellen, 3T3, Amnion-Fibroblasten
Fibroblast Growth Factor, basic	b-FGF	0,3– 10 ng/ml	Mesodermzellen, 3T3, Amnion-Fibroblasten
Granulocyte Colony Stimulating Factor	G-CSF	0,05– 5 ng/ml	Knochenmark-Vorläuferzellen, Koloniebildung von Granulocyten
Granulocyte Macrophage Colony Stimulating Factor	GM-CSF	0,003–1,0 ng/ml	Knochenmark-Vorläuferzellen
Insulin-like Growth Factor II	IGF II	20–200 ng/ml	Hühner-Embryo-Fibroblasten, 3T3, Knorpel
Interleukin-1 alpha	IL-1 aplpha	2– 50 IU/ml	T- und B-Zellen, Fibroblasten, Hepatocyten, Endothel, Makrophagen
Interleukin-1 beta	IL-1 beta	2– 30 IU/ml	T- und B-Zellen, Fibroblasten Hepatocyten, Endothel, Makrophagen
Interleukin-2	IL-2	20–100 U/ml	T-Lymphocyten, NK-Zellen
Macrophage Colony Stimulating Factor	M-CSF	5–125 U/ml	Monocyten, Macrophagen
Nerve Growth Factor	2,5S-NGF	0,1– 10 ng/ml	Auswachsen von Neuronen aus Ganglien, Phäochromocytoma
	7S-NGF	1–100 ng/ml	
	beta-NGF	0,1– 10 ng/ml	
Platelet Derived Growth Factor	PDGF	1–100 ng/ml	Fibroblasten, Muskel, Glia, Knorpel
Stem Cell Factor	SCF	1–100 ng/ml	Menschliche Knochenmarkszellen, hämatopoietische Vorläuferzellen
Transforming Growth Factor-beta 1	TGF-beta 1	0,1– 3 ng/ml	Stimuliert Mesenchymzellen, inhibiert Hepatocyten, T- u. B-Zellen
Tumor Necrosis Factor alpha u. beta	TNF-alpha u. -beta	0,1–110 ng/ml	Toxisch für Gefäßendothelzellen, L929, stimuliert Fibroblasten

Tab. 4-4: Medien für serumfreie Zellkultur.

Permanente Linien, mit Proteinzusatz	DMEM, MEM alpha-Medium, McCoy 5A, RPMI 1640
Permanente Linien, mit Proteinen oder Hormonen	F10, F12, DMEM
Permanente, adhärente Linien ohne Proteine	CMR L1066, MCDB 411, DMEM
Permanente Linien, Klonwachstum	F12, MCDB 301, DMEM, IMDM
Nicht transformierte Zellen	DMEM, IMDM, MCDB 104, 105, 202, 401, 501

Serum von neugeborenen Kälbern (NKS) wird aus Blut von 1–10 Tage alten Kälbern ebenfalls bei der Schlachtung keimarm gewonnen. Im NKS sind meist schon erheblich mehr Immunglobuline als im FKS enthalten, was jedoch für die Zellen als solche ohne Belang ist. Der Antikörpergehalt spielt nur dann eine Rolle, wenn z.B. bestimmte bovine Viren wie PI-3 in Zellkulturen vermehrt oder nachgewiesen werden sollen. Das NKS ist in vielen Fällen eine preiswerte Alternative zum FKS. Es ist allerdings zu beachten, daß das NKS im Vergleich zum FKS für manche Zellinien weniger wachstumsfördernd ist. So sinkt z.B. die Subkulturzahl humaner Fibroblasten bei Verwendung von NKS.

Kälberserum (KS) kann zur Kurzzeitkultivierung relativ «anspruchsloser» Zellen verwendet werden. Es enthält einen hohen Anteil an Antikörpern (γ-Globulinen).

Pferdeserum (PS) wird normalerweise aus Blut gewonnen, das bei der Schlachtung anfällt. Es gibt jedoch auch die Qualität «donor horse», wobei Spenderpferden immer wieder venöses Blut entnommen wird. Diese letztere Entnahmemethode garantiert ein Serum mit weniger Ausgangsverkeimung und auch weniger Endotoxinen. Endotoxingehalt wurde mit schlechterem Zellwachstum in Verbindung gebracht, außerdem können Endotoxine im Serum Endotoxinstudien stören, z.B. LPS-Stimulationen in Zellkulturen. Pferdeserum wird verschiedentlich als preiswerte Alternative zu Kälberseren verwendet.

Die **Hitzeinaktivierung**, also die Erwärmung des Serums in der Regel auf 56°C für 30 min vermindert oder beseitigt ganz allgemein störende Einflüsse verschiedenster Art aus dem Serum. Diese Standardmethode leitet sich von der Zerstörung des Komplements ab. Die Vermeidung störender Faktoren kann jedoch mit der Abnahme wachstumsfördernder Eigenschaften einhergehen, so daß in jedem Einzelfall Vor- und Nachteile experimentell ermittelt werden sollten. Eine generelle Hitzeinaktivierung nur auf Verdacht kann in der Regel nicht empfohlen werden (Verlust positiver Eigenschaften). Im Labormaßstab wird die Hitzeinaktivierung im Wasserbad durchgeführt, das Serum sollte dabei gerührt, zumindest aber öfter umgeschüttelt werden (Schaum vermeiden). Entscheidend ist jedoch, daß das Serum (nicht das Wasserbad!) während der gesamten Inaktivierungszeit die gewünschte Temperatur hat, was am besten durch die Messung in einer Referenzflasche mit gleichem Volumen Wasser festgestellt werden kann.

Ein weiteres Inaktivierungsverfahren stellt die γ-Bestrahlung des Serums dar, wobei die Dosis der ^{60}Co-Quelle 2,5 Megarad beträgt.

Als Beispiel für eine notwendige und gezielte Hitzeinaktivierung bei 56°C für 30 min sei die Zerstörung der Lactatdehydrogenase (LDH) im Serum eines Zellkulturmediums genannt, wenn im Zellkulturüberstand der Gehalt an LDH als Maß für die Schädigung von Zellen gemessen werden soll. Die Tab. 4-5 gibt einen Überblick über bekannt gewordene Wirkungen der Hitzeinaktivierung. Die vielfach zur Inaktivierung von «Viren» durchgeführte Hitzeinaktivierung bei 56°C für 30 min kann problematisch sein, wenn der gewünschte Erfolg nicht kontrolliert werden kann. So vermindert sich der Gehalt des thermoresistenten Phagen T 4

Tab. 4-5: Übersicht über bekannte Wirkungen der Hitzeinaktivierung von Serum bei 50 °C für 30 min, andere Bedingungen in der Tabelle. Die Übersicht kann wegen der weiten Streuung der Berichte in der Literatur nicht vollständig sein.

- Komplementzerstörung
- Fibrinfällung
- Fibrinogen wird bei 56 °C nach 10 min zerstört
- Vitamine werden ganz oder teilweise irreversibel geschädigt
- Wachstumsfaktoren werden in ihrer Konzentration vermindert
- Lactatdehydrogenase wird zerstört
- Amylase-Konzentration wird vermindert
- Alkalische Phosphate werden bei 55 °C nach 35 min rasch zerstört
- IgE human, IgM-, IgG2b-, IgG3 Maus werden denaturiert
- MD/VD – Viren werden inaktiviert
- Phage T 4 wird bei 60 °C nach mehr als 3 h zu 99% inaktiviert, Phage f 2 nach 30 min
- Anheftungskapazität für bestimmte Rollerkulturen wird bei 56 °C für 40 min vermindert
- Mycoplasmen werden ab 41 °C aufwärts nach 30 min inaktiviert, Inaktivierungsrate vom Einzelfall abhängig
- Oxidations- und Katalyseprozesse werden beschleunigt
- Standardisierung verschiedener Serumchargen dadurch, daß alle thermolabilen Komponenten auf gleich niedrige Konzentration gebracht werden. Die Konzentration thermolabiler Komponenten kann jedoch auch nach einer Hitzeinaktivierung ungleich sein, da eine schon zuvor bestehende sehr niedrige Konzentration nicht angehoben wird.

erst bei 60°C für 30 min von 10^0 auf $10^{-0,3}$ PFU; um 99% seiner Infektiosität zu zerstören, müßte das Serum mehr als 3 h auf 60°C gehalten werden (in einem auf 60°C erhitzten Serum können CHO-Zellen bei 10% Serum noch proliferieren). Viren in Gegenwart labiler Serumproteine zu inaktivieren bleibt prinzipiell schwierig, wenn man bedenkt, daß die Temperatur möglichst weit über der Schmelztemperatur der DNA/RNA liegen sollte. Die Inaktivierungsrate sollte bei 10^6 (s. Abschn. 3.5) liegen, was bei z.B. 60°C selbst nach vielen Stunden bei manchen Viren nicht der Fall ist. Die Ausgangskonzentration einer Viruskontamination ist in der Regel unbekannt.

Grundsätze bei der Serumverwendung

- Man lasse sich möglichst von mehreren Chargen Muster kommen und prüfe damit das eigene System. Man kann eine gewünschte Menge dieser Charge solange beim Hersteller reserviert halten
- Serum soll bei −20°C aufbewahrt werden, es kann dann ohne Qualitätsverlust 1 Jahr gelagert werden. Sehr gute Seren können ihre wachstumsfördernden Eigenschaften bis zu 3 Jahren behalten
- Seren sollen langsam aufgetaut werden, um Ausfällungen von Lipoproteinen zu verhindern. Wiederholtes Auftauen und Einfrieren vermindert die wachstumsfördernden Eigenschaften und sollte vermieden werden. Für spezielle Zwecke empfiehlt sich ein Portionieren und Einfrieren bei −80°C
- Seren werden den Medien in der Regel in Konzentrationen zwischen 1% und 25% zugesetzt

– Verwendung hitzeinaktivierter Seren nur bei erwiesener Notwendigkeit unter Beachtung evtl. Nachteile bezüglich wachstumsfördernder Eigenschaften

– Man sollte daran denken, daß es bei Arbeiten mit speziellen Substanzen wie z.B. radioaktiv markierten Aminosäuren nicht genügt, das Medium ohne die «kalten» Substanzen herzustellen, vielmehr sollte auch das verwendete Serum, z.B. durch Dialyse, davon befreit werden.

4.4.2 Glutamin

Es wird in der Regel bei −20°C aufbewahrt, was auch für glutaminhaltige Medien gilt. Der Abbau des Glutamins findet jedoch hauptsächlich bei 37°C statt, so daß aus diesem Grunde regelmäßige Medienwechsel nötig sind. Glutamin ist in vielen Fällen die wachstumsbegrenzende Aminosäure. In Versuchen von Griffiths und Pirt (1967) verschwanden 98% des Glutamins, aber nur 20–80% der anderen Aminosäuren aus den Medien in 120 Stunden-Kulturen von Mäuse-LS-Zellen. Das Glutamin wurde nicht nur für den Stoffwechsel verbraucht, es wurde sowohl nichtenzymatisch zu Pyrrolidon-Carbonsäure und Ammoniak als auch durch Glutaminase, die von den Zellen ins Medium abgegeben wurde, zu Glutaminsäure und Ammoniak abgebaut (Ammoniak wirkt in höheren Konzentrationen als Zellgift). Als Alternative zum labilen L-Glutamin können verschiedene Glutamin-haltige Dipeptide verwendet werden, die auch über längere Zeit stabil sind. Die Zellen können das Glutamin durch Spaltung der Peptidbindung gewinnen. Die Zugabemengen einer 200 mM L-Glutamin-Lösung zu den gebräuchlichsten Medien gibt die Tab. 4-6 wieder.

4.4.3 NaHCO$_3$

Natriumhydrogencarbonat ist sowohl Puffersubstanz als auch essentieller Nahrungsbestandteil. Erhöhte CO_2-Gehalte, die z.B. bei starkem Wachstum auftreten können, erniedrigen den pH-Wert, was durch erhöhten Natriumhydrogencarbonatgehalt neutralisiert werden

Tab. 4-6: Glutaminkonzentrationen. Empfohlene Glutamin-Mengen (L-Glutamin, 200 mM, wäßrige Lösung), die sterilen flüssigen Medien zugegeben werden.

Medium	Zugabe pro Liter Medium in ml	Endkonzentration mg/l
BME Earle	10,0	292,3
BME Hanks	10,0	292,3
MEM Earle	10,0	292,3
MEM Hanks	10,0	292,3
MEM Dulbecco	20,0	584,0
MEM Spinner	10,0	292,3
MEM Glasgow	20,0	584,6
MEM Iscove		
Medium 199 Earle	3,4	100,0
Medium 199 Hanks	3,4	100,0
Medium L-15	10,3	300,0
Medium F 10	5,0	146,2
Medium F 12	5,0	146,2
Medium McCoy 5a	7,5	219,15
Medium RPMI 1640	10,3	300,0

Zugegeben werden: $NaHCO_3$ und CO_2 (Gas)

Vorgang: **Dissoziation**   **Hydratisierung**

$$NaHCO_3 \rightleftharpoons Na^+ + HCO_3^- \qquad\qquad CO_2 \text{ (gelöst)} + H_2O \overset{C.A.^*}{\rightleftharpoons} H_2CO_3$$

Pufferwirkung gekoppelt an CO_2-Partialdruck

$$\boxed{H^+} + \boxed{HCO_3^-} \;\rightarrow\; \boxed{H_2CO_3} \qquad\qquad CO_2 \quad \text{(Gas)}$$

$$CO_2 \text{ (gelöst)} + H_2O$$

$$\boxed{H^+ + \text{Zunahme}} \quad H^+ + HCO_3^- \;\rightarrow\; H_2CO_3 \;\rightarrow\; CO_2 + H_2O$$

$$\boxed{OH^- - \text{Zunahme}} \quad OH^- + H_2CO_3 \;\rightarrow\; HCO_3^- + H_2O$$

$$\boxed{CO_2 - \text{Zunahme}} \quad CO_2 \text{ (gelöst)} + H_2O \overset{C.A.^*}{\rightarrow} H_2CO_3 \;\rightarrow\; H^+ + HCO_3^-$$

* C.A. = Carboanhydratase

Abb. 4-2: Hydrogencarbonat-Puffersystem in Zellkulturmedien.

kann (Abb. 4-2). Für jedes Medium ist eine bestimmte Menge an $NaHCO_3$ vorgegeben (Tab. 4-7), die höheren Konzentrationen erfordern höhere CO_2-Spannungen, z.B. MEM Dulbecco 8%.

4.4.4 Hepes

Die von Good et al. (1966) als Puffer eingeführte 4-(2-Hydroxyethyl)-1-piperazinethansulfonsäure (Hepes) wird in einer Konzentration von 10−50 mM verwendet, wobei aber auch 75 mM für wenige Minuten, z.B. bei der Fusionierung von Zellen (s. Abschn. 8.1) nicht toxisch sind. Hepes benötigt zwar für die Pufferwirkung kein CO_2, jedoch ist es für viele Zellarten, vor allem bei sehr geringen Zelldichten (Klonierung) erforderlich, z.B. zu 20 mM Hepes 8 mM $NaHCO_3$ in einer Atmosphäre mit 2% CO_2 zuzugeben. Die Abb. 4-3 zeigt deutlich, daß der pKa-Wert von Hepes mit 7,31 sehr nahe dem physiologischen pH-Bereich liegt. Hepes-Zusatz bewirkt daher speziell in diesem Bereich verbesserte Pufferung und pH-Stabilität bei schnell wachsenden Kulturen mit starker Ansäuerung. $NaHCO_3$ sollte jedoch auch bei Hepes-Pufferung mit mindestens 0,5 mM enthalten sein.

Tab. 4-7: Natriumhydrogencarbonat-Zugabe (steril, 7,5 % Stammlösung) und Konzentrationen in Medien, die aus Pulver hergestellt wurden.

Medium	ml-Zugabe pro Liter Medium	Endkonzentration mg/l
BME Earle	29,3	2200
BME Earle	11,3	850
BME Hanks	4,7	350
MEM Earle	29,3	2200
MEM Earle	11,3	850
MEM Hanks	4,7	350
MEM Dulbecco	49,3	3700
MEM Spinner	29,3	2200
MEM Glasgow	36,7	2750
Medium 199 Earle	29,3	2200
Medium 199 Earle	16,7	1250
Medium 199 Hanks	4,7	350
Medium F 10	16,0	1200
Medium F 12	15,7	1176
Medium L-15	–	–
Medium McCoy 5a	29,3	2200
Medium RPMI 1640	26,7	2000
Earles Puffer	29,3	2200
Hanks Puffer	4,7	350

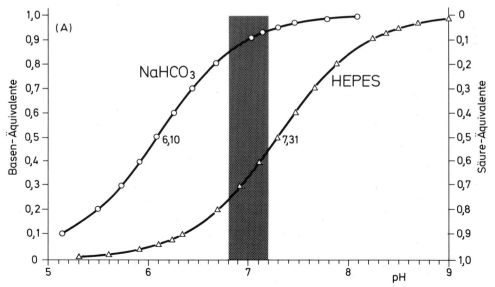

Abb. 4-3: pKa-Werte und Titrationskurven von $NaHCO_3$ und Hepes. pKa von $NaHCO_3$ mit 6,10 deutlich unter dem physiol. Optimum von 6,8–7,2 (dunkle Säule).

4.5 Wasser zur Herstellung von Lösungen und für die Reinigung

Das Wasser ist eine meist übersehene wichtige Komponente von Medien. Es soll nur sog. Reinstwasser der höchsten Reinheit verwendet werden, das z.B. der Spezifikation Typ I der American Society for Testing and Materials (ASTM, 1983) entspricht (Tab. 4-8).

Weitergehende Anforderungen ergeben sich aus der Tab. 4-9, die von der Herstellung parenteraler und oraler Arzneiwirkstoffe ausgehen. Bei ernsthaften Störungen in der Zellkultur kann es durchaus sinnvoll sein, den einen oder anderen Wert aus der Tab. 4-9 oder den Gehalt von bekannten Umweltgiften (z.B. chlorierten Kohlenwasserstoffen) nachzuprüfen. Verbindliche Empfehlungen zur Wasserqualität für die Zellkultur gibt es nicht.

Letztlich entscheiden der Wachstumserfolg und sonstige Anforderungen der speziellen Zellkultur über die Eignung eines Reinstwassers. Für viele Kulturen erlangt der Gehalt an Pyrogenen (Endotoxine) immer mehr an Bedeutung. Die Wasserprüfungen für Zellkulturen sollten stets im serumfreien System durchgeführt werden. Reinstwasser kann auf verschiedene Weise hergestellt werden, wobei es keine Patentlösung für alle aufzubereitenden Leitungswasser gibt.

Beispielhaft sei noch darauf hingewiesen, daß Wasser im Voralpengebiet zellschädliche Huminsäuren, Wasser aus städtischen Ballungsgebieten u.a. Chloroform enthalten kann. Die Leistungsfähigkeit verschiedener Reinigungsverfahren ist in Tab. 4-10 dargestellt.

Tab. 4-8: Anforderungen und Reinheitsgrade von Laborwasser nach ASTM (1983).

	Abdampf-rückstand mg/l	Elektr. Leitfähig-keit µs/cm	Elektr. Widerstand M Ω/cm	pH-Wert	KMnO₄-Entfärbung nach − min	Silikat minimal
TYP I	0,1	0,06	16,67	−	60	n.n.*
TYP II	0,1	1,0	1,0	−	60	n.n.*
TYP III	1,0	1,0	1,0	6,2−7,5	10	10 µg/l
TYP IV	2,0	5,0	0,2	5,0−8,0	10	Keine Begrenzung
Mikrobiologische Klassifikation			Typ A	Typ B	Typ C	
maximale Bakterienzahl			0/ml	10/ml	100/ml	

* n.n. = nicht nachweisbar

4.5.1 Destillation

Um Reinstwasser zu erhalten, muß es eine dreifache oder vierfache Destillation durchlaufen, wobei die meisten Ionen und auch noch Spuren von Pyrogenen entfernt werden. Vor allem aber werden Mikroorganismen, unter ihnen Mycoplasmen, sicher abgetötet. Nachteile der Destillation sind die oft geringe Durchflußrate, die nicht vollständige Entionisierung und Entfernung org. Substanzen, das «Überdestillieren» leicht flüchtiger Substanzen sowie die Notwendigkeit, den Destillationsapparat in regelmäßigen Abständen gründlich zu reinigen. Der Energiebedarf für eine ausreichende Destillation ist beträchtlich. Großtechnische Destillationsanlagen vermeiden diese Nachteile.

Tab. 4-9: Anforderungen an steriles Reinstwasser. Weitere überprüfenswerte Parameter können sich aus der Umweltbelastung des Leitungswassers ergeben.

Parameter	Anforderung Höchstwert	Referenz
Aussehen	klar	
Bodensatz	nein	
Farbe	farblos	
Geruch	geruchlos	
pH	5,0–7,0	USP XXII
Leitfähigkeit bei 25° C	0,06 µS/cm	ASTM I
$KMnO_4$, Entfärbung	mind. 60 Minuten	ASTM I
Calcium (Ca^{2+})	1 ppm	DAB 10
Magnesium (Mg^{2+})	1 ppm	
Eisen (Fe)	0,3 ppm	DAB 10
Ammonium (NH_4^+)	0,02 ppm	DAB 10
Nitrit (NO_2^-)	0,01 ppm	DAB 10
Nitrat (NO_3^-)	0,01 ppm	DAB 10
Chlorid (Cl^-)	0,05 ppm	DAB 10
Sulfat (SO_4^{--})	2 ppm	DAB 10
Kalium (K)	–	
Freie Kohlensäure (CO_2)	3 ppm	CAP I
Trockenrückstand b. 105° C	0,1 ppm	ASTM I
Schwermetalle	0,3 ppm	
Blei (Atomabsorption) (Pb)	0,3 ppm	DAB 10
Cadmium (″) (Cd)	0,3 ppm	DAB 10
Chrom (″) (Cr)	0,3 ppm	DAB 10
Kupfer (″) (Cu)	0,3 ppm	DAB 10
Zink (″) (Zn)	0,3 ppm	DAB 10
Siliziumoxid (SiO_2) gel.	n.n.	ASTM I
Natrium (Na)	0,1 ppm	CAP I
Pyrogene	0	USP XXII/Ph. Eur.
Keimzahl/ml	0	ASTM Typ A

USP XXII: United States Pharmacopoea. XXII edition
ASTM I: American Society for Testing and Materials, D 1193
DAB 10: Deutsches Arzneibuch, 10. Ausgabe
CAP I: College American Pathologists
Ph. Eur.: Europäisches Arzneibuch, Teil II.

4.5.2 Entionisierung und Entfernung org. Substanzen

Erfolgreich wurden verbesserte Ionenaustauschersysteme, verbunden mit Kohlefiltern zur absorptiven Entfernung organischer Verunreinigungen verwendet. Eine solche Anlage sollte ein Leitfähigkeitsmeßgerät, die elektrische Leitfähigkeit in µS/cm messend, oder ein Widerstandsmeßgerät, den elektrischen Widerstand in MegOhm/cm messend, besitzen. Die empfohlenen Werte können der Tab. 4-11 entnommen werden. Die Kohlefilter entfernen gelöste Gase, Kolloide und anderes organisches Material weitgehend und sollten stets zusammen mit den Austauscherpatronen gewechselt werden (Unsicherheitsfaktor). Die Bedeutung eines hohen elektrischen Widerstandes des verwendeten Wassers illustriert die Tab. 4-11.

Tab. 4-10: Vergleich verschiedener Wasseraufbereitungsverfahren bezüglich ihrer Reinigungswirkung. V = vollständig oder nahezu vollständig, W = weitgehend, K = kaum oder nicht.

	Gelöste ionisierte Substanzen	Gelöste ionisierte Gase	Gelöste organische Substanzen	Partikel	Bakterien	Pyrogene
Destillation	V/W	K	W	V	V	V
Entionisierung	V	V	K	K	K	K
Umkehrosmose	W	K	W	V	V	V
Kohleadsorption	K	K	W	K	K	K
Filtration	K	K	K	V	V	K
Ultrafiltration	K	K	W	V	V	V
UV Oxidation	K	K	W	K	W	K

Tab. 4.11: Vermehrung humaner Lymphocyten in RPMI 1640, hergestellt aus Wassern mit verschiedenem elektrischen Widerstand.

Widerstand (M Ω/cm)	A	B
Hoch (> 12,0)	100 %	20/20
Mittel (1,0−8,0)	60 %	15/25
Niedrig (0,1−0,8)	13 %	2/16

A: Prozentsatz gelungener Subkulturen
B: Anzahl der gelungenen Kulturen zur Gesamtzahl
(Millipore 1984)

4.5.3 Zusammengesetzte Systeme

Wie man aus der Tab. 4-10 unschwer ersehen kann, empfiehlt sich für die Herstellung von Reinstwasser ein zusammengesetztes Aufbereitungssystem. Auch zentrale Großanlagen in Instituten und in der pharmazeutischen Industrie bestehen in der Regel aus einem mehrstufigen Reinigungsprozeß, der auch den Stand der Technik darstellt. Ein bewährtes System für das Labor besteht z.B. aus folgenden Reinigungselementen (Abb. 4-4a, b): 1 Aktivkohlepatrone zur Entfernung organischer Substanzen, 2 Mischbettpatronen zur Entfernung gelöster ionischer Verunreinigungen, 1 Patrone mit makromolekularen Harzen in Mischung mit Kohle zur Entfernung verbliebener Spuren organischer Substanzen, einem Ultrafilter mit einer Ausschlußgrenze der Molekülmasse 10.000 zur Entfernung von Pyrogenen und anderen Kontaminanten mit Molekülmassen größer als 10.000. Als letztes Element wird schließlich ein Sterilfilter mit einem Porendurchmesser von 0,22 μm verwendet, der Mikroorganismen und andere Partikel, die sich zwischen Ultrafilter und Entnahmestelle befinden, entfernt. Solche Anlagen sind im Handel erhältlich und können mit Leitungswasser gespeist werden, empfehlenswert ist allerdings die Einspeisung von Wasser, das durch Vollentsalzung, Destillation oder Umkehrosmose vorgereinigt wurde.

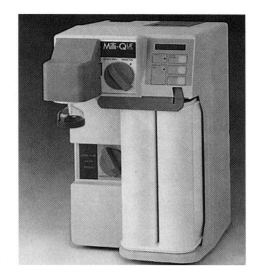

Abb. 4-4 a: Milli-Q-Anlage (Millipore).

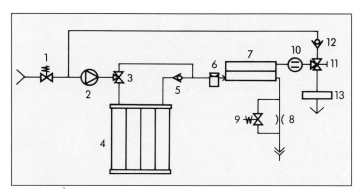

1	Magnetventil
2	Pumpe
3	3-Wegeventil
4	Reinigungseinheit
5	Prüfventil
6	Desinfektionseinlaß
7	Ultrafilter
8	Überlauf
9	Magnetventil
10	Ohmmeter
11	Handventil
12	Prüfventil
13	Sterilfilter

Abb. 4-4 b: Milli-Q 5-fach-Wasserhochreinigungsanlage (schematisch).

Das Wasser sollte durch eine Umwälzpumpe ständig in Umlauf gehalten werden. Es ist theoretisch frei von Mycoplasmen, braucht also zu deren Entfernung nicht mehr autoklaviert oder destilliert zu werden.

4.5.4 Lagerung

Eine Lagerung größerer Mengen (> 5 l) von Reinstwasser, auch sterilisiert wie beschrieben, ist nicht empfehlenswert. Abfüllung in kleinen Mengen in sterile Behältnisse unter aseptischen Verhältnissen ist jedoch möglich. Besser ist es, stets frisch hergestelltes Reinstwasser zu verwenden. In größeren Zentralanlagen ist dagegen eine Ringleitung, z.B. aus Edelstahl und/oder ein auf 80°C gehaltener Edelstahltank, der eine Vorratshaltung ermöglicht, Stand der Technik.

4.5.5 Wasser für Reinigungszwecke

Als letztes Spülwasser für Zellkulturartikel eignet sich Wasser der Qualität ASTM I–ASTM IV, das durch Destillation, Ionenaustausch, Umkehrosmose oder einer Kombination davon aufbereitet wurde; Leitungswasser wird nur für die vorausgehenden Reinigungsschritte verwendet.

4.6 Literatur

Allgaier, H. et al.: Qualifizierung, Validierung und Betrieb eines Reinstwassersystems in der biotechnischen Produktion. Pharma-Technologie-Journal 4, 58–62. 1992

ASTM, American Society for testing and materials: Standard Specification for reagent water. D 1193, Easton MD. 1983

Baumann, C.: Qualitätsanforderungen, Herstellverfahren und Einsatzbereiche für Pharma Wasser. Pharma-Technologie-Journal 4, 4–10. 1992

DAB, Deutsches Arzneibuch, 10. Aufl. Deutscher Apotheker Verlag Stuttgart. 1991

Giard, D.J.: Routine heat inactivation of serum reduces its capacity to promote cell attachment. In Vitro 23, 691–697. 1987

Ward, R.L.: Destruction of bacterial viruses in serum by heat and radiation under conditions that sustain the ability of serum to support growth of cells in suspended culture. J. Clin. Microbiol. 10, 650–656. 1979

Good, N.E. et al.: Hydrogen in buffers and biological research. Biochemistry, 5, 467–477. 1966

Griffiths, J.B. and Pirt, G.J.: The uptake of amino acids by mouse cells (strain LS) during growth in batch culture and chemostat culture: the influence of cell growth rate. Proc. R. Soc. Biol. 168, 421–438. 1967

Ham, R.G.: Clonal growth of mammalian cells in a chemically defined synthetic medium. Proc. Nat. Acad. Sci. (USA) 53, 288–293. 1965

Ham, R.G.: Survival and growth requirements of nontransformed cells. In: R. Baserga et al. (eds.): Handbook of experimental pharmacology 57, 13–88. 1981

Ham, R.G.: Growth of normal human cells in defined media. In: G. Fischer et al.: Hormonally defined media. Springer Verlag, Berlin. 1983

Maurer, H.R.: Toward chemically defined, serum-free media for mammalian cell culture. In: Freshney, R.I. (ed.): Animal cell culture: A practical approach, 2nd edition IRL Press, Oxford, 15–46. 1992.

Mather, J.P.: Mammalian cell culture. Plenum Press, New York. 1984

Muzik, H. et al.: Adaption of long term B-lymphoblastoid cell lines to chemically defined serum-free medium. In Vitro 18, 515–524. 1982

Pharm. Eur., European Pharmacopoeia, 2nd edition. Maisonneuve S.A., Sainte-Ruffine. 1980.

Sato, G.: The growth of cells in serum-free hormone-supplemented medium. In Jakoby, W.B., Pastan, I.H. (eds.): Methods in enzymology. Academic Press New York, 94–109. 1979

USP, United States Pharmacopoea, XXIInd edition. The United States Pharmacoperal Convention Inc., Rockville MD. 1990

5 Routinemethoden zur allgemeinen Handhabung und Subkultivierung von Zellen

5.1 Mediumwechsel

5.1.1 Mediumwechsel bei Monolayerkulturen

Zellinien, die als Monolayerkulturen in Petrischalen oder in Flaschen wachsen, benötigen zu ihrem Wachstum und zur Vitalitätserhaltung regelmäßigen Wechsel des Mediums, da bestimmte Bestandteile des Mediums einschließlich aller Zusätze entweder von den Zellen metabolisiert werden oder bei 37°C im Laufe der Zeit zerfallen. Die Intervalle der Mediumerneuerung und der Subkultivierung variieren von Zellinie zu Zellinie, abhängig von Metabolismus und Wachstumsgeschwindigkeit.

Empfohlen wird von schlecht und sehr langsam wachsenden Zellen nur die Hälfte des Mediums abzuziehen und durch frisches Medium zu ersetzen. Auch langsam wachsende Zellen verbrauchen die Nährstoffe des Mediums, so daß auch ohne sichtbaren pH-Umschlag nach einiger Zeit der Mediumwechsel vorzunehmen ist. Ein wöchentlicher Rhythmus von Montag – Donnerstag – Montag ist zu empfehlen.

Bei schneller wachsenden Kulturen sollte das Medium jeweils am Montag – Mittwoch – Freitag – Montag gewechselt werden.

Ist die gesamte Kulturfläche der Flasche von Zellen bedeckt (Konfluenz), so muß eine Subkultivierung durchgeführt werden. Die Zellen können allerdings auch, sofern ihre Vermehrung durch den engen Kontakt unterdrückt wird, eine Zeitlang in einem Medium mit geringem Serumgehalt aufbewahrt werden. Dieses Verfahren kann dazu verwendet werden, Kulturen nicht transformierten Ursprungs für eine bestimmte Zeit in «Ruhe» zu halten. Mit transformierten Zellinien ist dies nicht möglich, da diese sich trotz des nach Konfluenz fehlenden Platzes weiter teilen und vermehren.

Der Mediumwechsel wird nachfolgend als Beispiel für eine Routinemethode im Zellkulturlabor besprochen. Abflammen wird entsprechend den Ausführungen in Abschn. 3.4.4 nur als Ausnahme erwähnt. Es ist grundsätzlich nicht nötig, Bunsenbrenner und Anzünder brauchen daher nicht in der Werkbank zu sein.

5.1.2 Mediumwechsel bei Suspensionskulturen

Die vorangegangene Vorschrift für den Mediumwechsel kann nicht ohne weiteres für Suspensionskulturen, d.h. für solche Zellen, die kontinuierlich ohne feste Substratunterlage wachsen können (z.B. Tumorzellen o.a.), adaptiert werden.

Während die Sterilitätsvorkehrungen und alle anderen Maßnahmen ähnlich bzw. identisch sind, so ist es in der Regel eigentlich nicht notwendig, Mediumwechsel bei Suspensionskulturen durchzuführen. Man verfährt meist so, daß man, falls dies notwendig sein sollte, einfach neues Medium dem alten zugibt (Volumenerhöhung), um die Zellen mit neuem Medium zu versorgen. Besser ist jedoch eine sofortige Subkultivierung der Zellen, d.h. ein Transfer eines Aliquots in eine neue Flasche (siehe Abschn. 5.3).

Falls dennoch Mediumwechsel notwendig sein sollte, ist es ratsam, die Zellen zunächst in der Flasche sedimentieren zu lassen, nur einen Teil des verbrauchten Mediums abzusaugen und den Teil dann durch neues Medium zu ersetzen.

Mediumwechsel bei Monolayerkulturen

Material: – Werkbank, gesäubert
– Wasserbad, 37°C, Wasser frisch eingefüllt
– Vakuumpumpe mit Fußschalter
– Saugflasche mit Schläuchen (empfehlenswert: steril)
– Pipettierhilfe mit Pumpe
– Wischtücher
– 10 ml-Pipetten, steril im Kanister
– Pasteurpipetten, steril, ungestopft
– 100 ml Medium, komplett gemischt
– Ethanol, 70 %ig in Spritzflasche
– 10 Monolayerkulturen einer Zellart in T25 Kulturflaschen, 10 ml Medium enthaltend

– Gebläse der Werkbank 1 h vor Arbeitsbeginn einschalten

– Medium in Wasserbad stellen, Gefäßhals muß trocken bleiben

– Jede Kultur auf mögliche Kontaminationen mikroskopieren, nur eindeutig sterile Kulturen zusammen bearbeiten

– Hände waschen

– Arbeitsfläche und Seitenflächen mit Alkohol abwischen; ebenso Bunsenbrenner, Gasschlauch und Griff der Pipettierhilfe

– Mediumflasche aus Wasserbad nehmen, abtrocknen, mit Alkohol abwischen und in Werkbank stellen

– Pipettenkanister mit Alkohol abwischen, in Werkbank stellen

– Die Wischtücher sind an der Stirnseite der Werkbank angebracht, die Desinfektionsmittelflasche steht außerhalb

– Kulturflaschen mit Alkohol abwischen, in die Werkbank stellen

– Hände desinfizieren

– Alle 10 Kulturflaschen aufschrauben, Deckel mit Öffnungen nach unten legen

– Vakuumpumpe einschalten

– Pasteurpipette entnehmen, ohne mit der Spitze irgendwo anzustoßen. Geschieht dies doch einmal, neue Pipette nehmen, niemals durch Abflammen zu «retten» versuchen. Pipette vorsichtig in den Schlauch zur Saugflasche stecken. Pipette nicht im unteren Teil berühren, Hand nicht über offenen Flaschen bewegen

– Kulturflaschen nacheinander leicht schwenken, mit Pipette etwas schräg vom Boden Medium völlig absaugen. Monolayer nicht durch Berühren mit der Pipettenspitze beschädigen

– Nach Absaugen der 5. Kulturflasche neue Pasteurpipette nehmen

– Nach Ende des Absaugens Pasteurpipette zum Abfall geben

– Mediumflasche aufschrauben, Deckel mit Öffnung nach unten auf Arbeitsfläche legen

– 10 ml-Pipette entnehmen, vorsichtig, aber fest in Pipettenhilfe stecken

– in jede Kulturflasche 10 ml Medium auf der der Kultur gegenüberliegenden Flaschenseite ohne Schaumbildung einpipettieren, Pipette dabei bis unter den Hals einführen. Medium darf nicht das Innere des Halses berühren. Kulturflasche auf Arbeitsfläche vorsichtig zurücklegen
– Nach 5. Kulturflasche Pipette wechseln
– Alle Kulturflaschen wieder verschließen
– Alle nicht mehr benötigten Utensilien aus der Werkbank nehmen, Arbeitsfläche mit Alkohol abwischen. Vor Bearbeitung der nächsten Zellinie UV-Licht, wenn vorhanden, 30 min brennen lassen
– Saugflasche mit dem Schlauch zur Pipette gegen frische auswechseln.

Mediumwechsel bei Suspensionskulturen

Material: – Kulturflasche mit Suspensionskulturen
        – erwärmtes Medium
        – sterile Pipetten, Pasteurpipetten zum Absaugen, Absaugvorrichtung (s.o.)
        – Pipettierhilfe
        – evtl. neue Kulturflaschen
        – evtl. Zählkammer

– Die Kulturflaschen zunächst aufrecht in die sterile Werkbank stellen und die Zellen langsam sedimentieren lassen
– Ca. 45 min warten, bis möglichst alle Zellen sich am Boden der Flasche befinden. Falls die Zellen nicht sedimentieren, diese durch Zentrifugation (ca. 500 x g für 10 min) vom Medium trennen. Die Kulturflaschen während der Sedimentationsphase geschlossen halten, um einen Anstieg des pH-Wertes zu vermeiden.
– Danach vorsichtig eine sterile Pasteurpipette, die mit einem Schlauch mit einer Absaugvorrichtung (s.o.) verbunden ist, bis an die Oberfläche des Mediums führen
– Das verbrauchte Medium vorsichtig absaugen bis ca. die Hälfte des Mediums abgesaugt ist
– Die gleiche Menge an frischem Medium zusetzen und die Kulturen wieder in den Brutschrank zurückstellen.

5.2 Subkultivierung von Monolayerkulturen

Wenn in vitro die Kulturschale als Substrat von den Zellen vollständig eingenommen worden ist, so wachsen in der Regel strikt adhärente Zellinien nicht mehr weiter. Tumorzellen und transformierte Zellen können zwar noch weiter wachsen, allerdings übersteigt die Zellzahl dann meist eine Grenze, bei der das Medium zu oft gewechselt werden müßte. Ferner sinkt bei zu hoher Zelldichte die Proliferationsrate stark ab. Dies kann zum Absterben der Kultur führen. Deshalb ist es notwendig, die Zellen nach erreichter Maximaldichte zu verdünnen. Dies geschieht durch das «**Passagieren**» der Zellen; d.h. die Zellen werden unter Verdünnung vom alten Kulturgefäß in ein neues überführt.

Es gibt heute eine ganze Reihe von Verfahren, die geeignet sind, Monolayerkulturen in Suspension zu bringen und in neue Kulturgefäße verdünnt zu überführen. Im nachfolgenden Abschnitt sind die derzeit gebräuchlichsten Verfahren kurz aufgeführt.

5.2.1 Abklopfen der Zellen («Shake off»-Verfahren)

Zellen, die relativ lose an das Substrat gebunden sind, sowie Zellen, die sich gerade in der Mitose befinden, können durch einfaches Abklopfen oder Schlagen an die Unterseite der Kulturschale sowie durch mehrfaches Spülen mit Medium in Suspension gebracht werden. Bei dieser sehr schonenden Prozedur ist die Zellausbeute meist gering. Es kann allerdings öfter wiederholt werden. Vorinkubation der Zellen bei 4°C für 30 bis 60 min kann die Zellausbeute zusätzlich erhöhen. Dieses Verfahren ist auch geeignet, synchron wachsende Zellen zu erhalten (s. Abschn. 12.10). Bevorzugte Zellinien für dieses Verfahren sind die CHO-Zellen (Chinese Hamster Ovary-Zellen, ATCC Nr. CCL 61) und einige Subzellinien von HeLa-Zellen.

«Shake off-Verfahren»

Material: – 1 oder mehrere Kulturflaschen mit konfluenten Kulturen
  – sterile Zentrifugengläser mit Silikonstopfen (evtl. Einmalröhrchen)
  – 1 Tischzentrifuge
  – Pipettierhilfen, Pipetten (steril)
  – Medium
  – Hämocytometer oder anderes Zellzählgerät.

– Die Kulturflaschen mit den konfluenten Kulturen entweder direkt aus dem Brutschrank entnehmen oder für 30 min geschlossen im Kühlschrank (bei 4°C) aufbewahren und dann in den sterilen Arbeitsbereich überführen

– Die Unterseite der Flasche durch kräftiges Klopfen mit dem Zeigefinger bearbeiten

– Das Kulturmedium aus dieser Flasche entweder direkt in mehrere neue Kulturflaschen überführen oder in sterile Zentrifugengläser füllen

– Die Prozedur kann innerhalb von 30 min wiederholt werden, nachdem den Zellen frisches Medium zugeführt worden ist

– Die Zellen anschließend durch Zentrifugation (ca. 500 x g für 10 min) vom Medium trennen

– Neues Medium den Zellen unter sterilen Bedingungen zugeben und die Suspensionen dann auf neue Kulturflaschen verteilen

– Eine zusätzliche Variante dieses Verfahrens ist das Abspülen der Zellen mit Medium, wobei ein ähnlicher Effekt wie beim Abklopfen erreicht werden kann. Zusammen mit dem Abklopfen der Zellen kann durch das Abspülen die Zellausbeute noch gesteigert werden.

5.2.2 Passagieren der Zellen mit Trypsin bzw. Trypsin-EDTA

Die am weitesten verbreitete Methode, adhärente Zellinien zu subkultivieren, ist der Gebrauch von Trypsin, eventuell in Verbindung mit EDTA. Dabei ist darauf zu achten, daß die Zellen nicht zu lange mit dem Trypsin bzw. der Trypsin-EDTA-Lösung in Kontakt bleiben. Längere Einwirkzeiten können die Lebensfähigkeit der Zellen irreversibel schädigen.

Kommerzielle Präparationen von Trypsin enthalten neben Trypsin noch andere proteolytisch aktive Enzyme, meist Chymotrypsin und Elastin, deren Gehalt von Charge zu Charge schwanken kann. Deshalb ist eine sorgfältige Prüfung jeder Trypsincharge vor der Anwendung auf die jeweilige Zellinie notwendig. Es empfiehlt sich überhaupt, einen größeren Vorrat (für ca. 1 Jahr) von einer als gut getesteten Präparation bei −20°C einzufrieren.

Bevor man die Trypsinlösung einwirken läßt, sollten die Zellen mit phosphatgepufferter Salzlösung (PBS), möglichst ohne Calcium und Magnesium, gewaschen werden. Geringe Spuren von Medium können die Wirkung von Trypsin beeinträchtigen und die Zeit der Einwirkung auf die Zellen erheblich verlängern. Beim Trypsinierungsprozeß sollten die verwendeten Lösungen auf 37°C vorgewärmt werden. Diese Temperatur ist auch die optimale Temperatur für die Trypsinwirkung (Einwirkzeit zwischen 3 und 10 min).

Grundsätzlich kann der Trypsinierungsprozeß auch bei 4°C oder bei Zimmertemperatur durchgeführt werden. Bei 4°C sind die trypsinbedingten Schädigungen an der Zelle relativ geringer, allerdings sind die Einwirkzeiten länger und die Zellen verklumpen leichter.

Die Trypsinkonzentration muß für jede Zellinie zunächst bestimmt werden (Richtwerte: 0,25% und 0,1% ohne EDTA-Zusatz und 0,1% und 0,025% mit Zusatz von EDTA. Die Konzentration von EDTA beträgt gewöhnlich zwischen 0,1 und 0,01 Gew.%). Eine der gebräuchlichsten Lösungen zur Passagierung von Zellinien ist derzeit eine Lösung aus Trypsin/EDTA, die aus 0,05% Trypsin und 0,02% EDTA in PBS-Lösung, pH 7,2 besteht. Diese Kombination ermöglicht es, die Einwirkdauer nochmals zu reduzieren, um die Zellen von ihrer Unterlage zu lösen.

Der Trypsinierungsprozeß sollte unter dem **Phasenkontrastmikroskop** beobachtet werden, um die optimale Einwirkzeit genau feststellen zu können. Diese ist gegeben, wenn die Mehrzahl der Zellen sich von der Unterlage abgehoben hat und abgerundet in der Trypsinierungslösung schwimmt.

Mittels einer Pipette werden die noch lose anhaftenden Zellen abgespült und in ein Zentrifugenglas gegeben, das Medium mit Serumzusatz enthält. Serumzusatz bewirkt eine sofortige Inaktivierung des Trypsins und vermag auch teilweise das cytotoxische EDTA zu binden. Es ist ratsam, die Zellen jetzt nochmals zu zentrifugieren, das Trypsin-EDTA-Serummedium abzupipettieren und frisches Medium aufzufüllen, da Reste von EDTA die Anheftung der Zellen verlangsamt.

Das Aussäen der Zellen in neue Kulturgefäße erfolgt nach einem Verdünnungsfaktor, dessen Optimum für jede Zellinie vorher bestimmt werden muß (Richtwerte: 1:2 bis 1:5 bei normalen diploiden Zellen, 1:5 bis 1:15 bei transformierten Zellinien).

Passagieren mit Trypsin/EDTA-Lösung

Material: – 1 Kulturflasche mit konfluent gewachsenen Zellen (Monolayer)
   – 1 steriles Zentrifugenglas 15 ml mit Silikonstopfen (steril), eventuell Einmalröhrchen
   – Trypsin/EDTA-Lösung (0,05 % Trypsin/0,02 % EDTA, 37°C) sowie vorgewärmtes frisches Medium
   – Pipettierhilfe
   – sterile Pipetten
   – 1 Labor- bzw. Tischzentrifuge

– Die Zellen mit warmer PBS-Lösung waschen, dann eine kleine Menge Trypsin/EDTA-Lösung zugeben, ein dünner Flüssigkeitsfilm genügt
– Die Zellen bei 37°C für ca. 3–5 min inkubieren
– Die Zellsuspension mittels einer sterilen Pipette aufnehmen und in Zentrifugenglas geben, das mindestens die doppelte Menge an frischem Medium mit Serumzusatz enthält
– Die Zellsuspension bei 500 x g für 10 min abzentrifugieren, mit neuem Medium aufnehmen und in neue Kulturflaschen geben.

5.2.3 Passagieren von Monolayerkulturen mit anderen proteolytischen Enzympräparationen

Weitere Enzympräparationen zur Dissoziation von Monolayerkulturen sind Collagenase-, Dispase- und Pronasepräparationen.

Collagenase ist eine neutrale Protease, die Collagen, die Hauptkomponente des tierischen extrazellulären Bindegewebes, zu spalten vermag. Es wird vor allem in der Gewebe- und Zellkultur zur Gewinnung von Primärkulturen angewandt, allerdings auch zur schonenden Subkultivierung besonders empfindlicher Zellen. Das Enzym hat in der käuflichen Form meist noch andere proteolytische Nebenaktivitäten, die genau definiert sind. Collagenase kann in Verbindung mit anderen Enzymen, wie Trypsin, Elastase und Hyaluronidase zur Dissoziation besonders collagenreicher Bindegewebszellen verwendet werden. Es benötigt zur Aktivität Ca^{2+}-Ionen.

Die Konzentration von Collagenase zur Dissoziation von Monolayerkulturen kann zwischen 0,1 und 1 % variiert werden, je nach Zellinie und Einwirkdauer. Eine mikroskopische Betrachtung der Zellen ist hier ebenfalls unbedingt notwendig. Ferner muß darauf hingewiesen werden, daß Serumzusatz bzw. frisches Medium mit Serumzusatz die Aktivität der Collagenase nicht stoppen kann, so daß eine sofortige Zentrifugation der Zellsuspension nach Collagenasebehandlung unbedingt notwendig ist.

Weitere neutrale proteolytisch wirksame Enzyme, die zur Dissoziation von Monolayerkulturen verwandt werden können, sind **Dispase** und **Pronase**, ferner Elastase und Hyaluronidase, wobei vor allem bei sehr empfindlichen Monolayerkulturen das Enzym Dispase häufig Anwendung findet.

Die restlichen Enzyme werden derzeit nur in einigen wenigen Spezialfällen verwendet. Die generelle Konzentration dieser Enzyme liegt je nach Aktivität und Reinheit der Präparation bei der Suspendierung von Monolayerkulturen zwischen 0,1 und 1 mg/ml Lösung.

Passagieren von Monolayerkulturen mit Dispase

Material: – siehe «Shake off-Verfahren»
– Dispaselösung: Die lyophilisierte Dispase sollte für Monolayerkulturen in einer Aktivität von 0,8 Einheiten (U)/ml PBS (ohne Ca^{2+} u. Mg^{2+}) verwendet werden.

– Die Kulturen zunächst mit einer Schicht von auf 37°C erwärmter Dispaselösung bedecken und für 5 min im Brutschrank inkubieren
– Danach die Lösung vorsichtig abziehen bzw. dekantieren und für weitere 10 min bei 37°C im Brutschrank inkubieren
– Die Zellsuspension mit Medium aufschwemmen und sofort bei 500 x g für 10 min abzentrifugieren
– Das Zentrifugat zweimal mit frischem Medium waschen und in der gewünschten Verdünnung in neue Kulturgefäße geben
– Epithelzellinien sollten nach der Dissoziation gut durchpipettiert werden, um evtl. auftretende Verklumpungen zu vermeiden.

Passagieren mit Trypsinlösung

Material: – 1 Kulturflasche mit konfluent gewachsenen Zellen
– PBS ohne Ca^{2+}/Mg^{2+}
– Trypsinlösung in PBS (0,25%)
– Medium
– Pipettierhilfe
– sterile Pipette
– neue sterile Kulturflaschen

– Die auf 37°C erwärmte Trypsinlösung (erst kurz vor Gebrauch auf 37°C bringen!) nach sorgfältigem Abziehen des alten Mediums und einer einmaligen Waschung der Zellen mit PBS auf die Zellen geben (ca. 5 ml zu einer 75 cm^2-Kulturflasche). Flasche verschließen und kurz schwenken, um die Verteilung der Trypsinlösung zu gewährleisten
– Flasche kurz (ca. 1 min) in den Brutschrank bei 37°C stellen
– Danach die Trypsinlösung abziehen. Die Flasche wieder in den Brutschrank zurückstellen und nach 10 bzw. 15 min die Ablösung der Zellen beobachten
– Frisches Medium mit 10% Serumzusatz zu den Zellen geben und die Zellen mit dem Medium von der Unterlage abspülen
– Je nach gewünschter Verdünnung die Zellsuspension in neue Kulturflaschen geben. Die Kulturflaschen mit neuem Medium auf das gewünschte Volumen auffüllen (ca. 15–20 ml für eine 75 cm^2 Kulturflasche) und sofort in den Brutschrank zurückstellen
– Während der nächsten 24 h sollte kein Mediumwechsel oder andere Manipulationen mit den frisch eingesäten Zellen erfolgen.

5.2.4 Passagieren von Monolayerkulturen durch Abschaben

Prinzipiell ist eine mechanische Dissoziation von Monolayerkulturen zum Zweck der Subkultivierung ungeeignet, da die Zellen durch die mechanischen Einflüsse zu sehr geschädigt werden. Es gibt allerdings bestimmte Fragestellungen, besonders bei der Erforschung der Zellmembran, wo es durchaus denkbar ist, anstelle von Trypsin und anderen proteolytisch wirksamen Proteinen mechanische Verfahren zur Dissoziation heranzuziehen, um durch Enzyme bedingte Veränderungen an der Zellmembran auszuschließen. Für diesen Zweck gibt es spezielle **Gummischaber** (sog. «rubber policeman») im Laborhandel. Man kann sich solche Schaber allerdings auch selbst herstellen, indem man einen Glasstab unter Erhitzen etwas abwinkelt und den kürzeren abgewinkelten Teil mit einem weichen Silikonschlauch umgibt. Ein solcher Zellschaber ist nach Autoklavierung für viele Anwendungen einsetzbar, wobei der Silikonschlauch leicht ausgetauscht werden kann.

Passagieren durch Abschaben

Material: – siehe «Shake off-Verfahren»
          – Gummischaber (steril)

– Die Monolayerkulturen zunächst vom alten Medium befreien und zweimal mit PBS (ohne Ca^{2+} u. Mg^{2+}) sorgfältig waschen
– Danach entweder normales Wachstumsmedium oder PBS ($-Ca^{2+}/Mg^{2+}$) auf die Zellen geben und mit dem sterilen Schaber die Zellen von oben nach unten vorsichtig abschaben. Den Zellschaber vorsichtig im Medium schwenken um evtl. anhaftende Zellen noch abzulösen
– Die Zellsuspension mittels einer Pipette noch einige Male vorsichtig durchmischen, um bei dieser Prozedur leicht auftretende Zellklumpen aufzulösen
– Anschließend direkt in neue Flaschen aussäen bzw. die Zellen nach Abzentrifugation mit neuem Medium suspendieren und aussäen.

5.2.5 Einsäen der Zellen

Sind die Zellen in der vorher bestimmten Zelldichte in die Kulturflasche eingesät, wird noch frisches, auf 37°C erwärmtes Medium zugefügt. Hierbei ist darauf zu achten, daß die Menge des eingesetzten Mediums zwischen 0,2 ml pro cm² Wachstumsfläche und 0,5 ml/cm² Wachstumsfläche liegt.

Die **Kulturflaschen** zur routinemäßigen Subkultivierung von adhärenten Zellen bestehen entweder aus Spezialglas oder aus Polystyrol. Die Oberflächen sind gut geeignet, adhärenten Zellen als Substrat zur Anheftung zu dienen. So ist meist eine weitere spezielle Vorbehandlung der Kulturflaschen nicht mehr nötig.

Es hat sich allerdings gezeigt, daß für bestimmte empfindliche Zellinien eine Vorbehandlung der Kulturflaschen die Anheftung der Zellen fördern kann. Für Routinezwecke ist eine Vorbehandlung der Flasche mit einem dünnen Film von fetalem Kälberserum günstig, man kann allerdings auch konditioniertes Medium der gleichen Zellinie verwenden. Für bestimmte Fragestellungen ist auch Polylysin geeignet, während eine Beschichtung mit Fibronectin, ECM (extrazelluläre Matrix) oder Laminin nur für spezielle und ausgewählte Einzelfälle wegen des relativ großen Aufwands und der damit verbundenen Kosten zu empfehlen ist.

Nach dem Einsäen der Zellen und Auffüllen mit frischem Medium sollten die Zellen sofort zurück in den Brutschrank, wobei die Schraubverschlüsse der Flaschen bei CO_2-Begasung leicht geöffnet sein können, um ungehinderten Gasaustausch zu gewährleisten.

Die Kulturen sollten in den nächsten 24 h nicht aus dem Brutschrank genommen werden noch sollte an ihnen manipuliert werden, um den initialen Anheftungsprozeß nicht zu stören. Aus diesem Grunde sollte auch in den nächsten 48 h kein Mediumwechsel erfolgen, um eine für das Wachstum notwendige «Konditionierung» des Mediums zu erreichen.

Nach zwei oder drei Tagen, je nach initialer Zelldichte, können die Zellen unter dem Phasenkontrastmikroskop betrachtet werden, um Wachstum und Zelldichte zu beobachten. Der pH-Wert des Mediums kann am Farbumschlag des Phenolrotindikators abgelesen werden. Eine Farbveränderung von rot zu gelb zeigt meist gutes Wachstum der Kultur an und rührt von der Metabolisierung von Glucose zu Lactat her.

5.3 Subkultivierung von Suspensionskulturen

Wesentlicher einfacher gestaltet sich die Subkultivierung von Zellen, die in Suspension wachsen. Bei tierischen Zellen handelt es sich meist um transformierte Zellinien, während die Pflanzenzellen in der Regel als Suspensionskulturen wachsen. Solche Zellen können ohne die Einwirkung von Enzymen oder mechanische Hilfsmitteln leicht mittels Verdünnung des Mediums durchgeführt werden. Das alte Medium muß nicht vollständig durch neues ersetzt werden, noch müssen die Zellen zentrifugiert werden.

Subkultivierung von Suspensionskulturen

Material: – Suspensionskultur
– sterile Kulturflaschen
– Medium
– Pipetten (steril)

– Die Suspensionskultur, die entweder in Flaschen oder in speziell dafür geeigneten Gefäßen gehalten werden (siehe Abschn. 9.2), wird gut durchmischt, um einheitliche Zellzahlen zu erzielen

– Dann wird die gewünschte Menge mittels einer sterilen Pipette an Zellen entnommen und in die neue Flasche, die bereits vorgewärmtes, frisches Medium enthält, unter sterilen Bedingungen pipettiert. Die Zellzahl sollte so eingestellt werden, daß für langsamer wachsende Kulturen die Zelldichte pro ml 10^5 Zellen nicht unterschreitet (bei einer Verdopplungszeit von 24–48 h). Bei schneller wachsenden Kulturen (12–18 h) genügen 10^4 Zellen pro ml.

5.4 Zellzahlbestimmung

Für die Wachstumsgeschwindigkeit spielt die anfänglich zugesetzte Zellzahl (Inokulum) bei den meisten adhärent wachsenden Zellen eine entscheidende Rolle. Zu dünn ausgesäte Zellen wachsen nur sehr langsam, zu dicht ausgesäte Zellen müssen demgegenüber zu oft subkultiviert werden, wobei jede Subkultivierung wenigstens für nicht transformierte Zellinien die Gesamtlebensdauer der Zellinie verkürzt. So ist die Zellzählung routinemäßig vor jedem Inokulum in eine neue Kulturschale vorzunehmen zu und protokollieren.

Bestimmung der Zellzahl mittels Hämocytometer

Material: – Hämocytometer (Neubauer-Zählkammer)
– Zellsuspension (wenigstens 10^5 Zellen/ml)
– Pasteurpipette oder 20 µl-Mikropipette
– Mikroskop mit 10fach Objektiv (Phasenkontrasteinrichtung)

– Zunächst die Oberfläche der Zählkammer mit 70 %igen Ethanol gut reinigen, wobei Kratzen an der Oberfläche zu vermeiden ist

– Man reinige das dazugehörige Deckglas ebenfalls mit Alkohol. Das Deckglas leicht anfeuchten und auf die Zählkammer legen. Das Erscheinen von sog. «Newtonringen» zeigt an, daß das Deckglas richtig angebracht ist. Gleichzeitig zeigen die Newtonringe an, daß die Tiefe der Zählkammer richtig eingestellt ist (0,1 mm)

– Danach die Zellsuspension in die Zählkammer füllen. Dies geschieht durch Ansetzen der Pipette an die Kante der Zählkammer, wobei die Kapillarkräfte die Suspension selbst in den Zwischenraum zwischen Deckglas und Kammer sau-

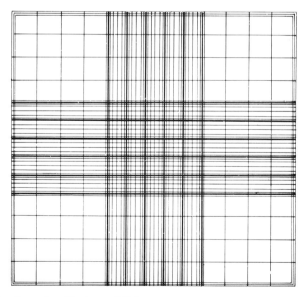

Abb. 5-1: Netzteilung einer Neubauer-Zählkammer.

---

gen. Die Kammer auf keinen Fall über- bzw. unterfüllen, da Oberflächenspannungen das Volumen der Zählkammer (0,9 mm³ oder 0,9 µl) verändern können. Die Flüssigkeit sollte nur in den vorgegebenen Rinnen fließen

- Die Kammer unter das Mikroskop legen und so lange bewegen, bis die Einteilungslinien der Kammer sichtbar werden

- Die Neubauerkammer besteht aus neun großen Quadraten (Abb. 5-1). Jedes große Quadrat hat eine Fläche von 1 mm²; dies ergibt bei einer Tiefe von 0,1 mm ein Volumen von 0,1 µl. Ein großes Quadrat wird in der Regel bei einer Vergrößerung von 100fach vom Betrachter gut erfaßt

- Man zähle mindestens 4 große Quadrate aus und errechne den Mittelwert. Dabei muß darauf geachtet werden, daß Zellen, die auf den Linien liegen, nicht zweimal gezählt werden. Dies kann dadurch vermieden werden, daß nur solche Zellen mitgezählt werden, die oben und links vom Betrachter auf den Linien liegen (Abb. 5-2)

- Die Berechnung der Zellzahl kann nun folgendermaßen vorgenommen werden: Der Mittelwert aus den vier großen Quadraten mit 10^4 multiplizieren. Dies ergibt die Zellkonzentration pro Milliliter. Die Gesamtzellzahl ergibt sich aus dem Volumen der Zellsuspension mal der Zellzahl pro ml. Der Verdünnungsfaktor der Zellsuspension muß natürlich berücksichtigt werden

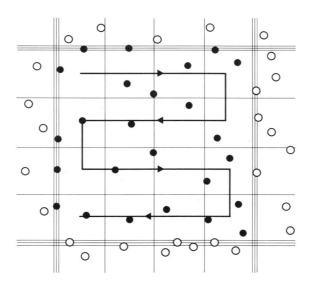

Abb. 5-2: Auszählen der Zellen (schwarz) in einem äußeren großen Quadrat der Zählkammer, wobei die Zellen auf der linken und oberen Linie mitgezählt werden.

- Mögliche Fehlerquellen bei der Zählung sind meist auf eine unkorrekte oder mangelhafte Durchmischung der Zellsuspension zurückzuführen oder die Zellsuspension war zu verdünnt (zu wenige Zellen pro großes Quadrat) oder zu dicht (über 1000 pro großes Quadrat).

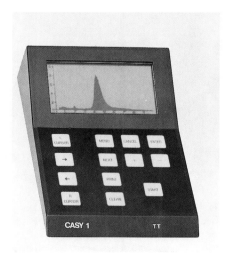

Abb. 5-3: Cell Counter und Analyser System CASY 1
mit Bedienungselement (Schärfe System).

5.4.1 Zellzählung mit elektronischen Zählgeräten

Elektronische Zellzähler arbeiten nach dem Widerstandsmeßprinzip. Die Zellen werden in isotoner Elektrolytlösung suspendiert und durch eine Meßkapillare definierter Geometrie gesaugt, an die über zwei Platinelektroden eine elektrische Spannung angelegt ist. Sobald eine Zelle in die Meßkapillare eindringt, entsteht ein elektrischer Puls (Widerstandsänderung). Die Anzahl der Pulse entspricht der Zellzahl in der Probe.

Das Zellzählgerat CASY 1 (Abb. 5-3) kombiniert das Widerstandsmeßprinzip mit einem modernen Verfahren der Signalauswertung, der Pulsflächenanalyse. Mit diesem Verfahren kann, neben der Bestimmung der Zellzahl, die Größenverteilung der Zellen über einen sehr großen Meßbereich hochauflösend dargestellt werden. Dazu werden die von den Zellen verursachten individuellen Pulse nach ihrer Größe differenziert. Die jeweilige Pulsfläche ist dem Zellvolumen proportional.

Die für jeden Zelltyp charakteristische Größenverteilung bietet wichtige Zusatzinformationen. Der große Meßbereich ermöglicht die gleichzeitige Quantifizierung von Verunreinigungen, Zelltrümmern, toten Zellen, vitalen Zellen und Zellaggregaten in der Probe (Abb. 5-4).

Die lebend-tot-Differenzierung beruht darauf, daß tote, bzw. geschädigte Zellen mit defekter Zellmembran kleiner dargestellt werden, als vitale Zellen mit intakter Zellmembran.

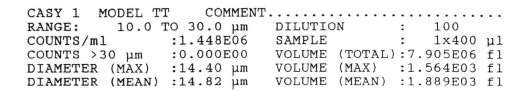

```
CASY 1   MODEL TT     COMMENT.........................
RANGE:     10.0 TO 30.0 µm    DILUTION      :    100
COUNTS/ml          :1.448E06  SAMPLE        :   1x400 µl
COUNTS >30 µm      :0.000E00  VOLUME (TOTAL):7.905E06 fl
DIAMETER (MAX)  :14.40 µm     VOLUME (MAX)  :1.564E03 fl
DIAMETER (MEAN) :14.82 µm     VOLUME (MEAN) :1.889E03 fl
```

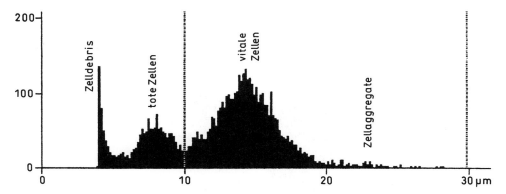

Abb. 5-4: Meßprotokoll einer Zellzählung mittels CASY 1. Eine für Fibroblasten typische Größenverteilung; aufgetragen ist Zellzahl gegen Zelldurchmesser. Alle Zahlenwerte beziehen sich auf den eingestellten Cursorbereich (10–30 µm).

DIAMETER (MAX)	= häufigster Zelldurchmesser, Verteilungsmaximum
DIAMETER (MEAN)	= mittlerer Zelldurchmesser
VOLUME (TOTAL)	= Gesamtvolumen aller Zellen
VOLUME (MAX)	= häufigstes Volumen, Volumen einer Zelle im Verteilungsmaximum
VOLUME (MEAN)	= mittleres Zellvolumen

Einhergehend mit dem Zelltod wird die Zellmembran durchgängig, was man sich auch bei den Vitalfärbungen (z.B. Trypanblau) zunutze macht. In der Größenverteilung werden tote Zellen deshalb nur mit der Größe ihres Zellkerns dargestellt.

Bestimmung der Lebenszellzahl durch elektronische Zellzählung

Material: – CASY 1 Model TT mit 150 µm Meßkapillare
 – Meßlösung, CASYTON
 – Systemreiniger, CASYCLEAN
 – Probenbecher
 – Zellsuspension

Gerätevoreinstellung für die Zählung von Fibroblasten
– Verdünnung   1:100   (dilution)
– Probenvolumen   400 µl   (sample)
– X-Achse   0–30 µm   (X-axis)
– CU-Bereich   10–30 µm   (CU-range)
– Y-Achse   AUTO   (Y-axis)

Allgemeine Vorbereitung
– Vorratsbehälter (rechts) mit frischem CASYTON füllen. Abfallbehälter (links) leeren (Überlaufen vermeiden). Gerät einschalten. Das Gerät führt einen Selbsttest aus und lädt die unter SETUP No. 0 gespeicherte Kalibrierung und Geräteeinstellung

– Probenbecher mit frischem CASYTON unter die Meßkapillare stellen. Anschließend über Drücken der Taste «Clean» auf dem Bedienelement des CASY 1 (Abb. 5-3) einen Reinigungszyklus auslösen. Das Flüssigkeitssystem des Gerätes wird gefüllt, die Meßkapillare von Verunreinigungen und Luftblasen befreit. Reinigungszyklus noch zweimal wiederholen. «Clean» dient auch zur Beseitigung von Verstopfungen der Meßkapillare.

– Zur Prüfung der Reinigung Probenbecher mit frischem CASYTON unter die Meßkapillare stellen und über Drücken der Taste «Start» eine Messung auslösen. Bei sauberem Gerät ist der Leerwert nahe 0 Counts.

Zählung der Probe
– Probenbecher mit 10 ml CASYTON füllen, 100 µl Zellsuspension zugeben und geschlossenen Probenbecher mehrmals schwenken (Vorverdünnung 1:100). Probenbecher unter die Meßkapillare stellen und über «Start» eine Messung auslösen. Das Gerät führt die entsprechend der Voreinstellung eine Einzelmessung mit 400 µl Probenvolumen durch. Auf dem LCD-Display wird die Größenverteilung der Zellen angezeigt. Eine für Fibroblasten typische Größenverteilung zeigt ganz links Zelldebris, im Bereich von ca. 6–10 µm tote Zellen (Zellkerne), ab ca. 10 µm vitale Zellen (Abb. 5-4).

Pflege des Gerätesystems
– Nach Abschluß der Messungen Probenbecher mit frischem CASYTON unter die Meßkapillare stellen und das System durch mehrer Reinigungszyklen reinigen. Das System sollte einmal wöchentlich über Nacht mit Systemreiniger (CASYCLEAN) gefüllt werden. Andere Wartungsarbeiten sind nicht erforderlich.

5.5 Langzeitlagerung und Kryokonservierung von Zellen

Wenn man eine Zellinie im Labor nicht permanent benutzt, so wird man doch vielleicht auf diese Zellinie zurückgreifen wollen. «Bevorratung» ist durch die Möglichkeit gegeben, die Zellen über längere Zeit in flüssigem Stickstoff bei −196°C zu halten. Diese Lagerung bewahrt die Zellen vor Kontamination, vor Variabilität durch Subkultivierung und anderem. Lagerung von Zellen bei − 80°C kann für kurze Zeit ebenfalls durchgeführt werden. (Einfrieren und Auftauen von Pflanzenzellkulturen s. Abschn. 11.10). Als Schutzsubstanzen dienen Glycerin und Dimethylsulfoxid (DMSO). Sie verhindern die Kristallbildung innerhalb und außerhalb der Zelle sowie die partielle Dehydratation des Cytoplasmas.

Lagerung von Zellen im Stickstoffaufbewahrungsbehälter

Material: – Zellsuspension (entweder von frisch trypsinierten Zellen, die zweimal mit Medium gewaschen sind oder Suspensionskulturen)
– Verschließbare Kryoröhrchen
– Zentrifuge, Pipettierhilfe, Pipetten
– Einfriermedium:
100 ml Hams F 12 oder DMEM mit 10% Zusatz von fetalem Kälberserum ohne Antibiotika,
10 ml Glycerin (frisches Glycerin, bei 121°C für 10 min autoklavieren)
oder 10 ml Dimethylsulfoxid (sollte frisch und farblos sein!),
0,5 ml 20%ige sterile Glucoselösung (in Aqua dem.),
1,1 ml Penicillin/Streptomycinlösung (Endkonz.: 100 U/100 µg pro ml)

– Das Einfriermedium auf 37°C erwärmen und die Zellen nach Zentrifugation im Normalmedium (500 × g für 5 min) mit dem Einfriermedium im Verhältnis 10:1 (Medium/Zellpellet) aufnehmen

– Die Zellen in die Tiefgefrierröhrchen (jeweils 1,8 ml) pipettieren und dann nach Verschließen der Röhrchen kurz bei 500 × g für 2 min abzentrifugieren

– Das Medium bis zu ca. 0,8 ml absaugen, die Röhrchen im Kühlschrank bei ca. 4°C lagern und dann im Einfrierstopfen des Flüssigstickstoffbehälters in die Dampfphase des Behälters (ca. −150°C) hängen (ca. 2 h)

– Danach die Röhrchen in spezielle Gestelle in der Flüssigphase des Stickstoffs lagern und die Position der jeweiligen Röhrchen mit Inhalt sowie des Datums des Einfrierens im Protokoll vermerken

– Eine Modifikation dieser Methode kann durchgeführt werden, falls ein −80°C Tiefgefrierschrank bzw. -truhe vorhanden ist:

– Die Zellen im Einfriermedium ebenfalls kurz abzentrifugieren und das Medium bis zu ca. 1 ml absaugen

– Danach die Zellen in einen Styroporbehälter mit einer Wandstärke von ca. 2–4 cm geben und allseits gut verschließen. Den Behälter mit den Zellen direkt in den Tiefgefrierschrank (−80°C) stellen. Dort können die Zellen entweder einige Monate lagern oder sie werden nach ca. 12 h in den Flüssigstickstoffbehälter überführt.

Die Lagerung von Zellen in flüssigem Stickstoff kann über Jahre ohne Verlust der Lebensfähigkeit durchgeführt werden. Dabei ist es gleichgültig, ob die Lagerung direkt in der
Flüssigphase (bei $-196°C$) oder in der Gasphase über dem flüssigen Stickstoff ($-150°-160°C$)
erfolgt. Die speziell dafür gebauten **Aufbewahrungsbehälter** gibt es in verschiedenen Ausführungen und Größen, wobei die Lagerung der Behälter so erfolgen muß, daß der Raum, in
dem der Stickstoffbehälter steht, belüftbar ist (**Erstickungsgefahr!**).

Zum kontrollierten Einfrieren von Zellen gibt es außerdem spezielle **Einfriergeräte**, die eine
kontrollierte, in der Regel frei wählbare Kühlungsrate von 0,1–50°C/min ermöglichen. Die
gleichen Geräte können auch zum kontrollierten Auftauen verwendet werden (Abb. 5-5 und
5-6).

Abb. 5-5: Einfacher, programmgesteuerter Einfrierautomat, der direkt auf einen Flüssigstickstoffbehälter aufgesetzt werden kann (Sy-Lab).

5.5.1 Einfrieren von Zellen direkt in der Kulturflasche

Zellen, die in Kulturflaschen als Monolayerkulturen wachsen, können in konfluentem Zustand direkt in der $-80°C$ Tiefgefriertruhe eingefroren werden. Dazu ist nur ein Wechsel des Normalmediums mit dem oben genannten Einfriermedium notwendig, wobei die Zellen nur ca. 2–4 Monate gelagert werden können.

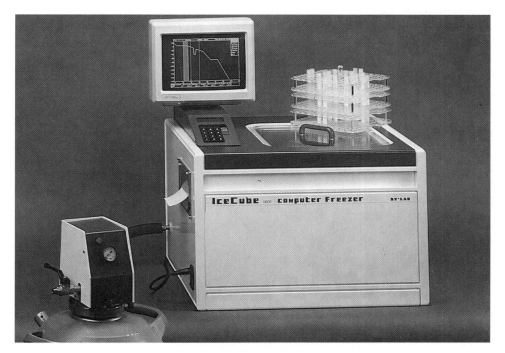

Abb. 5-6: Computergesteuertes Einfriergerät mit Dokumentation der Einfrierparameter (Sy-Lab).

Auftauen von Zellen

Material – Zellen in Kryoröhrchen in flüssigem Stickstoff
– Stickstoffaufbewahrungsbehälter
– Schutzhandschuhe
– Schutzbrille oder Gesichtsschirm
– Wasserbad (37°C)
– Neue Kulturgefäße (T75)
– Komplettes Medium (auf 37°C vorgewärmt)

– Schutzhandschuhe anziehen und Schutzbrille bzw. Gesichtsschirm anlegen

– N_2-Behälter mit Zellen vorsichtig öffnen und mit Schutzhandschuhen die Kryoröhrchen aus den Halterungen lösen (Vorsicht, es kann noch flüssiger Stickstoff in den Röhrchen enthalten sein!) und sofort in ein 37°C-Wasserbad überführen

- Nur solange im Wasserbad halten, bis gerade das letzte Eisklümpchen verschwindet
- Danach rasch unter die Sterilbank gehen, mit 70%igem Alkohol außen das Röhrchen kurz desinfizieren und den Inhalt mittels einer 2 ml Pipette in eine neue Kulturflasche überführen
- In den nächsten 12 Stunden sollten die Zellen in Ruhe gelassen werden!
- Mediumwechsel ist bei DMSO-Zusatz als Gefrierschutz innerhalb von 24 h zu empfehlen, während bei Glycerinzusatz er auch noch bis 48 h warten kann.
- Bei Überführung von eingefrorenen Zellen in kleinere Kulturflaschen oder in Multischalen empfiehlt es sich, die aufgetauten Zellen sofort in ein Zentrifugenröhrchen zu überführen, mit komplettem Medium aufzufüllen und kurz abzuzentrifugieren. Dann das Medium absaugen und anschließend die Zellen in neuem komplettem Medium resuspendieren und auf die Flaschen bzw. Multischalen verteilen.

5.6 Literatur

Jacoby, W.B., Pastan, I.H. (eds.): Cell culture. In: Methods in enzymology, Vol. 58, Academic Press, New York. 1979

6 Primärkulturen

Definitionsgemäß versteht man unter Primärkultur alle in vitro-Züchtungen von Zellen, Geweben und Organen, die direkt aus dem Organismus entnommen wurden. Während eine Organkultur nicht in ihrer Struktur- und Organisationseinheit zerstört werden soll (siehe Kapitel: Organkulturen), ist die Gewebekultur von einer mehr oder minder starken Desintegration aus einem Organismus abhängig. Für die Gewinnung einer Zellkultur ist eine vollständige Dissoziation des Gewebes bzw. des Organs notwendig.

Es gibt zwei Wege, um zu **Primärzellkulturen** zu kommen: Zum einen über die mechanische oder enzymatische Dissoziation von Gewebe in Einzelzellen und zum anderen dadurch, daß man aus Gewebe- oder Organstückchen, die auf einem geeigneten Substrat aufliegen, Einzelzellen auswachsen läßt. Während es für Primärkulturen aus normalem Gewebe entscheidend ist, daß diese ein geeignetes festes Substrat für ihre Anheftung vorfinden müssen, können Tumorzellen, aus Tumorgewebe gewonnen, in Suspension überleben. Eine Ausnahme bei normalen Zellen stellen die Zellen des Blutes dar, die nur in Suspension wachsen.

Während es für die mechanische Desintegration neben Skalpell, Schere und feinen Drahtnetzen nur relativ wenige methodische Ansätze gibt, ist in den letzten 20 Jahren die Gewinnung von Primärkulturen auf enzymatischem Wege zur Methode der Wahl geworden.

Es gibt viele **Enzympräparationen**, die imstande sind, Gewebe verschiedenster Art und Herkunft in Einzelzellen zu zerlegen. Meist handelt es sich dabei um Fraktionen von proteinspaltenden Enzymen, die miteinander kombiniert werden können. Die meistgebrauchten Enzympräparationen sind Trypsin, Collagenase, Dispase, Pronase, Elastase, Hyaluronidase, DNAase und verschiedene Kombinationen dieser Enzyme.

Trypsin und Pronase erzielen meist die beste und vollständigste Dissoziierung von Gewebe in Einzelzellen, allerdings ist die Schädigung der Zellen auch am größten. Dispase und Collagenase schädigen die Zellen bei der Zerlegung des Gewebes in Einzelzellen weniger, wohingegen die Ausbeute an Einzelzellen schlechter ist. Die anderen Enzyme, wie Hyaluronidase, Elastase und DNAase werden meist nur in Verbindung mit anderen Enzymen benutzt. So kann z.B. DNAase sehr gut bei der Trypsinierung von Gewebe eingesetzt werden, um freigesetzte DNA, die die Aggregation von Einzelzellen fördert, zu hydrolysieren.

Obwohl es für die verschiedenen Gewebe und Tierspezies spezielle Bedingungen zur Gewinnung von Primärkulturen gibt, kann man doch einige generelle Punkte vorausschicken, die es **prinzipiell zu beachten** gilt:

1. Die Entnahme von Gewebe oder Organen soll so aseptisch wie möglich vor sich gehen. Ist dies nicht möglich, sollte man mit Medium, das mindestens die doppelte empfohlene Antibiotikakonzentration enthält, arbeiten

2. Nach Entnahme des Gewebes sofort unter die Reinraumwerkbank

3. Nekrotisches Gewebe sowie Fett, Haare und ähnliches sofort entfernen

4. Das Gewebe sollte mit einem Skalpell o.ä. möglichst fein zerschnitten werden

5. Die enzymatische Zerlegung des Gewebes kann sowohl bei 37°C als auch bei 4°C durchgeführt werden. Dabei ist der Zeitfaktor zu berücksichtigen (37°C: kurze Dauer, aber dafür größere Zellschädigung; 4°C: relativ lange Einwirkdauer der Enzyme, dafür geringere Zellschädigung)

6. Die Beendigung der enzymatischen Dissoziierung kann sowohl durch Zentrifugation und Waschen des Sediments mit frischer Nährlösung ohne Enzyme durchgeführt werden, als auch durch Zufügen von Inhibitoren der betreffenden Enzyme ins Dissoziationsmedium

7. Die Konzentration der ausgesäten Zellen muß in der Primärkultur sehr viel höher liegen als für eine normale Subkultur von Zellinien, da eine erhebliche Anzahl von Zellen abstirbt

8. Es sollte immer ein relativ nährstoffreiches Medium zum Anlegen einer Primärkultur verwendet werden, wobei dem Medium je nach Bedarf Serum zugesetzt werden sollte. Dabei ist fetalem Kälberserum meist der Vorzug vor anderem Serum zu geben

9. Prinzipiell gibt fetales Gewebe bessere Ausbeuten an Zellen, ist leichter zu dissoziieren und wächst schneller und leichter an als Primärkulturen aus adultem Gewebe

10. Es sollte nach jeder enzymatischen oder mechanischen Dissoziierung ein Test der Zellen auf Lebensfähigkeit mittels Vitalfärbung durchgeführt werden, um die Dissoziierungsbedingungen zu standarisieren

11. Primärkulturen sind anfangs häufiger zu beobachten, um auf evtl. auftretende Veränderungen sofort reagieren zu können (Mediumwechsel, CO_2-Begasung, Antibiotikakonzentration etc.).

6.1 Kultivierung von Herzmuskelzellen des Hühnchens

Kultivierung von Herzmuskelzellen des Hühnchens

Material: – Vorbebrütete Eier (ca. 8–10 Tage alt)
– sterile, gebogene Pinzetten
– sterile Skalpelle
– sterile Petrischalen (2 große mit 20 cm Durchmesser und mehrere kleine Schalen mit 9 cm Durchmesser)
– sterile Uhrgläser
– Objektträger oder Multischalen
– sterile Pasteurpipetten
– sterile Gummibällchen
– Zentrifugengläser (steril 50 ml)
– sterile Silikonstopfen
– PBS, Trypsin, Collagenase, FKS, Medium F 12 mit Pferdeserum

– Die bei 38,5°C (rel. Luftfeuchtigkeit zwischen 60 und 70%) für ca. 8–10 Tage gehaltenen befruchteten Eier in die sterile Werkbank stellen (am besten auf Eierbecher) und mit 70%igem Ethanol sorgfältig reinigen. Das stumpfe Ende des Eies muß nach oben gerichtet sein. Das Ei mit dem stumpfen Ende einer gebogenen, sterilen Pinzette aufschlagen und eine runde Öffnung in das Ei brechen

– Die Pinzette auswechseln

– Die äußere weiße Eihaut entfernen. Darunter ist jetzt die Chorionmembran mit dem Embryo und den Blutgefäßen sichtbar. Diese Membran durchstechen und möglichst ganz entfernen

- Nun mittels einer sterilen gebogenen Pinzette den Embryo am Hals behutsam aus dem Ei ziehen oder den ganzen Inhalt in eine große Petrischale schütten. Vorsicht ist dabei geboten, daß die Pinzette nicht ganz geschlossen wird, um nicht den Kopf vom Rumpf zu trennen, da das embryonale Halsgewebe sehr dünn und empfindlich ist

- Den Embryo in einer gesonderten Petrischale auf den Rücken legen und mittels eines Skalpells den Brustraum mit einem Längsschnitt öffnen

- Das etwas mehr als stecknadelkopfgroße Herz vorsichtig entfernen und in eine Uhrglasschale mit gepufferter Salzlösung geben. Es sollten nicht mehr als 10 bis 20 Embryos in einem Arbeitsgang aufbereitet werden

- Danach die Herzen zweimal mit gepufferter Salzlösung waschen und die Blutgefäße mit zwei Skalpellen entfernen

- Die Herzen in möglichst kleine Stückchen in dem Uhrglas zerschneiden und einmal mit Salzlösung vorsichtig waschen

- Mit einer sterilen Pasteurpipette die Stückchen in die Dissoziationslösung legen. Entweder 5 mg Trypsin auf 20 ml gepufferter Salzlösung oder eine Collagenaselösung (Worthington Typ II) verwenden, die auf eine Aktivität von 150–200 U/ml eingestellt wird. Dies entspricht je nach Aktivität 10 bis 20 mg Collagenase auf 20 ml gepufferter Salzlösung

- Das Gefäß mit den Gewebestückchen und der Enzymlösung bei 37°C unter leichtem Schütteln für 15 min (mit Trypsin) bzw. für eine Stunde (bei Collagenase) inkubieren

- Mit einer sterilen 10 ml-Pipette die Lösung vorsichtig aufwirbeln und in Einzelzellen zerlegen. Die Suspension in ein steriles 50 ml-Zentrifugenglas überführen und die gleiche Menge (20 ml) Medium mit 10% fetalem Kälberserum zusetzen und für 10 min bei ca. $200 \times g$ abzentrifugieren. Das Zellpellet nach Absaugen des Medium zweimal in Nährmedium mit Serumzusatz waschen und dann endgültig in Medium, dem 15% Pferdeserum zugesetzt wird, auflösen. Die Endkonzentration an Zellen sollte bei ca. 3×10^5 Zellen pro ml liegen. Dies muß bei den ersten Aufarbeitungen in der Zählkammer bestimmt werden. Danach kann man die Zählung weglassen und die Zellen jeweils in dem entsprechenden Endvolumen aufnehmen. Die Zellen in einer Dichte von ca. 5×10^5 Zellen pro 10 cm^2 aussäen. Je nach Dichte der Zellsuspension fangen die Herzzellen nach 24 bis 48 h wieder rhythmisch zu schlagen an, während die Fibroblasten sich nicht bewegen

- Eine relative Anreicherung von Muskelzellen kann dadurch erreicht werden, daß man die Zellsuspension in eine große Kulturflasche (150 cm^2) pipettiert und nach ca. 30 min den Überstand aus der Flasche pipettiert und danach in die Kulturschalen gibt.

6.2 Kultivierung von Herzmuskelzellen aus neonatalen Rattenherzen

---

Kultivierung von Herzmuskelzellen aus neonatalen Rattenherzen

Material: – Korkplatte: Größe ca. 300 × 300 × 15 mm mit Aluminiumfolie
– mehrere sterile Pinzetten (anatomisch)
– sterile gebogene Scheren, spitze Pinzetten, Einmalkanülen oder Präpariernadeln (steril), sterile Petrischalen (Glas, 60 mm ⌀), sterile Pipetten (10 und 5 ml), sterile Papiertücher
– Erlenmeyerkolben (50 ml, steril mit Silikonstopfen)
– Magnetstab (steril in Erlenmeyerkolben)
– Magnetrührer mit Heizplatte
– Pipettierhilfe, 70 %iges Ethanol
– Wasserbad, Zellkulturflaschen (75 cm^2) und Deckgläser 25 mm ⌀ rund bzw. 6er Multischalen
– sterile 15 ml Zentrifugengläser mit Silikonstopfen bzw. sterile Einmalzentrifugengläser
– Tischzentrifuge mit Kühlung
– Spezialmedium F 12 mit Zusatz von 10 mM HEPES plus 0,5 g NaHCO$_3$ und 10 % Zusatz von Pferdeserum
– Hanks Salzlösung ohne Ca^{2+} u. Mg^{2+}
– Phosphatgepufferte Salzlösung (PBS) ohne Ca^{2+} u. Mg^{2+}
– PBS mit Ca^{2+} u. Mg^{2+}
– Trypsin
– Collagenase
– Hams F 12 (wie oben, jedoch mit 10 % Zusatz von fetalem Kälberserum)
– Eisbad

– Die Korkplatte mit Aluminiumfolie auskleiden und mit 70 %igem Ethanol abwischen. Die sterilen Präpariernadeln oder Einmalkanülen in die Korkplatte für die Fixierung der Ratten einstechen

– In die Petrischalen sterile PBS (−Ca^{2+}/Mg^{2+}) pipettieren

– Je 1 Schere und 1 spitze Pinzette für die Eröffnung des Brustraumes der Ratten bereithalten

– Die Ratten (1–3 Tage alt) mit einer großen, geraden, sterilen Pinzette am Hals anfassen und die Halswirbelsäule durch einen festen seitlichen Druck mit der Pinzette auf die Korkplatte durchtrennen. Die Zeit zwischen Tötung und Entnahme der Herzen sollte möglichst kurz sein

– Daraufhin die Ratten mittels der Einmalkanülen oder der sterilen Präpariernadeln auf dem Rücken liegend auf der Korkplatte fixieren und ganz mit 70 %igem Ethanol besprühen

– Die Haut am unteren Teil des Sternums mit einer sterilen Pinzette anheben und mit einer gebogenen Schere einen Schnitt parallel zum Sternum führen. Rechts oben und links unten je zwei Schnitte noch zusätzlich quer anbringen

– Wenn der Brustraum offen ist, den Herzbeutel mit einem neuen sterilen Präparierbesteck (Schere und Pinzette) ablösen und die Blutgefäße abschneiden

– Das Herz in eine Petrischale mit Hanks Lösung legen, aufgeschnitten und sorgfältig vom Blut gereinigt

- Mit zwei sterilen Skalpellen das Herz in der Dissoziationslösung (Trypsin/Collagenase) möglichst fein zerschneiden und danach in den Erlenmeyerkolben mit dem Rührstäbchen überführen
- Bei 37°C unter schwachem Rühren inkubieren (entweder im Brutschrank oder auf speziellem Magnetrührer mit Wärmeplatte)
- Danach die Gewebestückchen ganz kurz absitzen lassen und den Überstand verwerfen. Neue Dissoziationslösung hinzufügen und diesen Vorgang noch zweimal wiederholen
- Die nächsten von insgesamt vier Überständen der folgenden Dissoziationsschritte (s. o.) in Zentrifugenröhrchen, die Medium mit 10% FKS enthalten, pipettieren. Die Röhrchen bis zum letzten Trypsinierungsschritt auf Eis halten
- Die Zellen durch Zentrifugation (ca. 200 × g, 10 min) von der Trypsinierungslösung trennen und mit neuem Medium aufnehmen
- Die Zellen nun in einer Konzentration von mindestens 3 × 10⁶ Zellen/cm² zunächst in Flaschen (75 cm²) aussäen. Nach 45–60 min den Überstand aus der Flasche pipettieren und auf Deckgläser oder Multischalen in einer Konzentration von 2–3 × 10⁵ Zellen pro cm² aussäen
- Nach einem Tag Mediumwechsel vornehmen, wobei am besten Medium mit Zusatz von 10% Pferdeserum genommen werden sollte, um das Wachstum von Fibroblasten zu unterdrücken.

6.3 Primärkulturen aus frischen Hautproben (Biopsien) menschlichen Ursprungs

Primärkulturen aus frischen Hautproben (Biopsien) menschlichen Ursprungs

Material: – sterile Petrischalen 6 cm ∅, sterile Skalpelle, sterile Pasteurpipetten, sterile Zentrifugengläser, Einmalspritzen (20 ml) und Einmalfilter (0,22 µm)
– Alsever-Lösung (steril): Zusammensetzung (Mengen in mg/l):
NaCl 4.200, Na-Citrat · 2H$_2$O 8.000, Citronensäure 550, D-Glucose 20.500, pH 6,1
– Hams F 12 mit 20 mM HEPES, 0,5 g NaHCO$_3$, 15% FKS m. Kanamycin/Neomycin je 50 µg/ml; sterile 0,5 M Calciumchloridlösung, Trypsin/EDTA-Lösung
– sterile Kulturflaschen (T 75)
– steriles Plasma

Gewinnung von sterilem Plasma

- Frisches venöses Blut einem gesunden Probanden von einem Arzt abnehmen lassen (10 bis 20 ml) und mit 15 Vol.-% der Alseverlösung aseptisch mischen
- Die Blutzellen bei 500 × g 10 min bei RT abzentrifugieren und das Plasma aseptisch in 0,5 ml Mengen einfrieren (bei −40°C für ca. 6 Monate haltbar).

Entnahme von Hautbiopsien

– Die von einem Arzt aseptisch entnommene Hautprobe sofort in das Medium bringen und die Mediumflasche dicht verschließen. Die Probe sollte sofort verarbeitet werden; allerdings kann sie im Kühlschrank bis zu 24 h gelagert werden.

Initiierung der Primärkultur

– Die Biopsie nach Überführung in die Reinraumwerkbank in einigen Tropfen Medium in einer sterilen Petrischale mittels zweier Skalpelle in möglichst kleine Stückchen schneiden (1 bis 2 mm²)
– Man mische das frisch aufgetaute Plasma mit der sterilen CaCl₂-Lösung in einem Verhältnis von 5 : 1 (V/V)
– 8–12 Tropfen dieses recalcifizierten Plasmas in eine sterile Petrischale tropfen. Möglichst kleine Tropfen (zwischen 30 u. 40 µl/Tropfen)
– Mit einer sterilen Pinzette schnell je ein kleines Hautstückchen in den Plasmatropfen legen. Mit einer Pasteurpipette überschüssiges Plasma entfernen, so daß gerade genug vorhanden ist, um die Hautstückchen zu benetzen
– Der Petrischale vorsichtig Medium zusetzen, ohne die Plasmatropfen zu berühren, um die relative Luftfeuchte hoch zu halten
– Danach die Petrischale vorsichtig in den Brutschrank bei 37°C für ca. 20 min inkubieren, um dem Plasma die Gelegenheit zu geben, um die Hautstückchen ein Gerinnsel zu bilden
– Mit ca. 4 ml Hams F 12 Komplettmedium die Petrischale auffüllen
– Nach ca. 7 Tagen im Brutschrank das erste Mal einen Mediumwechsel vornehmen; danach alle 3 Tage
– Wenn die Zellen einen Hof von ca. 2 cm um das Explantat erreicht haben, so können sie weiter subkultiviert werden.

6.4 Isolierung von Lymphocyten aus Vollblut mittels Dichtegradienten-zentrifugation

Es gibt eine Vielzahl von Fragestellungen, die eine Kurzzeitkultivierung menschlicher Zellen zum Inhalt haben. Aufgrund der relativ leichten Zugänglichkeit menschlichen Vollblutes und der Möglichkeit, periphere Lymphocytenkulturen kurzzeitig anzulegen, sind eine ganze Anzahl von Methoden entwickelt worden, um Blutzellen, und insbesondere Lymphocyten in Kultur zu halten. Prinzipiell sterben Blutzellen in Kultur relativ schnell ab, nur Lymphocyten können über mehrere Teilungsschritte (bis zu 5) in Kultur gehalten werden. Um allerdings eine Teilung der normalerweise nicht proliferierenden Zellen zu erreichen, müssen die Zellen mit bestimmten Mitogenen stimuliert werden. Diese Mitogene sind meist Pflanzenlectine und die Lymphocyten teilen sich nach Zugabe dieser Lectine mehrere Male und sterben anschließend meist ab.

Isolierung von Lymphocyten

Material: – Alle Glaswaren, die mit dem Blut in Verbindung kommen, sollten vorher silikonisiert werden (s. Abschn. 2.5). Sämtliche silikonisierten Glaswaren können trocken bei 180°C sowie im Autoklaven sterilisiert werden.
  – sterile, silikonisierte Röhrchen für die Blutentnahme
  – sterile, silikonisierte Pasteurpipetten
  – sterile, silikonisierte Zentrifugengläser (15 ml) mit Silikonstopfen
  – 1 sterile Einmalspritze (10 o. 20 ml) mit Einmalkanüle zur Entnahme von Lymphocytentrennmedium
  – Lymphocytentrennmedium (Ficoll- oder Percoll-Lösung Dichte = 1,077 g/ml)
  – sterile, phosphatgepufferte Salzlösung (PBS) oder Hanks gepuff. Salzlösung o.ä.
  – sterile, 0,1%ige Heparin-Lösung
  – Macrodex 6% (Fa. Knoll) oder 6 g Dextran 60 pro 100 ml in einer 0,9%igen NaCl-Lösung (autoklavierbar)
  – Phytohämagglutininlösung

– Einige Tropfen Heparin-Lösung in einer 20 ml Injektionsspritze vorlegen und darin Venenblut aufziehen
– Diesem Heparinblut nun ca. 4 ml der Macrodexlösung zusetzen und die Spritze senkrecht bei Zimmertemperatur in der Sterilbank stellen. Nach 1 h kann der nahezu erythrocytenfreie Überstand mit einer zweiten Spritze mit Kanüle aufgenommen werden
– Danach das Blut 1:1 mit PBS versetzen. Zur vollständigen Isolierung der Lymphocyten 3 ml des Lymphocytentrennmediums (Ficoll o. Percoll) in ein Zentrifugenröhrchen geben und 4 ml der Blut/PBS-Lösung vorsichtig auf das Trennmedium schichten. Vorsichtig pipettieren, um Phasenvermischung zu vermeiden!
– Nach Verschließen mit einem Silikonstopfen den Gradienten bei 400 × g (bezogen auf die Röhrchenmitte) für 30 min bei Zimmertemperatur zentrifugieren. Es entstehen dabei 4 Phasen: Oberste Schicht: Plasma, danach eine opaque weißliche Bande (Lymphocyten), dann das Lymphocytentrennmedium und als Pellet die restlichen Erythrocyten mit den Granulocyten
– Das Plasma mittels einer Pasteurpipette absaugen und die Lymphocyten mit einer neuen Pasteurpipette in ein weiteres Zentrifugenglas pipettieren
– Die Lymphocyten mit calcium- und magnesiumfreiem PBS waschen und bei ca. 100 × g für 10 min bei Zimmertemperatur abzentrifugieren. Der Überstand enthält noch restliche Thrombocyten und wird verworfen
– Die Lymphocyten nochmals in PBS ($-Ca^{2+}/Mg^{2+}$) waschen und zentrifugieren und in Nährmedium (Hams F 12 o.ä.), das 5% inaktiviertes FKS enthält, aufnehmen
– Zur Stimulation der Lymphocytenproliferation die Zellen auf eine Zelldichte von ca. 1×10^6 Zellen/ml einstellen. Diese Zellsuspension in die entsprechenden Kulturgefäße geben (z.B. 10 ml auf eine 25 cm²-Kulturflasche)
– Zu diesen Kulturen Phytohämagglutinin in einer Konzentration von 1–5 µg/ml hinzufügen. Die Inkubationszeit beträgt zwischen 48 und 72 Stunden, je nach Art und Herkunft der Lymphocyten und nach der weiteren Verwendung

- 3–5 h vor Ende der Kulturzeit kann den Zellen eine Colcemidlösung (Endkonzentration: 0,08 µg/ml) zugesetzt werden, um eine Chromosomenanalyse vorzunehmen (s. Absch. 12.10.3)
- Ferner können solche Zellen für Zelltoxizitätsuntersuchungen (^{3}H-Thymidineinbau) und vieles andere mehr verwendet werden (s. Abschn. 12.1).

6.5 Primärkulturen aus Mäusecerebellum (Kleinhirn)

Nervenzellen können als Primärkultur zwar prinzipiell in vitro gehalten werden, sie können sich allerdings selbst, wenn sie aus embryonalem Gewebe entstammen, wo in vivo durchaus noch Nervenzellteilungen vorkommen, nicht mehr vermehren. Es können jedoch in vitro bestimmte Differenzierungsvorgänge, wie Bildung von Ausläufern u.ä. beobachtet werden (s. Abb. 6-1). Weiterhin können in der Primärkultur bestimmte physiologische Vorgänge, die nervenzellspezifisch sind, beobachtet werden:

- Transmittersynthese u. -metabolismus
- Transmitterausschüttung
- Rezeptorspezifitäten
- Wechselwirkungen von Nervenzellen auf andere Zelltypen (Mischkulturen)
- neurotoxische Wirkungen

Primärkultur aus Mäusecerebellum

Material: – Mäuse im Alter von 2–3 Tagen
 – große Schere
 – kleinere, spitze Scheren
 – kleiner Spatel
 – spitze Pinzetten (Dumontpinzetten)
 – sterile Skalpelle
 – sterile Petrischalen (Glas oder Plastik, 35 bzw. 60 mm ∅)
 – Stereomikroskop
 – sterile Pasteurpipetten mit unterschiedlich weiter Öffnung
 – Phosphat-gepufferte Salzlösung (PBS) mit 1 g Glucose/l oder
 – Speziallösung bestehend aus:
 Lösung I : 0,8 g NaCl, 0,3 g KCl, 2 g Glucose auf 500 ml Aqua dem.
 Lösung II: 0,05 g NaH_2PO_4; 0,025 g KH_2PO_4 auf 470 ml Aqua dem.
 Beide Lösungen autoklavieren und 1:1 mischen. Einige Tropfen einer sterilen 0,1%igen Phenolrotlösung zugeben und mit steriler 7%iger $NaHCO_3$-Lösung auf pH 7,2 (mittels steriler Pasteurpipette auf pH-Papier) einstellen. Auf 1 l mit sterilem Aqua dem. auffüllen
 – Polylysinlösung: 1 mg Polylysin (M_r = 70.000–300.000) in 100 ml einer 0,1 M Boratpufferlösung pH 8,4 lösen. Steril filtrieren
 – Trypsinlösung: je nach spezifischer Aktivität der Trypsinpräparation muß die Menge an Trypsin variiert werden. Am besten macht man zunächst eine 1%ige Trypsinlösung in PBS, der noch 0,1% DNAase zugesetzt wird und verdünnt diese Lösung in PBS mit 0,1% DNAase auf 0,5, 0,1 und 0,01%. Diese Verdünnungen werden in einem Vorversuch eingesetzt und die richtige Trypsinkonzentration festgestellt und auf die spezifische Aktivität bezogen
 – Medium: DMEM mit 0,45% Glucosezusatz (4,5 g/l) und 1,4 g $NaHCO_3$, 10% Pferdeserum
 – Zusatzlösung: Cytosinarabinosid in PBS (Konz.: 4 × 10^{-4}M)

- Die Mäuse durch Genickbruch töten
- Kopf mit großer Schere abschneiden
- Kopfhaut bis zur Nase und zu den Ohren abschneiden
- Mit kleiner Schere im Hinterhauptsloch einstechen und von dort aus rechts und links je einen Schnitt entlang der Augen-Ohr-Linie legen
- Schädel abheben und Gehirn mit kleinem Spatel aus der Hirnschale nehmen
- Mit einem Tropfen physiologischer Salzlösung befeuchten (PBS o. ä.)
- Cerebellum abtrennen, sehr einfach an der Querfaltung zu erkennen
- Gehirnhäute vorsichtig abziehen und das Cerebellum in 3–4 große Stücke grob zertrennen. Von hier an steril arbeiten!
- Bei längerdauernder Präparation die Stückchen in physiol. Salzlösung in einem Zentrifugenröhrchen auf Eis legen Die Zerschneidung der Hirne erfolgt am besten unter dem Stereomikroskop bei 10–15facher Vergrößerung
- Die kleinen Cerebellumstückchen anschließend dreimal mit physiol. Salzlösung waschen, Zentrifugation nicht notwendig
- 12 min (bei älteren Mäusen bis zu 20 min) bei Zimmertemperatur in PBS-Lösung, die Trypsin und DNAse in der optimalen, zuvor ermittelten Konzentration enthält, inkubieren
- 30 sec vor Ende der Inkubationszeit die Trypsin-Lösung entfernen
- 3 × mit Medium incl. Serum spülen
- pro Cerebellum 1 ml DNAse-Lösung (0,05 %) zum Medium zugeben
- 1–2 min bei Zimmertemperatur inkubieren
- Cerebellum mit steriler Pasteurpipette in Einzelzellen zerlegen
- Mit drei Pipetten, deren Öffnung unterschiedlich weit sein muß, die Lösung mit den Zellen auf- und abpipettieren. Die drei Pipetten werden mit Hilfe eines Bunsenbrenners mehr oder weniger an ihren Öffnungen vorne etwas ausgezogen, so daß unterschiedliche Weiten zustande kommen. Mit der Pipette mit der weitesten Öffnung anfangen
- Bei Zimmertemperatur sedimentieren lassen
- 4/5 des Überstandes abpipettieren und diesen bei 200 × g abzentrifugieren
- In Medium mit Serum aufnehmen und in Zelldichten von 6–9 × 10^5 Zellen/cm² aussäen. Mediumvolumen: 300 bis 330 µl/cm² (Das Verhältnis von Zelldichte zu Volumen ist sehr kritisch!). Die Kulturgefäße können vorher mit Polylysin beschichtet werden. Die Beschichtung wird 1 Tag vorher durchgeführt: Die Polylysinlösung (1 mg, M_r 70.000–300.0000) in 100 ml 0,1 M Boratpuffer (pH 8,4) sterilfiltrieren, ca. 2 ml pro 25 cm²-Schale, 24 h bei 37°C inkubieren. Die Lösung anschließend absaugen und 2 × mit Medium waschen.

Kulturbedingungen

35,5°C, 5 % CO_2, 95 % rel. Luftfeuchte. Die Kulturschalen werden in großen Petrischalen aus Glas (steril), die mit befeuchtetem Mull ausgeschlagen wurden, gelegt, um Austrocknen zu verhindern. Wichtig: Kein Mediumwechsel. Die Zellen setzen sich sofort ab, die Fortsätze sind nach 24 h sichtbar und nach ca. 4 Tagen bilden sie ein ausgedehntes Netzwerk. Die Kulturen halten bis zu drei Wochen ohne Mediumaustausch. Es ist jedoch ratsam, die Morphologie täglich zu beobachten (Abb. 6-1).

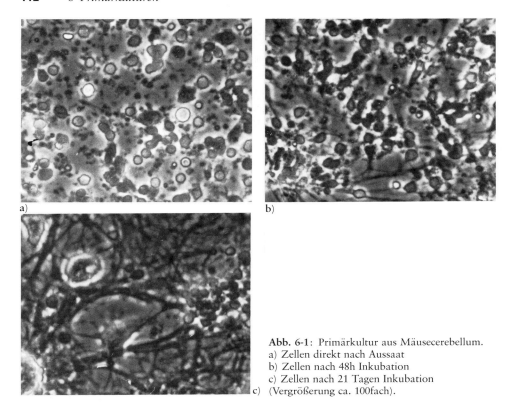

Abb. 6-1: Primärkultur aus Mäusecerebellum.
a) Zellen direkt nach Aussaat
b) Zellen nach 48h Inkubation
c) Zellen nach 21 Tagen Inkubation
(Vergrößerung ca. 100fach).

6.6 Gewinnung einer Zellkultur aus soliden Humantumoren

Es ist unbestritten, daß die in vitro-Kultur menschlicher Tumorzellen Untersuchungen und Diagnosen erlaubt, die entweder nur unter großen Kosten oder überhaupt nicht in vivo durchgeführt werden könnten.

Allerdings gibt es immer noch Probleme bei der Gewinnung einer vitalen Kultur für in vitro-Zwecke. Abhängig von den Möglichkeiten der einzelnen Labors schwanken die Erfolgsraten zwischen 40 und 60%, bei soliden Tumoren sind sie noch weitaus geringer, falls man diese isoliert betrachtet. Hier eine kurze Beschreibung einer einfachen und reproduzierbaren Methode zur Gewinnung von einer in vitro-Kultur aus soliden Tumoren.

Primärkultur aus solidem Humantumor

Material: – Petri-Schalen (Plastik) steril 100 × 15 mm
– 2000 ml Erlenmeyerkolben
– Kulturflaschen: T 25 und T 75 cm aus Plastik
– 24er Multischale (Plastik f.d. Zellkultur, steril)
– Pipetten: Standard: 100 ml, 5 ml, 1 ml (steril, Plastik oder Glas)
– Pipetten (mit weiter Auslaßöffnung) 5 ml und 10 ml (Bellco)
– sterile Pasteurpipetten
– Plastikzentrifugenbecher (steril) 10 ml und 15 ml
– Gewebehomogenisator
– Nalgene Filter Einheit (115 ml)
– Handschuhe
– Zentrifuge
– Ammoniumchlorid
– EDTA-Dinatriumsalz
– HCl, KCl, KHCO$_3$, KH$_2$PO$_4$, NaHCO$_3$, Na$_2$HPO$_4$, NaCl, Percoll, Trypanblau, Chelex 100, 200–400 mesh, Natriumform (Fa. Biorad), Aqua dem., Amphotericin B, Gentamycin, Penicillin/Streptomycin-Lösung (500 U/ml/500 µg/ml)
– Trypsin/EDTA-Lösung (0,5% : 0,2%)
– Medium: L-15
– Eagles MEM Spinner
– Hams F 12
– L-Glutamin-Lösung (100 × konz.) (200 mM)
– MEM-Hanks-Medium

Präparation der Medien und Reagenzien

a) Transportmedium:
Zum MEM oder zum Eagles MEM Spinner folgende Antibiotika geben: Gentamycin (Endkonz.: 100 µg/ml); Streptomycin (100 µl/ml); Penicillin (100 U/ml) und Amphotericin B (50 µg/ml), pH 6,8–7,2
Das Medium (jeweils 25 ml) steril in 50 ml Zentrifugenbecher geben

b) Kulturmedium:
Standardmedien mit NaHCO$_3$, pH 7,2 und 2% FKS und Antibiotika (Gentamycin und Amphotericin B: Konz.: wie oben), sowie L-Glutamin (10 ml auf 1 l Medium)

Decalcifizierung des fetalen Kälberserums

– 180 g Chelex in einen 1 l Becher geben
– 500 ml Aqua dem. zugeben, 30 min sitzen lassen
– Mit Chelex so auffüllen, daß eine ca. 1:1 (Vol.)-Lösung mit Wasser hergestellt wird
– Mit konz. HCl auf pH 7,0 einstellen. Leichtes Umrühren!
– Chelex sitzen lassen, Wasser abgießen, dann 500 ml Serum zugeben, dann unter leichtem Rühren ca. 30 min behandeln
– Dann Chelex sitzen lassen und das Serum entweder sofort steril filtrieren (0,22 µm-Filter) oder als 10%ige Lösung ins Medium geben und das Medium sofort steril filtrieren
– Chelex kann wieder regeneriert werden (Vorschrift: Biorad GmbH).

Erythrocyten-lysierender Puffer

8,29 g NH$_4$Cl, 1,0 g KHCO$_3$ und 0,0371 g EDTA mit Aqua dem. auf 1 l auffüllen, autoklavieren.

sonstige Lösungen

PBS ($-Ca^{2+}/Mg^{2+}$); PBS mit Ca^{2+}/Mg^{2+}.

Percoll-Lösung

a) Isotonisch: 9 Vol. Percoll-Lösung mit 1 Vol. einer 10fach konz. PBS ($-Ca^{2+}/Mg^{2+}$)-Lösung
b) Zur Zentrifugation: die isotonische Lösung nochmals mit dem gleichen Volumen einer 1fach konz. PBS ($-Ca^{2+}/Mg^{2+}$) auffüllen, Trypanblau: 0,5 g Trypanblau auf 100 ml PBS. Autoklavieren.

- Der von einem Arzt herausgetrennte Tumor oder Stückchen eines nicht nekrotischen Tumors, der aseptisch gewonnen werden sollte, sofort in die bereitstehenden 50 ml Zentrifugenbecher (mit 25 ml Transportmedium) geben, gut verschließen. Das Gewebe sollte sofort weiter verarbeitet werden, es kann aber, falls keine Gelegenheit dazu ist, bis zu 4−6 h bei 4°C im Kühlschrank aufbewahrt werden
- Das Gewebe in der sterilen Werkbank mit sterilen Skalpellen so klein wie möglich schneiden
- Die homogene Zellsuspension durch ein steriles Netz (Stahl oder Teflon) mit einer Maschenweite von 50 µm treiben
- Mit warmem Medium (ca. 15−20 ml) (F 12 mit FKS) die Zellen füttern und mit einer Pipette mit weiter Öffnung mehrmals auf- und absaugen
- Die Zellen bei 350 × g für 15 min zentrifugieren und zweimal mit warmem Medium waschen
- Um die roten Blutkörperchen zu lysieren, die Zellsuspension nach der letzten Zentrifugation in dem Lysierpuffer aufnehmen (1 Vol. Sediment zu 10 Vol. Puffer) und einige Male mit einer Pipette mit weiter Öffnung auf- und abpipettieren. Bei Zimmertemperatur ca. 10−15 min stehen lassen. Danach die Zellen zentrifugieren und in warmem Medium aufnehmen
- Alternativ kann die Zellsuspension durch eine Zentrifugation im Percollgradienten von den Erythrocyten befreit werden: Die Zellsuspension im Transportmedium in ein 15 ml Zentrifugenglas geben (ca. 8 ml). Mittels einer langen sterilen Pasteurpipette wird nun die sterile Percoll-Lösung (1:2-Verdünnung der isotonischen Percoll-Lösung mit PBS) folgendermaßen unter die Zellsuspension gebracht:
  - Die Percoll-Lösung (ca. 2−3 ml) in die Pasteurpipette ziehen
  - Vorsichtig die Pasteurpipette in das Zentrifugenglas geben, bis die Spitze den Boden erreicht hat
  - Dann vorsichtig die Pasteurpipette entleeren, so daß die Percoll-Lösung die Zellen unterschichtet. Vorsichtig die Pasteurpipette entfernen, um Mischen der Percoll-Lösung mit der Zellsuspension vermeiden. Bei 400 × g für 10 min zentrifugieren
  - Den Überstand verwerfen und mindestens 5mal mit Medium waschen. Aussäen der Zellen bei einer Dichte von ca. 10^5 bis 10^6 Zellen/ml Wachstumsmedium (F 12 mit 2% FKS o.ä.)
- Für Screeningzwecke ist es empfehlenswert, eine 24er Multischale zu verwenden, um möglichst viele Replikate zu bekommen. Täglich beobachten; falls Zellcluster auftauchen, die in Suspension sind, nicht abwaschen und in neue Schalen überimpfen, dies führt in der Regel bei diesen Kulturen zu einer Stimulierung von

Fibroblasten, die als Monolayer wachsen. Geduld ist hier wichtiger, die Zellen wachsen nach ca. 3–5 Tagen richtig aus, es kann allerdings auch Wochen dauern, bis sich die Tumorzellen an das in vitro-Wachstum adaptiert haben

– Alternativ dazu kann die Zellsuspension auch nach 24 h bzw. 48 h mit Trypsin/ EDTA kurz (ca. 5 min) behandelt werden und dann wieder weiter in Medium (F 12 mit 2 % FKS) gezüchtet werden

– Die Zellsuspension nach der mechanischen Zerkleinerung und anschließenden Filtrierung kann, falls erforderlich, sofort in Medium mit 10 % Glycerin überführt und eingefroren werden (siehe Kryokonservierung, Absch. 5.5).

6.7 Literatur

Pollack, R. (ed): Readings in mammalian cell culture. Cold Spring Harbor. 1981
Pollard, B.W. and Walker, J.M. (eds.): Animal cell culture. Humana Press, Clifton, NJ. 1990

7 Organkulturen

Bei der Organkultur werden Teile oder ganze Organe dem getöteten Tier entnommen und über kurze Zeit in vitro gehalten. Die Hauptcharakteristik der Organkultur ist die Bewahrung des dreidimensionalen Zusammenhangs zwischen den einzelnen Zellen und Geweben des Organs. Aus diesem Grund ist die Organkultur ein gebräuchlicher Kompromiß zwischen der Einfachheit der Zellkultur und der Komplexizität des Organismus.

Das Hauptproblem bei der Organkultur ist die Bewahrung der Lebensfähigkeit der einzelnen Zellen im Gewebe- und Organverband, eher noch als die Erhaltung der organspezifischen Funktionen und Differenzierungen der einzelnen Zellen. So überleben kultivierte Leberfragmente von Säugetieren nur ganz kurze Zeit. Schon während dieser kurzen Periode (meist nur wenige Stunden) gehen die meisten Zellen an Sauerstoffmangel zugrunde; dieser Effekt tritt selbst bei kleinsten Organfragmenten sehr schnell auf. Ähnliches gilt für Herz-, Nieren- und Pankreaspräparate ebenso wie für andere isolierte Organsysteme.

Speziesbedingte Unterschiede müssen hier genau wie bei allen anderen Versuchen mit lebenden biologischen Systemen berücksichtigt werden. Einige Probleme lassen sich durch die richtige Auswahl der Tierspezies und der Versuchsanordnung umgehen. So kann die mangelnde Stabilität der Säugetier-Organkultur bei 37°C dadurch verbessert werden, daß man entweder auf Invertebratenorgankulturen ausweicht oder bei der Präparation die Temperatur zeitweise absenkt bzw. durch die richtige Auswahl der Perfusionslösung zusammen mit dem richtigen Sauerstoffdruck optimale Verhältnisse schafft (Tab. 7-1).

Ein großes Problem bei der Durchführung eines Experimentes mit Organkulturen ist es, die experimentellen Bedingungen immer unter Kontrolle zu halten. Da, wie schon erwähnt, die Zellen in der Organkultur meist an Sauerstoffmangel sterben, ist es wichtig, die Zellen fortlaufend auf ihre Integrität hin zu kontrollieren. Dies ist unter Testbedingungen sehr schwer zu vollziehen. Indirekte Methoden vornehmlich aus der klinischen Chemie geben dem Experimentator einigen Aufschluß über den Zustand seines Präparates: Man kann den Sauerstoffverbrauch messen, eine nützliche, aber aufwendige Methode für die Organkultur. Andrerseits ist die Verfolgung des Zeitverlaufes des Erscheinens bestimmter Enzyme im Nährmedium während der Organperfusion von einigem Aussagewert, wie die Bestimmung von Lactatdehydrogenasen oder Transaminasen. Auch die Konzentration von bestimmten Metaboliten der verschiedensten biochemischen Stoffwechselwege kann von einiger Aussagekraft sein, so z.B. die aktuelle Konzentration von Harnstoff, von Ammonium oder von Lactat in Perfusat gibt Auskunft über den jeweiligen Status des in Kultur gehaltenen Organs. Jeder derartige Beweis der Integrität einer Organkultur kann auch als Beweis für die Funktionalität des Organs in vitro angesehen werden. Allerdings gibt die Zugabe von Chemikalien bei pharmakologischen und toxikologischen Experimenten in das Nährmedium einer Organkultur selbst schon Probleme auf, die bedacht werden müssen. Hier ist die Löslichkeit, die Konzentrationswahl, die Häufigkeit der Zugaben und die Intervalle zwischen ihnen von Bedeutung. Weiterhin muß die Stabilität der Substanz in Verbindung mit dem Nährmedium, die Häufigkeit einer etwaiger Probeentnahme und eines Mediumwechsels bedacht werden. Ferner kann es zu unspezifischen Wechselwirkungen zwischen der Substanz und einzelnen Zellen bzw. Geweben kommen, die meist nicht von primärem Interesse für das Experiment sind, aber dennoch in Erwägung gezogen werden müssen. Außerdem gilt es, die Konzentration der Chemikalie richtig zu wählen und die Biotransformation sowie eine etwaige Akkumulation der zugeführten Substanz zu bedenken. Ferner kommt es in der Organkultur häufig

Tab. 7-1: Zusammensetzung verschiedener Nährlösungen.

		NaCl	KCl	CaCl₂	MgCl₂	MgSO₄	NaHCO₃	NaH₂PO₄	KH₂PO₄	Glukose	Na-Pyruvat	Gasgemisch zur Durchperlung**
		Salze (ohne Kristallwasser)										
Tyrode-Lösung (übliches Rezept)	g/l	8,0	0,2	0,2	0,1	–	1,00	0,05	–	1,0	–	100 Vol% O₂ pH 7,9
	mmol/l	136,9	2,68	1,80	1,05	–	11,90	0,42	–	5,55	–	3 Vol% CO₂ pH 7,4 / 5 Vol% CO₂ pH 6,8
Tyrode-Lösung (Ca⁺⁺-arm)	g/l	8,0	0,2	0,1	0,1	–	1,00	0,05	–	1,0	–	Carbogen pH 7,2
	mmol/l	136,9	2,68	0,9	1,05	–	11,90	0,42	–	5,55	–	
Tyrode-Lösung (Mg⁺⁺-reich)	g/l	8,0	0,2	0,1	0,2	–	1,00	0,05	–	1,0	–	Carbogen pH 7,2
	mmol/l	136,9	2,68	0,9	2,10	–	11,90	0,42	–	5,55	–	
Tyrode-Lösung (K⁺-reich Mg⁺⁺-frei)	g/l	9,0	0,42	0,06	–	–	0,50	–	–	0,5	–	Carbogen pH 7,0
	mmol/l	154,0	5,63	0,54	–	–	5,95	–	–	2,78		
Tyrode-Lösung nach Langendorff (K⁺-arm, Ca⁺⁺-arm)	g/l	8,0	0,075	0,1	–	–	0,05	–	–	1,0	–	
	mmol/l	136,9	1,01	0,9	–	–	0,6	–	–	5,55	–	
Locke-Lösung	g/l	9,2	0,42	0,23	–	–	0,15	–	–	1,09	–	100 Vol% O₂ pH 8,5
	mmol/l	157,4	5,63	2,09			1,78			5,55		1 Vol% CO₂ pH 6,8 / 5 Vol% CO₂ pH 6,4
Locke-Lösung (variiert)	g/l	9,2	0,42	0,23		Phosphat-Puffer*				–	–	100 Vol% O₂ pH 7,4
	mmol/l	157,4	5,63	2,09						5,55		

Tab. 7-1: Fortsetzung

		Salze (ohne Kristallwasser)										Gasgemisch zur Durchperlung**
		NaCl	KCl	CaCl₂	MgCl₂	MgSO₄	NaHCO₃	NaH₂PO₄	KH₂PO₄	Glukose	Na-Pyruvat	
Krebs-Henseleit-Lösung	g/l	6,9	0,35	0,28	–	0,14	2,09	–	0,16	1,09	0,22	5 Vol% CO₂ pH 7,4
	mmol/l	118,0	4,70	2,52	–	1,64	24,88	–	1,18	5,55	2,0	
Ringer-Lösung	g/l	9,0	0,2	0,2	–	–	0,10	–	–	–	–	100 Vol% O₂ pH 8,4
	mmol/l	153,9	2,68	1,80	–	–	1,19	–	–	–	–	1 Vol% CO₂ pH 6,7
												5 Vol% CO₂ pH 6,1
Ringer-Lösung (variiert)	g/l	9,0	0,2	0,2		Phosphat-Puffer*				–	–	100 Vol% O₂ pH 7,4
	mmol/l	153,9	2,68	1,80						–	–	
De Jalon-Lösung	g/l	9,0	0,42	0,06	–	–	0,5	–	–	0,5	–	Carbogen
	mmol/l	154,0	5,63	0,54	–	–	5,95	–	–	2,78	–	
Sund-Lösung	g/l	9,0	0,42	0,06	0,09	–	0,5	–	–	0,5	–	Carbogen
	mmol/l	154,0	5,63	0,54	0,95	–	5,95	–	–	2,78	–	
Ringer-Lösung (Kaltblüter)	g/l	6,0	0,075	0,10	–	–	0,10	–	–	–	–	100 Vol% O₂ pH 8,4
	mmol/l	102,6	1,01	0,91	–	–	1,19	–	–	–	–	
Ringer-Lösung (Kaltblüter) (variiert)	g/l	6,0	0,075	0,10		Phosphat-Puffer*				–	–	100 Vol% O₂ pH 7,4
	mmol/l	102,6	1,01	0,91						–	–	

* Stammlösungen für Phosphat-Puffer:
Lösung I: 1,432 g $Na_2HPO_4 \times 12\ H_2O$ / 100 ml H_2O → 10 ml   pro 1 l Ringer- oder Locke-Lösung
Lösung II: 1,560 g $NaH_2PO_4 \times 2\ H_2O$ / 100 ml H_2O → 1 ml

** Bei Angabe von Vol% CO_2 zur Durchperlung besteht der Rest der Gasmischung jeweils aus reinem O_2.

vor, daß das Medium, welches das Organ umgibt, meist selbst durch Metabolite oder andere Substanzen spezifisch verändert wird («Konditionierung»), so daß ein allzu häufiger Mediumwechsel unterbleiben sollte. Jedoch wird andererseits, wenn das Nährmedium nicht gewechselt wird, die Nährstoffzufuhr bald auf ein Minimum reduziert, und die Anhäufung von mehr oder minder toxischen Ausscheidungsprodukten kann selbst schon zu unerwünschten Effekten führen.

Es darf nicht übersehen werden, daß die Organkultur immer nur zu einem Teil aus dem gewünschten Gewebe bzw. Zellen besteht und daß z.B. die Leber keine homogene Ansammlung von Hepatocyten ist, sondern zu einem nicht unbeträchtlichen Teil aus Bindegewebe, Blutgefäßzellen, Zellen des reticuloendothelialen Systems (freie Blutzellen) und aus Nervenfasern besteht. Dies alles muß bei der Interpretation der aus einer Organkultur gewonnenen Daten berücksichtigt werden.

Generell gilt für den Gebrauch einer Organkultur in vitro, daß diese Modelle für **Kurzzeitexperimente** eine gute und gebräuchliche Methode darstellen, um bestimmte Aussagen in physiologischer, pharmakologischer und toxikologischer Hinsicht zu treffen.

7.1 Präparation eines Säugerdünndarms als Beispiel für eine Organpräparation in der Pharmakologie

---

Präparation eines Säugerdünndarms als Beispiel für eine Organpräparation in der Pharmakologie (Meerschweinchenileum)

Das isolierte Meerschweinchenileum (unterer Abschnitt des Dünndarms) ist wohl das meist verwendete glattmuskuläre Organpräparat in der Pharmakologie. Es wird vor allem zur routinemäßigen Überprüfung von Pharmaka («screening») verwendet und dient auch als Versuchsobjekt für die Demonstration der Arbeitsweise glattmuskulärer Organe in der Lehre.

Material: – ein Meerschweinchen (Gewicht 200–350 g)
        – 1 größere Schere (ca. 14 cm) und eine kleinere Schere (ca. 9 cm)
        – 1 Pinzette
        – Organbad mit elektromechanischem Transducer, Verstärker und Schreiber
        – Tyrode-Lösung (modifiziert (Ca^{2+}-arm) f. Ileum-Präparation): für einen Tagesbedarf werden ca. 10 l Lösung empfohlen:

$NaCl$ . . . . 8 g/l
$NaHCO_3$ . . . . 1 g/l
Glucose · $1H_2O$ . . . 1,1 g/l
KCl . . . . 0,2 g/l
$CaCl_2$ · $2H_2O$ . . . . 0,1 g/l
$MgCl_2$ · $6H_2O$ . . . . 0,1 g/l
NaH_2PO_4 · H_2O . . . 0,5 g/l

Begasung mit «Carbogengas» (95 % O_2/5 % CO_2), pH ca. 7,3
Da diese Lösung zu Ausfällungen und Trübungen neigt, ist es empfehlenswert, sich Stammlösungen von KCl (10fach konz.) $CaCl_2$ (10x), $MgCl_2$ (10x) und NaH_2PO_4 (5x) zu bereiten und dann folgendermaßen vorzugehen: In einer Polyethylenflasche (10 l) ca. 8 l Aqua dem. (10 l Markierung vorher an der Flasche anbringen) vorlegen. Die Mengen für 10 l Lösung von $NaCl$, $NaHCO_3$ und Glucose in einem separaten Meßzylinder (1000 ml) in beliebiger Reihenfolge in 1 l Aqua dem.

lösen und zu dem vorgelegten Aqua dem. geben. Danach die erwähnten Stammlösungen in der folgenden, streng einzuhaltenden Reihenfolge hinzupipettieren:
1) KCl (10×) . . . . 20 ml
2) $CaCl_2$ (10×) . . . 10 ml
3) $MgCl_2$ (10×) . . . 10 ml
4) NaH_2PO_4 (5×) . . 10 ml
Anschließend bis zum Eichstrich (10 l) mit Aqua dem. auffüllen und 10 min lang
gründlich mit Carbogengas (95% O_2/5% CO_2) durchspülen (mit einem Glasrohr,
verbunden mit einer Fritte)
Danach den pH-Wert überprüfen (zwischen 7,35 und 7,45) und evtl. mit NaOH
einstellen. Tyrode-Lösungen oder andere Nährlösung für die Organkulturen sind
stets frisch am Tage herzustellen! Niemals trübe und ausgefallene Lösungen
verwenden!

– Das Meerschweinchen durch einen Nackenschlag töten

– Den Bauchsitus durch einen Schnitt in der Medianlinie vom Sternum bis zur
Symphyse eröffnen. Den gesamten Darmtrakt vorsichtig entfernen und das Ileum
in einer Länge von ca. 40 cm herauspräparieren (siehe Abb. 7-1). Vorsicht, nur
am unteren Ende des Ileums mit der Pinzette anfassen, Zerren und Quetschen
des Darmes vermeiden! Das herausgelöste Ileum sofort in eine Petrischale mit
temperierter (37°C) Tyrode-Lösung geben und ca. 10 cm vom unteren Teil abschneiden, da dieser Teil weniger geeignet ist und zudem mechanisch von der
Pinzette gequetscht worden ist

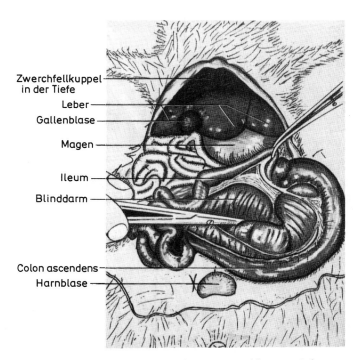

Zwerchfellkuppel
in der Tiefe
Leber
Gallenblase
Magen
Ileum
Blinddarm
Colon ascendens
Harnblase

Abb. 7-1: Bauchhöhlensitus des Meerschweinchens mit ausgeklapptem Colon.

– Den Rest des Ileums in etwa 4 gleichgroße Stücke zerschneiden und mit einer Tyrode-Lösung schonend durchspülen (am besten mittels einer 10 ml-Einmalspritze) und so von etwaigen Inhaltsresten befreien. Die Darmstückchen daraufhin in frische Tyrode-Lösung geben und in für das Organbad passende gleich große Stücke schneiden (ca. 10 mm bei elektrischen Transducern, ca. 20 mm bei mechanischen Aufnehmern (Kymographen). Die nicht benötigten Darmstücke in Tyrode-Lösung in den Kühlschrank (4°C) legen. Diese Präparate sind nach Aufwärmung noch nach Stunden durchaus brauchbar

– Zur Befestigung der Präparate im Organbad sind entweder feine Häkchen oder dünne Fäden brauchbar. Die Fixierung hat so zu erfolgen, daß stets beide Enden des Darmrohres offen sind, damit keine Spontankontraktion während des Versuches entsteht. Diese Spontankontraktion, die bei frischen Präparaten durchaus auftritt, kann durch eine Abkühlung im Kühlschrank in Tyrode-Lösung (2 bis 4 h und nachfolgende langsame Erwärmung bei Raumtemperatur (ca. 10 min)) vermieden werden
Zur weiteren Versuchsdurchführung siehe Literatur.

7.2 Präparation eines peripheren Nerven (oberes Halsganglion) zur Messung der neuronalen Übertragung (Neurotransmission)

Die Übertragung eines Signals wird in der Regel von Nervenzellen mittels chemischer Überträgersubstanzen (Neurotransmitter) vorgenommen. Es ist prinzipiell möglich, diesen Vorgang in der Zellkultur zu beobachten. Dabei sind allerdings Bedingungen und experimenteller Aufwand enorm, so daß sich diese Versuchsanordnung bisher nur in der Grundlagenforschung durchgesetzt hat. Für einfachere und routinemäßig durchgeführte Untersuchungen bietet sich hier die Organkultur von peripheren Nerven an, die relativ leicht und einfach zu gewinnen und zu halten sind. Diese Präparate sind als Organkulturen bis zu 7 Tage kultivierbar und grundlegende Aussagen über Effekte von Drogen sind mittels solcher Organpräparationen durchaus zu gewinnen. Während bei Kurzzeitpräparaten keineswegs streng steril gearbeitet werden muß, ist bei Ganglienkulturen, die über 24 h hinaus in Kultur gehalten werden, aseptisches Arbeiten selbstverständlich.

Präparation eines peripheren Nerven (oberes Halsganglion) zur Messung der neuronalen Übertragung (Neurotransmission)

Material: – 10 Ratten, Gewicht ca. 250 g
– 1 Präparierwanne mit Präpariernadel
– 1 große Schere
– 2 kleine gebogene spitze Scheren
– 4 Dumontpinzetten
– 1 Stereomikroskop mit Lichtquelle (Niedervoltleuchte)
– warme, mit Carbogen vorbegaste Krebs-Ringer-Lösung
– Hams F 12 Medium mit 10% FKS
– Petrischalen 90 mm ∅
– Antibiotika-Lösung (Penicillin-Streptomycin)
– Krebs-Henseleit-Lösung, Urethan

– Die Ratten entweder durch eine intraperitoneale Injektion von 50 %igem Urethan (0,3 ml/100 g Körpergewicht) betäuben und danach durch Durchtrennung der Wirbelsäule töten oder durch einen Nackenschlag sofort töten. Die Ratten auf dem Rücken liegend mit Präpariernadeln in der Wanne befestigen, die obere Halsregion mit 70 %igem Ethanol desinfizieren. Danach folgt ein Schnitt quer zum Hals und noch ein Längsschnitt median

– Das Fell und die oberen Hautschichten wegpräparieren, bis links und rechts die Halslymphknoten sichtbar werden. Das caudalwärts sichtbare Muskelgewebe vorsichtig abpräparieren, bis darunter die Halsschlagader der Ratte (Carotisarterie) sichtbar werden. Der Halsschlagader unter Freipräparieren nach oben folgen, bis eine Verzweigung der Carotis (Arteria carotis interna u. A. c. externa) sichtbar wird. Darunter liegt weißlich schimmernd das obere Halsganglion. Dieses mittels einer feinen Schere möglichst weit oben von den Nerven abtrennen (2 Hauptnerven: N. carotis externa u. N. car. interna). Darunter ist jetzt der eigentliche Ganglienkörper sichtbar

– Das Ganglion nach Durchtrennung des caudalwärts laufenden Nervenstranges in Ringerlösung legen (möglichst nicht mehr als 10 Tiere pro Versuchsserie präparieren). Diese Ringerlösung sollte am besten in einem Eisbad stehen, bis das letzte Ganglion präpariert ist

– Die Ganglien in der kalten Ringerlösung in die Sterilbank überführen und zunächst in einer Antibiotika-Lösung gut schwenken (ca. 15 min). Danach die Ganglien mit Krebs-Henseleit-Lösung (steril) zweimal waschen und mittels zweier steriler Dumontpinzetten vom Bindegewebe befreien. Dies kann leicht bei einiger Übung in einem Zug durchgeführt werden, indem man mit einer Pinzette vorsichtig ein kleines Fenster in den Bindegewebssack, der das ganze Ganglion umhüllt, präpariert

– Danach läßt sich das Fenster mit der zweiten Pinzette leicht erweitern. Das Ganglion samt den prä- und postganglionären Nerven aus der Hülle entfernen. Extreme Vorsicht ist dabei geboten, daß vor allem die Nervenstränge nicht gequetscht werden

– Diese Ganglien können nun einerseits als Organpräparat zur Messung der Neurotransmission in eine konventionelle elektrophysiologische Vorrichtung eingebaut werden, um extra- und/oder intrazelluläre Ableitungen vorzunehmen oder es kann in Hams F 12 Nährmedium mit Zusatz von fetalem Kälberserum für längere Zeit in Kultur gehalten werden
  Während allerdings die Verwendungsdauer zur Messung der elektrophysiologischen Eigenschaften begrenzt ist (bis zu 48 h), können ganze Ganglien in vitro unter optimalen Nährbedingungen bis zu 2 Wochen gehalten werden. Solche Ganglienpräparate eignen sich für biochemische und zellbiologische Untersuchungen sehr gut. Näheres darüber in der angegebenen Literatur.

Hinweis: Jede Organentnahme aus einem Tier ist mit dessen Tod verbunden und sollte daher gewissenhaft auf ihre Notwendigkeit geprüft werden.

Dringend möchten die Autoren darauf hinweisen, daß die Vorschriften des Tierschutzgesetzes hier strengstens beachtet werden müssen.

Auf evtl. kommende Gesetzesänderungen, die eine Verschärfung der Verwendung von Tieren auch für die Organentnahme bringen wird, möchten die Autoren vorsorglich hinweisen.

7.3 Literatur

Auclair, M.C. and Freyss-Beguin, M. (eds): Heart cells in culture: methods and applications. Biol. Cellulaire **37**, 95–208. 1980

Balls, M. and Monnickendam, M.A. (eds): Organ culture in biomedical research. Cambridge Univ. Press, Cambridge. 1976

Blattner, R. et al.: Experimente an isolierten glattmuskulären Organen. HSE Biomesstechnik III/78, Hugo Sachs Electronik Eigenverlag, Hugstetten. 1978

Gerold, H.: Tierversuche. Dokumentation der parlamentarischen Auseinandersetzung zur Tierschutz-Novelle 1986. Vistas Verlag Berlin. 1987

Harvey, A.L.: The pharmacology of nerve and muscle in tissue culture. Croom Helm, Ltd., Beckenham. 1983

Lembeck, F. u. Winne, D.: Pharmakologisches Praktikum. G. Thieme Verlag, Stuttgart. 1965

Renner, M. et al.: Kükenthal's Leitfaden für das zoologische Praktikum. G. Fischer Verlag, Stuttgart. 1991

Skok, V.: Physiology of the autonomic ganglia. Igaku Shoin Ltd., Tokyo. 1973

Tierschutzgesetz. Bundesgesetzblatt, Teil I, 1320–1330. 1986

8 Kultur spezieller Zelltypen

8.1 Hybridomzellen

Köhler und Milstein (1975) fanden, daß Antikörper-produzierende Zellen (Plasmazellen) immortalisiert werden können, wenn man sie mit Myelomzellen fusioniert. Die daraus resultierenden Hybride werden «**Hybridom**» genannt. Man kultiviert ganz bestimmte Klone von ihnen, die Antikörper großer Spezifität produzieren und daher «monoklonale» Antikörper genannt werden (s.u.). Wir wollen hier Methoden vorstellen, die sich in verschiedenen Laboratorien bewährt haben. Dabei sind wir uns bewußt, daß es nicht «eine» beste Methode gibt, sondern, daß die Methoden an das spezielle Problem angepaßt werden müssen. Bei der eigentlichen Fusion der Zellen mit PEG (Polyethylenglykol) folgen wir im wesentlichen der Methode von Oi und Herzenberg (1980) am Beispiel einer sog. Maus/Maus-Fusion.

Bevor man mit der Klonierung, Produktion und Testung sowie der Charakterisierung monoklonaler Antikörper beginnt, sollte man sich im klaren darüber sein, daß dies sehr viel Arbeit bringen kann, die mit großer Akribie und Einhaltung zahlreicher Vorsichtsmaßnahmen durchgeführt werden muß. Hierzu gehört, daß vor der Fusion bereits ein einfaches, verläßliches und mit großer Probenzahl durchführbares Testsystem für die oft in kurzer Zeit und in großer Zahl anfallenden antikörperhaltigen Überstände zur Verfügung stehen muß.

8.1.1 Prinzipieller Verfahrensablauf

Die Abb. 8-1 schildert in kurzer Form den Ablauf von der Immunisierung bis zur Produktion monoklonaler Antikörper (MAK). Nach der Immunisierung einer Maus gewinnt man deren Milzzellen, die die gewünschten B-Lymphocyten (Plasmazellen) enthalten. Gleichzeitig züchtet man in Zellkulturen Myelomzellen (Plasmocytom, Knochenmarkstumor). Beide Zellarten werden mit Hilfe eines Fusogens, hier Polyethylenglykol, fusioniert. Das Gemisch aus fusionierten Hybridomzellen und nicht fusionierten Elternzellen wird in ein Selektionsmedium, bestehend aus Zellkulturmedium mit Hypoxanthin, Aminopterin und Thymidin = HAT-Medium gebracht. Hierin überleben nur die «echten» Hybride aus Milzzelle und Myelomzelle, alle anderen Zellen (u.a. Fusionszellen eines Elternzelltyps) sterben nach kürzerer oder längerer Zeit ab.

Man kann anstelle des Syntheseblockers Aminopterin auch das Azaserin (As) verwenden. Dann benötigt man im Selektionsmedium kein Thymidin (Buttin et al. 1978, Foung et al. 1982). Die im Testsystem (s. Abschn. 8.1.8) als positiv gefundenen Kolonien werden kloniert, getestet und rekloniert. Ein Teil wird für spätere Verwendung und zur Sicherheit in flüssigem Stickstoff (−196°C) aufbewahrt. Ein anderer Teil wird in der Zellkultur in entsprechenden Mengen weiterkultiviert (s. Kap. 9). Zellkulturen von Hybridomzellen erzielen, je nach Kultivierungsart, Ausbeuten bis zu 1 mg/ml. Früher wurden Hybridomzellen in die Bauchhöhle von Mäusen injiziert («Ascitesproduktion»). Die dort erzielten Ausbeuten betrugen bis zu 20 mg/ml. Heute läßt die in Deutschland gültige Gesetzgebung diese Art der Antikörperproduktion aus tierschutzrechtlichen Gründen bis auf wenige spezifizierte Ausnahmen nicht mehr zu.

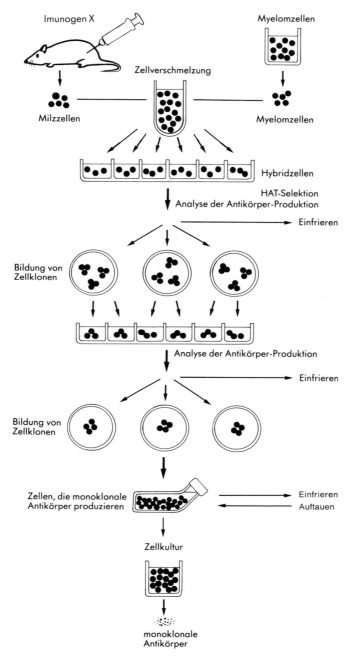

Abb. 8-1: Verfahrensschritte bei der Herstellung monoklonaler Antikörper (Erklärung siehe Text).

8.1.2 Antigene und Adjuvantien

Man unterscheidet partikuläre Antigene, einschließlich der zellulären, und lösliche Antigene. Letztere sind in wässrigen Lösungen oft wenig immunogen und werden daher nach Herbert et al. (1968) mit komplettem Freundschen Adjuvans oder nach einer anderen Methode auch mit Aluminiumhydroxid Al(OH)$_3$ und *Bordetella pertussis* (1–2 × 10^9 IU *B. pertussis*: hitzeinaktivierte Keuchhustenkeime, Schweizer Serum- und Impfinstitut Bern) verabreicht. Hier muß für jedes Antigen die beste Methode herausgefunden werden.

8.1.3 Tierwahl für die Immunisierung

Da es zur Fusion schon viele brauchbare Mäuse-Myelom-Zellinien gibt, ist die Maus das Tier der Wahl. In Frage kommt vor allem die Balb/c-Linie, von der auch alle Mäuse-Myeloma-Zellinien abstammen (Tab. 8-1). Human- und Rattensystem müssen hier wegen des begrenzten Rahmens außer Betracht bleiben.

8.1.4 Immunisierung

Bewährt hat sich folgendes Schema (für lösliche Proteine als Antigen):

Erstimmunisierung	150 µg in 300–400 µl PBS zusammen mit Adjuvans, i.p.
Weitere Immunisierungen alle 4 Wochen	100 µg in 300–400 µl PBS, i.p.
Letzte Impfung	100 µg in 100µl PBS i.v.

Antigen und Adjuvans werden sorgfältig mit einer Spritze in einem Zentrifugenröhrchen (Eppendorf) gemischt und mit einer Injektionsnadel Nr. 27 injiziert. 3–4 Tage später wird die Milz entnommen.

Sicherheitsmaßnahmen: Bei der Handhabung des Freundschen Adjuvans muß eine Schutzbrille getragen werden, da Kontakt mit den Augen zur Erblindung führen kann. Jede Stichverletzung ist zu vermeiden. Sollte dies doch einmal geschehen, muß die Wunde wie bei einem Schlangenbiß behandelt werden: nötigenfalls erweitern, ausbluten lassen, unter fließendem Wasser mit einem Detergens ausspülen. Spätestens bei tiefen Verletzungen sollte ein Arzt informiert werden.

Für eine erfolgreiche Fusionierung ist die Immunisierung von 3 Tieren ratsam, deren Milzzellen entweder zusammen in einer Fusion oder getrennt in 3 Fusionen benützt werden. Abhängigkeit von einem Tier ist auch wegen Verwechslung, Entweichen oder Tod tunlichst zu vermeiden!

8.1.5 Kultur der Myelomzellen

In der Regel benützt man Myelom-Zellen, die selbst keine Antikörperketten (Tab. 8-1) mehr produzieren oder gar sezernieren, da sonst die Hybride die unerwünschten elterlichen Antikörperketten in unterschiedlichen Kombinationen produzieren und die gewünschten Antikörper dadurch eine oder beide Antigenbindungsstellen verlieren können. Bei der Auswahl der Myelom-Zelle spielt aber auch die Fusionsrate und die Abhängigkeit von «feeder»-Zellen eine Rolle. Die Tab. 8-1 listet einige häufig verwandte Myelomlinien auf, die teilweise von den im Anhang aufgeführten Zellbanken erhältlich sind.

Maus-Myelom-Zellen werden in MEM Dulbecco mit 4,5 g Glucose/l oder RPMI 1640, jeweils mit 10–15 % FKS oder 15–20 % PS in T 25 oder größeren Flaschen in stationärer Kultur liegend gezüchtet. Ob den Medien außer Serum weitere Zusätze wie 2-Mercaptoethanol zugegeben werden sollen, muß für den Einzelfall experimentell ermittelt werden. Die

Tab. 8-1: Ausgewählte Myelomlinien, die sich als Fusionspartner eignen.

Zellinie	Ig	Ursprung	Lit.*
Mensch			
SKO-007	ε, λ	U-266 Myelom	1
GM 1500	γ_2, κ	G-1500 Myelom	2
UC 729-6	κ (M)	β-Lymphom	3
Maus			
x63 − Ag 8	γ_1, κ	MOPC-2	4
NS1 − Ag 4/1	κ	x63	5
x63 − Ag 8.653	Keine	x63-Ag 8	6
Sp 2/0 − Ag 14	Keine	x63-Ag 8xBalb/c	7
NSO/1	Keine	NS1 − Ag 4/1	14
FO	Keine	SP 2/0-Klon	8
S194/5XXOB4 · 1	Keine	Balb/c	9
MOPC − 21 − 45 · GTG 1 · 7	γ_{2b}, κ	Balb/c	10
Mensch × Maus			
F 3 B 6	keine	Hum. PBL xNS-1	11
T L 48	keine	Hum. PBL x x63- Ag 8.6 53	12
Ratte			
210 · RCY 3 · Ag 1.2.3.	κ	LOU/c	14
YB 2/3 / O.Ag 20	keine	(LOU × AD) F1	13

*1 Olsson & Kaplan, Proc. Natl. Acad. Sci. **77**, 5429. 1980
2 Croce et al., Nature **288**, 488. 1980
3 Royston & Handley, U.S. Patent Nr. 4.451.570
4 Köhler & Milstein, Nature **256**, 495. 1975
5 Köhler & Milstein, Eur. J. Immunol., **6**, 511. 1975
6 Kearney et al., J. Immunol. **123**, 1548. 1979
7 Shulman et al., Nature **276**, 269. 1978
8 Fazekas de St. Groth, J. Immunol. Meth. **35**, 1. 1981
9 Trowbridge J. Exp. Med. **148**, 313. 1978
10 Margulies et al., Cell **8**, 405. 1976
11 ATCC Nr. HB 8785
12 Gebauer & Lindl, Arzneimittelforsch. **39**, 287. 1989
13 Galfré et al., Nature **277**, 131. 1979
14 Galfré & Milstein, Methods in Enzymol **73**, 1. 1981

Zellen werden bei 37°C und Zusatz von 5−10 % CO_2 bei einer Einsaatdichte von 5×10^4 Zellen/ml kultiviert. Um die Dauer der logarithmischen Wachstumsphase zu kennen, muß zuvor eine zelltypische Wachstumskurve erstellt werden. Für die Fusion müssen die Zellen in der log-Phase sein (ca. 5×10^4 bis 2×10^5 Zellen/ml) und eine Lebensfähigkeit von 98−99 % aufweisen (Trypanblaufärbung). Die Zellen sollten nicht zu lange ununterbrochen kultiviert werden, um eine Rückmutation zu HGPRT-haltigen Zellen (s. Kap. 13 unter HAT-Medium) zu verhindern. Dazu taut man in Abständen neue Zellen auf. Um die Abwesenheit des Enzyms sicherzustellen, gibt man gelegentlich 20 µg/ml 8-Azaguanin, ein für normale HGPRT$^+$-Zellen cytotoxisches Guanin-Analogon, in das Medium. Sind die Zellen weiterhin HGPRT$^-$, überleben sie.

Schließlich sollten die Myeloma-Zellen regelmäßig auf Mycoplasmen (s. Abschn. 3.7) überprüft werden. Auf diese Überprüfung kann nicht oft genug hingewiesen werden.

8.1.6 Konditionierte Medien und «feeder»-Zellen

Das klonale Wachstum einzelner, frisch fusionierter Hybride ist meist schlecht. Die «cloning efficiency» kann durch Zugabe von konditionierten Medienüberständen aus Zellkulturen wesentlich verbessert werden. Diese Überstände können entweder selbst hergestellt oder besser aus kommerziellen Quellen bezogen werden. Sie stammen entweder von der Maus (Ewing Sarkom-Makrophagen) oder vom Menschen (Nabelschnurendothelzellen) und sollten vor dem Einsatz für die speziellen Hybridomzellen auf ihre Wirksamkeit bei unterschiedlichen Konzentrationen getestet werden. In sehr kritischen Fällen können Peritoneal-Exsudat-Zellen (PEZ) der Maus die «cloning efficiency» oft erheblich steigern.

Fusion von Mäusezellen mit Polyethylenglykol (PEG)

Material: – Immunisierte Maus, 4 Tage nach der letzten Impfung
          – Nicht immunisierte Mäuse für «feeder»-Zellen
          – Myelomzellen, insgesamt 2×10^7 Zellen aus log-Phase
          – 200 ml RPMI 1640 + 1% einer 100 mM Glutaminlösung + 50 µg/ml Gentamycin
          – 200 ml RPMI 1640 + 1% einer 200 mM Glutaminlösung + 50 µg/ml Gentamycin + 10% FKS
          – 4 ml PEG 1500, 50%ige gebrauchsfertige Lösung in Hepes
          – Trypanblaulösung, gebrauchsfertig
          – PBS
          – 100 ml HAT-Medium, hergestellt aus 96 ml komplettem RPMI 1640-Medium + FKS (s.o.) und 4 ml 50 × HAT-Konzentrat. Das Medium enthält dann 2×10^{-4} mol Hypoxanthin, 8×10^{-7} mol Aminopterin und $3,2 \times 10^{-5}$ mol Thymidin
          – 100 ml HT-Medium, hergestellt aus 98 ml RPMI 1640 komplett mit FKS (s.o.) und 2 ml 50 × HT-Konzentrat, entspricht einer Endkonzentration von 1×10^{-4} mol Hypoxanthin und $1,6 \times 10^{-5}$ mol Thymidin
          – 70%iges Ethanol
          – Zentrifuge
          – Wasserbad 37°C
          – Eisbad
          – Sterile Scheren
          – Pinzetten
          – Sterile Petrischalen, 9 cm ⌀
          – Sterile, konische 10 und 50 ml Zentrifugenröhrchen
          – Sterile, gestopfte Pasteurpipetten mit Gummiball
          – Sterile 2 ml-Pipetten
          – Mit Aluminiumfolie umwickeltes Stück Styropor (ca. 10 × 20 cm)
          – V2A-Stahlsieb, 125 µm Maschenweite
          – Sterile Spritzen, 5 ml
          – Kanülen
          – Nadeln zum Fixieren der Mäuse auf dem Styropor

«Feeder»-Zellen (Peritoneal-Exsudat-Zellen)

– Am Tag vor der Fusion wird eine entsprechende Anzahl von Mäusen benötigt

– Maus durch Genickbruch töten, Kopf entfernen, ausbluten lassen, das Tier auf dem Rücken liegend mit Nadeln auf dem Styropor fixieren. Nach Desinfektion ein

Fenster in die Bauchdecke schneiden. Mit einer 5 ml-Spritze werden 4 ml PBS, eisgekühlt, und 1 ml Luft unter das Peritoneum gespritzt

– Den Bauch leicht massieren, dann mit einer Pasteurpipette durch die angehobene Bauchdecke die zellhaltige Spülflüssigkeit entnehmen

– Spülflüssigkeit in eisgekühltes Zentrifugenglas geben und bei 4°C und 400 × g abzentrifugieren, mit RPMI 1640 komplett mit FKS zweimal waschen

– Zellen wie üblich zählen und auf 5×10^4 Zellen/ml einstellen. Für eine 96er Platte wird 10 ml Zellsuspension benötigt, für eine 24er Platte sind es 24 ml

– 0,1 ml in jede Vertiefung einer 96er Platte bzw. 1 ml in jede Vertiefung einer 24er Platte einsäen und bei 37°C bebrütet.

Myelomzellen

– Myelomzellen aus einer Stammkultur in 50 ml Zentrifugenröhrchen bei 200 × g für 10 min bei RT abzentrifugieren

– Zellen leicht suspendieren, kleine Probe mit Trypanblaulösung 1:10 verdünnen und zählen

– Zellen mit Medium auf 1×10^7/ml einstellen.

Milzzellen

– Immunisierte Maus durch Genickbruch töten (wenn möglich, in einem besonderen Sektionsraum oder in einer separaten Werkbank)

– Maus auf aluminiumumwickeltem Styropor mit der linken Seite nach oben mit Nadeln aufstecken und mit 70%igem Ethanol desinfizieren

– In die Oberhaut (Fell mit Pinzette leicht anheben) ein Fenster schneiden, so daß die dunkelbraunrot schimmernde Milz durch das Peritoneum zu sehen ist

– Peritonealhaut mit Ethanol abspülen und trocknen lassen

– Peritonealhaut über der Milz entfernen, nach Instrumentenwechsel Milz steril entnehmen und in sterile Petrischale mit sterilem Medium legen (die verschlossene Schale kann nun in den Zellkultur-Sterilbereich gebracht werden, Schale außen mit Ethanol abwischen)

– Milz von anhaftendem Gewebe befreien

– Milz in neuer Petrischale mit Pinzette durch das Stahlsieb reiben, Zellen in Medium ohne Serum auffangen

– Zellen mit steriler Pasteurpipette in ein 10 ml Zentrifugenröhrchen pipettieren und für 10 min senkrecht im Eis stehen lassen (gröbere Partikel sedimentieren)

– Überstand mit steriler Pasteurpipette in neues 10 ml Zentrifugenröhrchen überführen und bei Zimmertemperatur für 10 min bei 200 × g abzentrifugieren

– Sediment noch zweimal in Medium ohne Serum waschen

– Zellen in 10 ml RPMI 1640 ohne Serum suspendieren, Zellzahl in 1:100 Verdünnung mit Trypanblau zählen, zu erwarten sind ungefähr 1×10^8 Milzzellen.

Fusion

– 1×10^8 Milzzellen mit 2×10^7 Myelomzellen (Verhältnis 5:1) in 50 ml Zentrifugenröhrchen geben mit RPMI 1640 ohne Serum auf 40 ml auffüllen, mit Pipette einmal vorsichtig durchmischen

- Abzentrifugieren bei 400 × g, 4°C für 10 min
- Nochmals mit 40 ml RPMI 1640 wie oben waschen und abzentrifugieren
- Überstand mit Pasteurpipette vollständig absaugen (wichtig!)
- Sediment durch weiches Klopfen etwas auflockern
- 1 ml PEG, auf 37°C erwärmt tropfenweise mit 2 ml-Pipette zugeben, einmal suspendieren, dann für 60 sec in ein Wasserbad von 37°C stellen
- Verdünnen der PEG-Zellmischung mit 1 ml RPMI 1640 (ohne Serum, erwärmt auf 37°C); Röhrchen mit Zellen in Ständer bei RT stellen
- 1 min später 2 ml RPMI 1640 ohne Serum zugeben
- 2 min später 4 ml RPMI 1640 ohne Serum zugeben
- 4 min später RPMI 1640 mit 10% FKS zugeben
- sofort bei 400 × g für 10 min, 4°C abzentrifugieren, Überstand absaugen
- Zellsediment mit 25 ml RPMI 1640 aufnehmen, vorsichtig mit 10 ml-Pipette einmal suspendieren und je 1 ml in jede Vertiefung einer 24er-Zellkulturplatte einsäen (oder 1 × 10^6 Zellen/ml auszählen), bei erfahrungsgemäß schlecht wachsenden Hybriden gleichzeitig 5 × 10^5 bis 1 × 10^5 PEZ/ml zugeben, oder tags zuvor in die Vertiefungen einsäen (in 1 ml Medium, dieses vor Zugabe der frisch fusionierten Zellen absaugen)
- nach 24 h je Vertiefung 0,5 ml RPMI 1640 mit doppelter HAT-Konzentration zugeben, 24–48 h später sterben die meisten Zellen
- nach 2 Wochen das HAT-RPMI 1640 Medium durch RPMI 1640-HT-Medium ersetzen (zuvor keinen Mediumwechsel durchführen)
- täglich auf Koloniewachstum und Sterilität mikroskopieren. Unsterile Kulturen vorsichtig, aseptisch absaugen und die betreffende Vertiefung mit 5 N NaOH- oder 1 M $CuSo_4$-Lösung auffüllen, um Ausbreitung der Kontamination zu stoppen
- weitere 2 Wochen später altes Medium vorsichtig absaugen und nochmals RPMI 1640 komplett mit 10% FKS zugeben.
- Es kann auch mit einem anderen Selektions-Medium (HAs), das bei Humanfusionen bevorzugt angewendet wird gearbeitet werden, wobei der Selektionseffekt derselbe ist.
- HAs-Selektionsmedium: Zum Kulturmedium (RPMI-1640 mit 10% FKS werden zusätzlich pipettiert: 5 ml einer 0,01%igen Azaserinlösung und 5 ml einer 100 × konz. Hypoxanthinlösung. Alle anderen Parameter, wie Selektionszeiten etc. wie bei HAT-Medium.

8.1.7 Elektrofusion von Zellen

Eine weitere Methode zur Fusion tierischer wie auch pflanzlicher Zellen stellt die Fusionierung mit Hilfe elektrischer Felder dar. Diese vom apparativen Aufwand relativ teure Methode hat allerdings einige entscheidende Vorteile gegenüber der chemisch induzierten Fusion: Die Fusionsfrequenz ist um Größenordnungen höher, die Ausbeute an stabilen Hybridzellen ebenfalls, und der Fusionsprozeß kann unter dem Mikroskop beobachtet werden.

Die Elektrofusion stellt einen Zweistufenprozeß dar. **Im ersten Schritt** wird der notwendige enge Membrankontakt der zu fusionierenden Zellen durch Dielektrophorese hergestellt

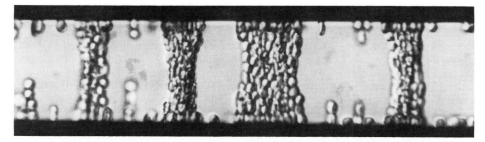

Abb. 8-2: Dielektrophoretisch gebildete Perlenketten von Erythrocyten. (Schwarze Linien: Elektroden).

(Abb. 8-2). Ein geladenes Teilchen, wie z.B. eine lebende Tier- oder Pflanzenzelle, unterliegt dieser dielektrischen Kraft ähnlich wie ein ungeladenes Teilchen, allerdings noch einer zusätzlichen elektrophoretischen Kraft. Nähern sich die Zellen einander bei ihrer Wanderung im elektrischen Feld, so ziehen sie sich aufgrund ihrer Dipolmomente an und bewegen sich in Form von Zweier-, Dreier- oder Viererketten (je nach Dichte der Zellsuspension) zur Elektrode hin. Dabei soll die Leitfähigkeit des Mediums möglichst gering sein, um ein Fließen des Stromes durch das Medium zu verhindern, der zu Turbulenzen führen würde. Deshalb werden die Zellen bei der Elektrofusion für kurze Zeit in schwachleitende Lösungen gebracht, die über einen kurzen Zeitraum von den Zellen gut vertragen werden. Man verwendet am besten isotonische Lösungen von Inosit, Mannit, Sorbit, Saccharose oder neutralen Aminosäuren. Zusätze von Ionen in der Größenordnung von 1–5 mM stören ebenfalls wenig.

Im **zweiten Schritt** führen sehr kurze elektrische Gleichstromimpulse von hoher Intensität zum reversiblen Durchbruch der Zellmembranen in der Kontaktzone (Abb. 8-3), wobei es durch Interaktion von Zellmembranteilen zur Fusion kommt.

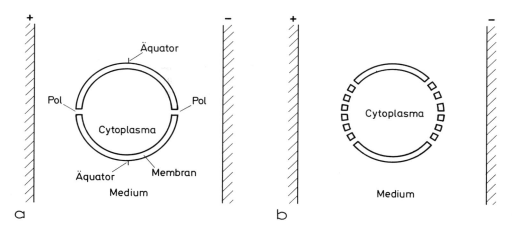

Abb. 8-3: Porenbildung nach einem dielektrischen Durchbruch der Zellmembran
a) unmittelbar beim Anlegen eines Wechselfeldes,
b) nach Anlegen eines Wechselfeldes.

8.1.7.1 Experimentelle Anordnung zur Elektrofusion

Zur Elektrofusion wird ein Pulsgenerator (zur Erzeugung von Gleichstromimpulsen) parallel zu einem Funktionsgenerator (zur Erzeugung des hochfrequenten Wechselfelds) geschaltet und an die Fusionskammer angeschlossen. Ein Schalter stellt wechselseitig den Kontakt zwischen den einzelnen Generatoren und der Fusionskammer her. Die Fusionskammern bestehen im einfachsten Fall aus zwei Platindrähten (Durchmesser: 200 µm), die parallel auf einen Objektträger geklebt oder gespannt werden. Es sind jedoch eine ganze Reihe von verschiedenen geometrischen Anordnungen möglich, so z.B. auch zwei ineinandergesteckte konzentrische Metallzylinder, deren Abstand voneinander etwa 200 µm beträgt. Der Abstand zwischen den benötigten Elektroden sollte der Größe der zu fusionierenden Zellen angepaßt werden und liegt in der Regel zwischen 50 und 500 µm. Der Membrankontakt läßt sich auch über andere physikalische oder chemische Methoden herstellen.

Elektrofusion von Zellen

A. Hybridomzellen

– Lymphocyten und HAT – sensitive Myelomzellen (Ag 8 oder SP 2/0) je zweimal in einem Medium der folgenden Zusammensetzung waschen (Lösung L-1): 280 mM Inositol, 0,1 mM Ca-Acetat und 0,5 mM Mg-Acetat, sowie 1 mM Phosphatpuffer (K_2HPO_4/KH_2PO_4)

– Die Zellen im Verhältnis 5:1 (Lymphocyten: Myelomzellen) mischen und in der gewünschten Suspensionsdichte in die Fusionskammer einfüllen

– Die Zellen in der Kammer für 30 Sekunden einem elektrischen Wechselfeld einer Amplitude von 250 V/cm und einer Frequenz von 1,5 MHz aussetzen, wodurch sich Perlenketten von Zellen in zufälliger Anordnung bilden. Das Wechselfeld nach 30 Sekunden abschalten und drei Gleichstromimpulse einer Feldstärke von 3,5 kV/cm im Abstand von 1 sec bei einer Impulslänge von 15 µsec applizieren

– Danach das elektrische Wechselfeld für weitere 30 Sekunden einschalten, damit die gebildeten Zellaggregate sich nicht wieder z.B. durch Brownsche Bewegung voneinander lösen können

– Die Kammer in eine Petrischale überführen, diese schließen und für 10 Minuten in einen Brutschrank bei 37°C aufbewahren

– Nach 10 Minuten der Suspension mit den Fusionsprodukten eine auf 37°C vorgewärmte Lösung der folgenden Zusammensetzung zufügen (Lösung L-2): 132 mM NaCl, 8 mM KCl, 10 mM Phosphatpuffer, 0,5 mM Mg-Acetat und 0,1 mM Ca-Acetat

– In diesem Medium die Zellen für 30 Minuten bei 37°C inkubieren (Brutschrank), dann zentrifugieren (200 × g) und den Überstand verwerfen

– Die so erhaltenen Zellen in RPMI 1640 mit 15% FKS und HAT resuspendieren und auf einen vorher präparierten Feederlayer aus Makrophagen bringen (24 Well Costar Mikrotiter-Platte)

– Erste Teilungen der so gewonnenen Hybridomzellen können nach 3–4 Tagen beobachtet werden.

B. Pflanzenprotoplasten

– Pflanzenprotoplasten enzymatisch die Zellwände entfernen (Cellulysin/Macerozym) und die Protoplasten dann in den ihnen isotonen Zuckerlösungen aus Sorbitol oder Mannitol waschen

– Wie bei A angegeben, Zellen in die Fusionskammern überführen und mit den vom Radius der Zellen abhängigen elektrischen Parametern fusionieren

– Beispiel für **Haferprotoplasten** (Abb. 8-4): Suspendieren in 0,5 M Mannitol, Perlenketten bei 500 kHz und einer Feldstärke von 200 V/cm. Fusionieren kann man diese Zellen mit einem Feldimpuls von 1 kV/cm. Die Zellen runden innerhalb von wenigen Minuten ab und können auf einen Nähragar überführt werden.

Abb. 8-4: Fusion von zwei Hafer-Protoplasten (Zeitablauf der Bilder: 0,5, 10, 30 Sekunden).

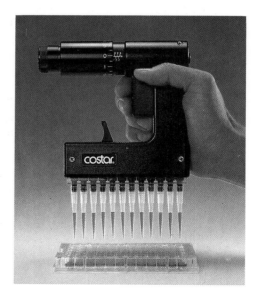

Abb. 8-5: Automatische Pipette zum Befüllen von Multischalen (Costar).

8.1.8 Screening tierischer Hybride

Wenn bereits im HAT-Medium starkes Klonwachstum auftritt, können Überstände auf Vorhandensein von Antikörpern getestet werden, wofür hier ein ELISA-Test empfohlen wird.

Screening auf das Vorhandensein von Antikörpern

Material: – Antigen, 2–10 µg/ml in 0,06 M Na_2CO_3, pH 9,6
  – Zu testender Überstand
  – Konjugat: Kaninchen anti-Maus IgG-POD
  – Positivkontrolle: Maus IgG
  – Substrat: ABTS
  – Nachbeschichtungslösung: 0,9% NaCl mit 1% RSA
  – Waschlösung: 0,9% NaCl
  – Platte mit 96 Vertiefungen, Flachboden
  – Automatische Pipette mit unsterilen Spitzen (Abb. 8-5)
  – Automatisches Photometer

– Vorbemerkung: Die optimalen Konzentrationen des Konjugates, der Positivkontrolle und des Substrates sowie der Inkubationszeit des Substrates müssen vorher ausgetestet werden, um die günstigste Farbentwicklung zu erhalten und um innerhalb der Meßgrenze des Photometers zu liegen.

– Jede Vertiefung mit 100 µl Antigen (2–10 µg/ml) über Nacht bei RT beschichten

– Ungebundenes Antigen dekantieren

– Jede Vertiefung mit 200 µl 1% RSA in 0,9%iger NaCl-Lösung für 15 min bei RT nachbeschichten, dann dekantieren

– Waschen 2 × mit 0,9%iger NaCl-Lösung, dekantieren und auf Wischtuch ausklopfen

– Ohne die Vertiefung austrocknen zu lassen, werden jeweils 100 µl steril entnommener Zellkulturüberstand je Vertiefung zugegeben

– 1 h bei 37°C inkubieren

– je 1 Reihe für Leerwert und Positivkontrolle vorsehen

– Waschen 2 × mit 0,9%iger NaCl-Lösung, dekantieren und auf Wischtuch ausklopfen

– Zu jeder Vertiefung 100 µl POD-Konjugat zugeben und 1 h bei 37°C inkubieren, danach dekantieren

– 2 × waschen mit 0,9%iger NaCl-Lösung, gut ausklopfen

– Je Vertiefung 100 µl Substrat ABTS zugeben, 10 min später mit automatischem Photometer oder visuell auf Farbentwicklung prüfen.

8.2 Hepatocyten

Hepatocyten (Parenchymzellen) und Endothelzellen sowie Kupffersche Sternzellen (Nichtparenchymzellen) werden für Untersuchungen der Zellbiologie, des Arzneimittel-Metabolismus, der Hormonwirkung, Carcinogenese, Fettstoffwechsel und der Toxizität in vitro untersucht, um nur die wichtigsten Bereiche zu nennen.

Die Prüfung am Tier hat hierbei folgende Nachteile:

– Blutkreislauf
– Hormonstatus
– Nervensystem

mit ihren individuellen, unkontrollierten Einflüssen. Die Verwendung von Zellkulturen hat dagegen folgende Vorteile

– Einheitliche physikalische und chemische Verhältnisse
– Exakte Dosierung
– Definierte Stoffkonzentrationen an der Zielzelle
– Genaue Kontrolle der Expositionsdauer an der Zelle
– Verfolgung biologischer Effekte an der Zielzelle mittels Mikroskopie und biochemischer Methoden.

Lebern adulter Tiere werden zur Gewinnung von Zellen zweckmäßigerweise perfundiert, Lebern von Feten zerkleinert. Von Adulten erhält man in der Regel nicht-proliferierende, differenzierte Zellen, von Feten proliferierende, nicht differenzierte Zellen. Bei der Perfusion werden im 1. Schritt die Desmosomen durch Entzug von Ca^{++} gelöst, die im 2. Schritt zugeführte, durch Ca^{++} aktivierte Collagenase löst die extrazelluläre Matrix auf, so daß sich das Leberparenchym in Einzelzellen auflöst. Parenchymzellen können aufgrund ihrer höheren Dichte durch Zentrifugation von den Nichtparenchymzellen getrennt werden.

Werden weibliche Tiere verwendet, muß, z.B. nach Preissecker (1958), die Position im Fortpflanzungszyklus bestimmt werden, bei männlichen Tieren entfällt die Berücksichtigung des Fortpflanzungszyklus.

Primärkultur von Hepatocyten

Material: – Nembutal (Pentobarbital-Natrium, Abbott Ingelheim 100 ml Packung, Konz. 60 mg/ml)
– Perfusionslösung I: 250 ml Hanks-Lösung ohne Ca^{2+} und Mg^{2+}, mit 0,5 mmol EGTA (Ethylenglykol-bis(β-aminoethylether)-N, N'-Tetraessigsäure) und 10 mmol Hepes, mit 1 N NaOH auf pH 7,35 eingestellt, vorgewärmt auf 37°C, sterilfiltriert mit Millex-GV Filter, 0,1 µm (Millipore)
– Perfusionslösung II: 250 ml Hanks-Salzlösung ohne Ca^{2+} und Mg^{2+} oder Williams Medium E (Gibco) mit 100 U/ml Collagenase H (Boehringer Mannheim) und 10 mmol Hepes, mit 1 N NaOH auf pH 7,2 eingestellt, auf 37°C vorgewärmt, sterilfiltriert (s.o.)
– 70% Ethanol
– Williams Medium E + 10% FKS + 50 µg/ml Gentamycin
– FKS
– Gentamycin-Lösung, 5 mg/ml
– 21er und 25er Kanülen
– 3 sterile Kunststoff-Petrischalen, 9 cm ⌀
– Faden zum Abbinden

- Regulierbare Schlauchpumpe, 2–20 ml/min
- Sterile Bechergläser
- Liquemin 25.000 (Anti-Koagulans, Hoffmann La Roche)
- Zentrifugenröhrchen, 50 ml, steril
- Mehrere Scheren und verschiedene Pinzetten
- Präpariertisch
- Styroporplatte und Nadeln zum Fixieren der Tiere auf dem Präpariertisch
- Arbeitsplatz auf 37°C vorgewärmt, z.B. Plexiglashaube 80 cm H × 80 cm B × 40 cm T mit Warmluftgebläse
- Collagen S (Boehringer Mannheim), wäßrige Lösung, 3 mg/ml
- 60 mm Petrischalen zur Anzucht, mit 5 µg Collagen/cm² steril beschichtet
- Einmalspritzen 2 und 10 ml
- Wischtücher
- Wattetupfer
- Zentrifuge
- Brutschrank
- Zellzähler
- Mikroskop

- Tier (Hamster, Ratte oder Maus) mit 0,9 mg/100 g Körpergewicht der 6% Nembutallösung intraperitoneal anästhesieren, dabei auf dem Rücken auf dem Präpariertisch fixieren

- Schläuche für die Perfusion mit 70% Ethanol und anschließend mit sterilem Wasser durchspülen

- Bauch und Brusthöhle des Tieres bis über die Leber mit Schere und Pinzette eröffnen, Verdauungstrakt nach rechts schieben

- Um die untere Hohlvene (Vena cava inferior) unterhalb der Leber (Abb. 8-6) eine lose Ligatur legen! ebenso bei 2 und 3 um die Pfortader (Vena portae)

- Bei 4 und 5 mit spitzer Pinzette ebenfalls 2 lose Ligaturen legen

- In den eröffneten Körper mittels Spritze Liquemin träufeln (verhindert Blutgerinnung in der Bauch- und Brusthöhle)

- Pfortader unterhalb Ligatur 3 aufschneiden, Blut kurz abtupfen, und sofort Kanüle mit Schlauch und Schlauchklemme, verbunden mit erhöht stehender Perfusionslösung I, in die Pfortader unterhalb Ligaturen 3 und 2 einführen, Ligaturen zur Sicherung der Kanüle festziehen

- Untere Hohlvene gut unterhalb Ligatur 1 durchtrennen, sofort Schlauchklemme öffnen, Perfusionslösung I bei Hamster mit 5 ml/min, bei Ratte mit 8 ml/min und bei Maus mit 2 ml/min fließen lassen

- Perfusat in die Bauchhöhle fließen lassen, weiter perfundieren, bis die Leber bleich wird (entblutet)

- Untere Hohlvene oberhalb Ligatur 5 anschneiden, Kanüle, verbunden mit Schlauch, gut unter Ligaturen 5 und 4 einführen, Ligaturen schließen, Schlauch in Becherglas leiten

- Sofort Ligatur 1 schließen, Perfusionslösung I mit erhöhter Geschwindigkeit ca. 2,5 min lang fließen lassen: Hamster 25 ml/min, Ratte 40 ml/min, Maus 8 ml/min. Perfusat in Becherglas sammeln und verwerfen

- Anschließend über Pfortader Perfusionslösung II für ca 10 min durch die Leber mit Schlauchpumpe pumpen: Ratte 20 ml/min, Hamster 15 ml/min, Maus 8 ml/min. Perfusat mit Leberzellen in frischem Becherglas sammeln

- Leber entnehmen und in Petrischale mit angewärmtem Williams Medium E legen, in steriler Werkbank anhaftendes Fett und Bindegewebe antiseptisch entfernen
- Leber in frische Petrischale überführen, mit frischem Williams Medium bedecken und Leberkapsel mit Schere und Pinzette entfernen, Gewebe zur restlichen Lösung der Hepatocyten leicht schwenken
- Restliches Bindegewebe verwerfen, Hepatocytensuspensionen aus Perfusionen und Petrischale vereinigen. Jeweils 25 ml Suspension in 50 ml Zentrifugenröhrchen pipettieren und mit Williams Medium E plus 10% FKS plus 50 µg/ml Gentamycin auffüllen
- Zellen 2,5 min lang bei 50 $\times$ g abzentrifugieren
- Überstand bei 37°C unter Rühren aufbewahren, wenn daraus die Nichtparenchymzellen gewonnen werden sollen
- Pellets mit Parenchymzellen in komplettem Williams Medium suspendieren und in üblicher Weise (s. Abschn. 5.4) zählen
- Aussaat je nach Verwendungszweck in Konzentrationen von 3 $\times$ 10^5 bis 1 $\times$ 10^6 in Collagen-beschichtete Schalen
- 2 h nach der Einsaat Mediumwechsel zur Entfernung nicht angehefteter Zellen.

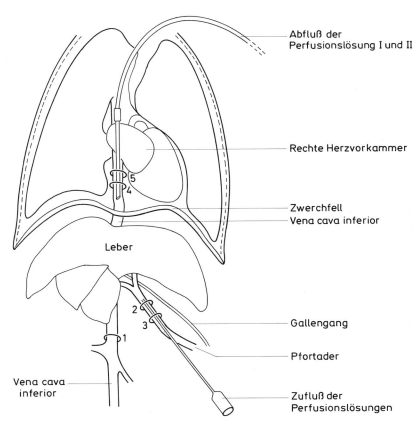

Abb. 8-6: Leberperfusion in situ; Lage der Ligaturen 1−5.

Nichtparenchymzellen, hauptsächlich Kupffersche Sternzellen, daneben Fibroblasten und Endothelzellen, können in analoger Weise wie Parenchymzellen gewonnen werden, wenn statt Collagenase die Pronase zur Lyse der Parenchymzellen eingesetzt wird, übrig bleiben dann die Nichtparenchymzellen. Da Pronase jedoch Membranrezeptoren schädigen kann, empfiehlt es sich, Nichtparenchymzellen aus dem Überstand abzentrifugierter Hepatocyten zu isolieren.

Primärkultur von Nichtparenchymzellen (Kupffer-Zellen)

Material: – 50 ml Zentrifugenröhrchen, steril
        – PBS
        – RPMI 1640 mit 10 % FKS
        – Percoll
        – Trypanblau
        – Hämocytometer
        – Pasteurpipetten
        – Kühlzentrifuge

– Überstand aus Hepatocytenisolierung (s. o.) in 50 ml Zentrifugenröhrchen pipettieren und 5 min lang mit 300 × g abzentrifugieren

– Überstand vorsichtig absaugen, Pellet in PBS von 4°C mit Pasteurpipette gut suspendieren, bis keine Aggregate mehr zu sehen sind

– Nochmals abzentrifugieren und Waschen mit kaltem PBS solange wiederholen, bis der Überstand klar ist

– Pellet nach letztem Waschen in PBS aufnehmen und mittels Pasteurpipette gut suspendieren

– Zellzahl gemäß der in Abschn. 5.4 beschriebenen Methode bestimmen

– Auf je 33 ml Percoll in 50 ml Zentrifugenröhrchen 3 ml Zellkonzentrat in PBS mit 10^7 Zellen/ml überschichten

– Bei 800 × g und 4°C für 45 min zentrifugieren

– Oberste Bande mit Pasteurpipette entnehmen und in 50 ml-Zentrifugenröhrchen für 10 min bei 4°C und 700 × g zweimal in kaltem PBS waschen

– Zellzählung mit Trypanblau, Bestimmung des Anteils von Kupffer-Zellen mittels Peroxidase-Reaktion. Dazu 0,7 g Saccharose, 2,5 ml 0,2 M Tris, 0,4 ml 1,0 M HCl, 70 µl 3 % H_2O_2 und 10 mg Diamidinobenzidin mit Aqua dem. lösen und auf 10 ml auffüllen. Davon 1 ml mit einem Aliquot von ca. 10^6 Zellen aus dem Zellpellet nach dem Percollgradienten-Lauf für 30 min bei 37°C inkubieren. Kupffer-Zellen zeigen dunkelbraune Granula im hellen Cytoplasma

– Zellen in einer Konzentration von $2–4 \times 10^6$/cm² Wachstumsfläche in Schalen mit je 60 mm ⌀ oder 24er Schalen mit je 16 mm ⌀ aussäen und bei 37°C, 5 % CO_2 und pH 7,2 bebrüten

– Nach 3–4 h lose Zellen abspülen

Die Kupffer-Zellen (Leber-Makrophagen, Reticuloendothelialzellen, Phagocyten) teilen sich normalerweise nicht und können für höchstens ca. 12 Tage in Kultur gehalten werden. Untersucht werden können u.a. Phagocytose, Abbau phagocytierter Keime, Aufnahme radioaktiv markierten Leucins, Uridins und Thymidins, Immunreaktionen.

8.3 Phäochromocytomzellen PC 12

Die permanente Zellinie PC 12 wurde 1976 aus einem Tumor des Nebennierenmarks der Ratte isoliert. Die Linie führt zu transplantierbaren Tumoren in Ratten und reagiert reversibel auf NGF (nerve growth factor) mit der Ausbildung Neuronen-ähnlicher Fortsätze. PC 12 Zellen synthetisieren und speichern die Katecholamin-Neurotransmitter Dopamin und Noradrenalin (Norepinephrin). Die Zellinie eignet sich daher gut als Modellsystem für neurochemische und neurobiologische Studien.

Kultur von Phäochromocytomzellen PC 12

Material: – PC 12-Zellen in der logarithmischen Wachstumsphase
– Medium F 12 + 10% hitzeinaktiviertes Pferdeserum + 5% FKS + 50 U/ml Penicillin und 50 µg/ml Streptomycin
– Kulturschale mit 6 Vertiefungen, je 8 cm² Wachstumsfläche
– Sterile, gestopfte kurze Pasteurpipetten mit Gummiball
– Absaugeinrichtung
– Zentrifuge
– sterile Zentrifugenröhrchen

– Medium mit Pasteurpipette vorsichtig, aber möglichst vollständig absaugen

– 1 ml frisches Medium zugeben und die nur leicht anhaftenden Zellen mit einer Pasteurpipette abspülen

– Zellen bei 800 × g für 10 min, RT, abzentrifugieren

– Überstand absaugen, Zellen in definiertem Volumen aufnehmen (Einsaatvolumen 5 ml je Vertiefung)

– Zellaggregate durch Pipettieren auflösen

– Aussaat von 5×10^4 Zellen/cm², also 4×10^5 Zellen/Vertiefung der 6er Platte

– Bebrütung in CO_2-Brutschrank bei 37°C, 95 % rel. Luftfeuchte und 10% CO_2

– Mediumwechsel alle 2–3 Tage

– Subkultur einmal in der Woche, jeweils Zellzählung nach Abzentrifugieren, Einsaat w.o.

– Die Zellen wachsen bis zu $4,8 \times 10^6$/Schale stets in Aggregaten von bis zu 20 Zellen, leicht angeheftet. Seren sind vorher auszutesten, Kriterien sind die Zahl lebender Zellen und das Aussehen

– PC 12-Zellen können, wie andere Zellen, von Mycoplasmen befallen werden. Wie in anderen Fällen empfiehlt sich daher ein regelmäßiger Mycoplasmentest mit Dapi oder Bisbenzimid (s. Abschn. 3.7).

Auch die serumfreie Kultur ist möglich, mit etwas vermindertem Wachstum. Das Medium besteht aus F 12 mit 5 µg Insulin/ml und 100 µg Transferrin/ml, die übrigen Kulturbedingungen sind die gleichen wie bei Serumzusatz. Sollen die Zellen, vor allem in serumfreier Kultur besser anheften, beschichtet man die Kulturgefäße mit Poly-D-Lysin (s. Abschn. 2.6) und 50 µg Fibronectin/ml. Dies ist auch eine bewährte Methode, die Zellen fest an die Mikrotiter-platten zu heften, wenn ELISA-Tests mit Zellen in Mikrotiter-Platten durchgeführt werden müssen.

8.4 Endothelzellen

Endothelzellen kleiden als einschichtige Plattenepithelzellen Blut- und Lymphgefäße, Herz- und Lungeninnenräume aus. Bis vor einigen Jahren war es relativ schwierig, eine verläßliche Vorschrift zu finden, die es ermöglicht, gut wachsende Endothelzellen zu bekommen.

Ferner sind die Kontamination mit Erythrocyten und die mangelnde Homogenität ein großes Problem. Das Verhalten von Endothelzellen bei der enzymatischen Gewinnung und bei der Subkultivierung ist ebenfalls problematisch, da diese Zellen sehr leicht zur Klumpung neigen, so daß eine exakte Zellzählung sowie eine einheitliche Zellpopulation relativ schwer durchzuführen bzw. zu gewinnen ist.

Unter bestimmten Voraussetzungen ist es möglich, aus Schlachtmaterial von Kälbern eine relativ einheitliche Population von Endothelzellen zu gewinnen. Dabei werden zur Gewinnung und Subkultivierung keine enzymatischen Methoden verwendet, da davon ausgegangen werden muß, daß gerade Endothelzellen in ihren Eigenschaften sehr stark von Oberflächenproteinen und deren einwandfreier Funktion abhängen, wie z.B. von Oberflächenrezeptoren, Transportproteinen und enzymatischen Membranproteinen. Diese werden durch die enzymatische Gewinnung und Subkultivierung entweder zerstört oder inaktiviert. Um dies zu vermeiden, stellen wir hier eine Methode dar, die es erlaubt, auf mechanischem Wege sowohl die Gewinnung von reinen Populationen von Endothelzellen zu bekommen als auch die Subkultivierung auf rein mechanischem Wege durchzuführen.

Kultur von Endothelzellen

Material: – größere Styroporfläche, die mit Alufolie überdeckt ist
– Präpariernadeln
– Steriles Präparierbesteck, besehend aus geraden und gebogenen Scheren, geraden und gebogenen Pinzetten, sterilen Skalpellen (Nr. 10)
– 70 % Ethanol zur Desinfektion
– PBS (steril) ohne Ca^{2+} u. Mg^{2+}
– Penicillin-Streptomycin-Lösung (steril, 5000 IU/ml 5000 µg/ml)
– Gentamycinsulfat-Lösung (steril, Konz. 50 mg/ml)
– Medium 199 ohne Serumzusatz mit 4,35 g/l Na-Hydrogencarbonat
– Thymidin
– Vorgetestetes Kälberserum und fetales Kälberserum (FKS)
– Medium 199 mit 5 % FKS und 5 % Kälberserum sowie 4,35 g/l Na-Hydrogencarbonat und 4,5 mg/l Thymidin sowie Penicillin/Streptomycin (Konz. 100 U/ml bzw. 100 µg/ml sowie Gentamycinsulfat (50 µg/ml). Alle Konzentrationen sind Endkonzentrationen im Medium
– Pipetten (steril, gestopft, Größen von 1 bis 10 ml)
– Zellschaber, steril
– T75 und T25 Flaschen

- Eine Arterie (am besten die Lungenarterie) mit einem Papierhandtuch, das in 70% Ethanol getaucht wurde, oberflächlich desinfizieren und vom umgebenden Gewebe freipräparieren. Danach die Arterie in eine PBS-Lösung mit dreifacher Antibiotikalösung legen und unter die sterile Werkbank bringen. Wenn es die Zeit erlaubt, kann die bakterielle Kontamination noch durch eine einstündige Inkubation bei 4°C mit frischem PBS, das die dreifache Konzentration an Antibiotika enthält, bekämpft werden
- Danach nochmals dreimal mit sterilem PBS (3 × Antibiotika) waschen und in sterile Petrischale mit Schere öffnen, dabei flach in die Petrischale legen. Anschließend mit dem sterilen Skalpell die Oberfläche leicht anschaben. Dabei vorsichtig die Oberfläche mit einem Zug einmal ankratzen
- Die gewonnenen Zellen vom Skalpell in ein 20 ml Zentrifugenglas, das mit Medium 199 (1 × Antibiotikum) gefüllt ist, abstreifen und 10 min bei 250 × g abzentrifugieren. Für jedes Blutgefäß bzw. Gefäßabschnitt sollte ein separates Röhrchen bzw. ein separater Ansatz gemacht werden. Danach noch zweimal mit Medium, das FKS und Kälberserum enthält, waschen und den Inhalt jedes Röhrchens in einer T25 Flasche (5 ml Medium mit Serum) bei 37°C, 8% CO_2 und 95% rel. Luftfeuchte inkubieren
- Zunächst für eine Woche ruhen lassen, kein Mediumwechsel, alle 2 Tage mikroskopische Kontrolle
- Nach 7 Tagen Mediumwechsel, danach kann an eine weitere Reinigung der Zellen gedacht werden.
- Zu diesem Zweck unter dem Mikroskop die Flächen mit Fibroblasten und glatten Muskelzellen mit einem Filzstift markieren
- Die Endothelzellen mit einem sterilen Zellschaber außerhalb der Filzstiftmarkierungen vorsichtig abkratzen und in neue T25 mit 25 ml serumhaltigem Medium inkubieren (Bedingungen wie oben). Wenn die Zellen in der T25 Flasche konfluent geworden sind, dann im Verhältnis von 1:2 subkultivieren
- Die konfluenten Zellen zweimal mit serumhaltigem Medium waschen, mit einem sterilen Zellschaber vorsichtig abkratzen und mit einer sterilen 10 ml-Pipette noch zusätzlich durch Auf- und Abpipettieren ablösen. Hat man die Zellen möglichst vollständig abgelöst, dann mit der Pipette in eine neue T25 Flasche geben und die Zellsuspension mindestens 10 bis 15mal aufziehen, um evtl. auftretende Aggregate zu zerkleinern
- Die Spezifität und Reinheit der Kultur kann nicht nur durch morphologische Kriterien, sondern auch durch bestimmte biochemische Parameter festgestellt werden, so z.B., durch das Vorhandensein von Faktor VII oder durch Messung der Aktivität des «Angiotensin-converting» enzyms.

8.5 Sphäroide

Aus noch weitgehend undifferenzierten Zellen bzw. embryonalen Geweben lassen sich meist ohne größere Schwierigkeiten dreidimensionale Kulturen, sog. Multizellsphäroide gewinnen (Abb 8-7). Dies trifft sowohl für primäres embryonales Gewebe, für Tumorgewebe und auch für bestimmte Monolayerkulturen zu. Dabei ist es wichtig, die Zellen möglichst in

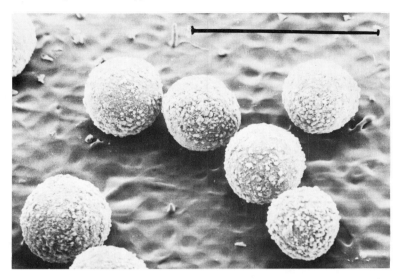

Abb. 8-7: Zellaggregate (Nervenzellsphäroide) aus embryonalen Hirnzellen aus einem acht Tage alten Hühnerembryo in einer Rasterelektronenmikroskopischen Aufnahme (Photo: Reinhardt C.A. & Bruinink A. 1987) Schwarzer Balken: 500 µm.

einer definierten Bewegung zu halten und ihnen keine Gelegenheit zu geben, sich an der Unterlage festzuhaften. Dies kann entweder dadurch erreicht werden, daß man Petrischalen für mikrobiologische Zwecke verwendet oder man beschichtet die Schalen mit Agar oder man nimmt silikonisierte Glasgefäße (z.B. sterile Erlenmeyerkolben). Die nachfolgend aufgeführte Methode ist sehr gut geeignet, Hirnzellsphäroide über eine längere Zeit in einem definierten Medium ohne Serumzusatz zu züchten. Sie kann für Rattenhirngewebe (aus 15 Tage alten Embryonen), aber auch für vorbebrütete Hühnereier (8–10 Tage) angewandt werden.

Beispiel der Herstellung von Hirnzellaggregaten aus embryonalem Rattenhirn:

Kultur von Sphäroiden

Material: – Rundschüttelmaschine mit sterilen, silikonisierten, 25 ml-Erlenmeyerkolben mit Wattestopfen oder luftdurchlässigem Silikonverschluß
– Nylongazenetze mit 200 und 115 µm Porenweite
– Sterile Puck-G-Lösung: $CaCl_2 \times H_2O$: 0,016 g/l; KCl: 0,40 g/l; KH_2PO_4: 0,150 g/l; $MgSO_4 \times 7 H_2O$: 0,154 g/l; NaCl: 8,0 g/l; $Na_2HPO_4 \times 7 H_2O$: 0,29 g/l; Glucose: 1,10 g/l; Phenol rot: 0,0012 g/l
– Steriles, serumfreies Medium (50% MDCB 201 und 50% MEM-hg (4,5 g Glucose/l) mit folgenden Zusätzen: Insulin (5 µg/ml), Transferrin (10 µg/ml), Hydrocortison (1,4 $\times$ 10^{-6} M) und Selen (2 $\times$ 10^{-6} M))
– Steriles Medium mit Serum und verschiedenen Zusätzen (Natriumpyruvat 1 mM, Nicht essentielle Aminosäuren (1 Vol.%), L-Glutamin (1 mM) und 15% FKS)
– Trypanblaulösung für die Vitalfärbung (s. S. 94)
– Zentrifuge, Hämocytometer, Stereomikroskop

- Sterile Pipetten, sterile Pinzetten und kleine Scheren
- Sektionsbesteck
- 10 trächtige weibliche Ratten (ca. 14–15 Tage nach Empfängnis)

- Die Embryonen aus dem getöten Tier entnehmen, und die Sektion des Gehirns unter dem Stereomikroskop durchführen, wobei die Hirnhaut mit einer feinen, gebogenen Pinzette vorsichtig abgelöst wird. Das Gewebe in eiskalte Puck-Lösung legen und anschließend mit zwei Skalpellen in kleine Fragmente zerschneiden

- Die Hirnteile mit einem abgerundeten sterilen Glasstab oder mit einer sterilen Pipette vorsichtig nacheinander durch die 200 und 115 μm weiten Gazenetze filtrieren

- Anschließend im Hämocytometer Zellzahl und Vitalität bestimmen, dann die Zellen ohne Verzögerung abzentrifugieren und in neuem, eiskaltem Medium (serumfrei) aufnehmen

- 15–30 × 10^6 Zellen nun in einen kleinen Erlenmeyerkolben geben (insgesamt 3,5 ml) und anschließend bei 37°C, 8% CO_2 und 95% rel. Luftfeuchte im Brutschrank auf einem Schüttler (70–80 U/min) inkubieren

- Bei diesen Rotationsgeschwindigkeiten aggregieren die Zellen innerhalb von 1–2 Tagen zu kleinen Sphäroiden (100 bis 200 μm Durchmesser), welche in den folgenden Tagen (3–5 Tage) auf ca. 300 bis 500 μm Größe heranwachsen können. Zur Fütterung der Aggregate sollte niemals das ganze Medium ausgetauscht werden, sondern immer nur jeweils die Hälfte (alle drei Tage!). Dies ist je nach Mediumverbrauch und Wachstumsaktivität anzupassen

- Weiterhin ist zu beachten, daß sich die Zellen während der Entnahme in einer aktiven Phase des Anwachsens befinden. Aggregate aus verschiedenen Hirnteilen zu verschiedenen Zeiten des embryonalen Stadiums lassen sich deshalb nicht immer gleich gut herstellen. So bilden glia- oder neuronenangereicherte Kulturen bzw. Aggregate aus Telencephalon und Rhombencephalon eine bessere Ausgangsbasis als Zellen aus Cerebellum, aus der Großhirnrinde oder aus der Retina

- Für die weitere Charakterisierung sind besonders immunhistochemische Methoden zu empfehlen. Weiterhin sind Neurotransmitterbestimmungen sowie Enzymmessungen von bestimmten Schlüsselenzymen, wie z.B. Tyrosinhydroxylase gut möglich.

8.6 Literatur

Atterwil, C.K., Steele, C.E. (eds.).: In vitro methods in toxicology. Cambridge University Press. 1987

Bottenstein, J.E., Sato, G.: Cell cultures in the neurosciences, Plenum Press. 1985

Buttin, G. et al.: In Melchers, F. et al. (eds.), Current topies in microbiol. and immunol. Vol. 81, Springer Verlag, Heidelberg. 1978

Chang, D.C. et al. (eds.): Guide to electroporation and electrofusion. Academic Press, New York. 1990

Fedoroff, S., Richardson, A.: Protocols for neural cell culture. Humana Press, Towa, NY. 1992

Foung, S.K.H. et al.: Production of functional human T-T Hybridomas in selection medium lacking aminopterin and thymidin. Proc. Nat. Acad. Sci. (USA) **79**, 7484–7488. 1982

Harris, R.A. and Cornell, N.W. (eds.): Isolation, characterization and use of hepatocytes. Elsevier, New York. 1983

Herbert, W.J., Kristensen, F.: Laboratory animal technique for immunology. In: Handbook of experimental immunology: Applications of immunological methods in biomedical sciences. Blackwell Scientific Publications, Oxford, 133. 1–133. 6. 1986

Jaffe, E.A.: Biology of the endothelial cells. Nijhoff, Den Haag. 1982

Kennett, R.H. et al. (eds.). Monoclonal antibodies, Plenum Press, New York. 1980

Köhler, G., Milstein, C.: Continuous culture of fused cells secreting antibody of predefinded specificity. Nature **256**, 495–497. 1975

Lentz, P.E., N.R. Di Luzio: Isolation of adult rat liver macrophages and Kupffer cells. In: Fleischer, S. and L. Packer (eds.) Methods in enzymology Vol. 32, Part B, 647–653, Academic Press, New York. 1974

Oi, V.T., Herzenberg, C.A. In: Selected methods in cellular immunology (Mishell, B.B. et al. eds.), 351–372, Freemann, San Francisco. 1980

Page, D.T. et al.: Isolation and characterisation of hepatocytes and Kupffer cells. J. Immunol. Meth. 27, 159–173. 1979

Peters, J.H., Baumgarten, H. (Hrsg.): Monoklonale Antikörper. 2. Aufl. Springer, Berlin. 1990

Reinhardt, C.A., Bruinink, A.: Morphological and functional differentiation of fetal chick brain cell aggregates in serumfree medium. (Abstr.) Europ. J. Cell. Biol. 43 (Suppl. 17), 46. 1987

Ross, B.D.: Perfusion technique in biochemistry: a laboratory manual in the use of isolated perfused organs in biochemical experimentation. Oxford Univ. Press, London. 1972

Ryan, U.S. (ed.): Endothelial cells. J. Tissue Culture Methods, vol. 10, **1**, 1–65, 1986

Stähli, C. et al.: High frequencies of antigen-specific Hybidomas: dependence of immunisation parameters and prediction of spleen cell analysis. J. Immunol. Methods, 32, 297–304. 1980

Williams, G.M.: Detection of chemical carcinogenesis by unscheduled DNA synthesis in rat liver primary cell culture. Cancer Res. 37, 1845–1851. 1977

Zimmermann, U.: Electrical breakdown, electropermeabilization and electrofusion. Rev. Physiol. Biochem. Pharmacol. **105**, 175–256, 1986

Zola, H.: Monoclonal antibodies: a manual of techniques. CRC Press Inc., Boca Raton, Florida. 1988

9 Die Massenkultur

Auch im Labor ist es hin und wieder nötig, entweder größere Mengen von Zellen (Biomasse) oder Produkte dieser Zellen (z.B. Interferon) zu gewinnen. Es gibt sehr verschiedene Methoden, größere Zellmengen zu züchten, je nachdem, ob es sich um adhärente Zellen (Monolayer) oder in Suspension wachsende Zellen (z.B. lymphoblastoide Zellen) handelt (Abb. 9-1).

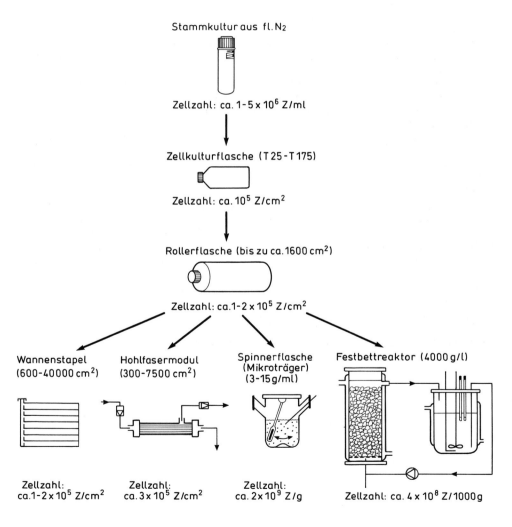

Stammkultur aus fl. N$_2$

Zellzahl: ca. $1-5 \times 10^6$ Z/ml

Zellkulturflasche (T 25 - T 175)

Zellzahl: ca. 10^5 Z/cm^2

Rollerflasche (bis zu ca. 1600 cm^2)

Zellzahl: ca. $1-2 \times 10^5$ Z/cm^2

Wannenstapel (600-40000 cm^2)

Hohlfasermodul (300-7500 cm^2)

Spinnerflasche (Mikroträger) (3-15 g/ml)

Festbettreaktor (4000 g/l)

Zellzahl: ca. $1-2 \times 10^5$ Z/cm^2

Zellzahl: ca. 3×10^5 Z/cm^2

Zellzahl: ca. 2×10^9 Z/g

Zellzahl: ca. 4×10^8 Z/1000 g

Abb. 9-1a: Kultursysteme zur Züchtung größerer Zellmengen in adhärenter Kultur.

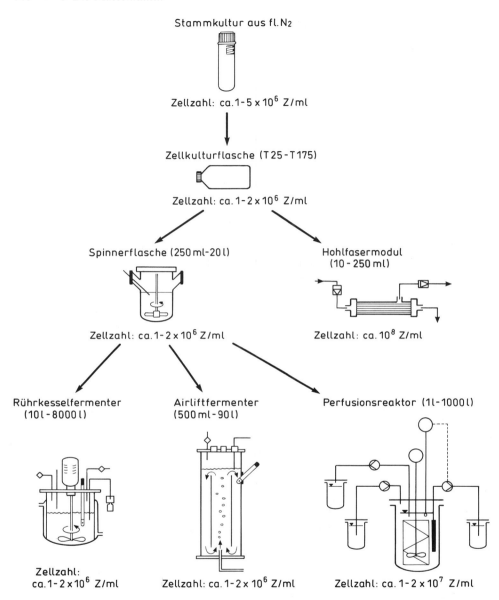

Stammkultur aus fl.N₂

Zellzahl: ca.$1-5 \times 10^6$ Z/ml

Zellkulturflasche (T25-T175)

Zellzahl: ca. $1-2 \times 10^6$ Z/ml

Spinnerflasche (250 ml-20 l)

Hohlfasermodul (10 - 250 ml)

Zellzahl: ca.$1-2 \times 10^6$ Z/ml

Zellzahl: ca. 10^8 Z/ml

Rührkesselfermenter (10 l - 8000 l)

Airliftfermenter (500 ml - 90 l)

Perfusionsreaktor (1 l - 1000 l)

Zellzahl: ca.$1-2 \times 10^6$ Z/ml

Zellzahl: ca. $1-2 \times 10^6$ Z/ml

Zellzahl: ca. $1-2 \times 10^7$ Z/ml

Abb. 9-1b: Kultursysteme zur Züchtung größerer Zellmengen in Suspensionskultur.

9.1 Monolayer-Kulturen für große Zellmengen

Die Aufgabe besteht darin, eine möglichst große Oberfläche für die Anheftung der Zellen zu schaffen, ohne den Arbeitsaufwand und den Medienbedarf in gleicher Weise ansteigen zu lassen.

9.1.1 Roller-Kultur

Eine Flasche (innere Oberfläche bis 2000 cm²) wird mit Zellen in relativ wenig Medium beschickt und liegend um ihre Längsachse gedreht. Die Zellen heften sich an der inneren Oberfläche an und tauchen bei jeder Umdrehung in das unten stehende Medium ein. Der Gas- und Nährstoffaustausch ist im Vergleich zu einer stationären Kultur sehr intensiv. Die Flaschen werden von einer Maschine bewegt, die in einem Brutraum oder Brutschrank steht (Abb. 9-2a).

Roller-Kultur

Material: – Roller-Apparatur, in Brutraum (ohne CO_2-Begasung!)
 – Roller-Flaschen (Polystyrol)
 – Einsaatkultur

– Die Rollerflaschen (mehrere kleinere sind besser als wenige größere; sehr unhandlich sind Glasflaschen, die so lang sind wie die Drehwalzen, 87 cm!) in der Reinraumwerkbank mit der Zellsuspension in üblicher Konzentration füllen

– Das Medium, das bei langsam wachsenden Zellen leicht mit CO_2 begast werden kann, darf nicht im Hals der Flasche stehen

– Flaschen fest verschließen und mit anfangs 0,25 – 0,5 U/min drehen

– Nach Anheftung der Zellen kann die Drehgeschwindigkeit auf 1 U/min erhöht werden

– Erforderlichen Mediumwechsel oder -ernte wie üblich durch Absaugen (lange, sterile, ungestopfte Pipette), Mediumzugabe mit Schlauchpumpe aus Vorratsgefäß durchführen

– Ablösen der Zellen: Medium abgießen, einmal mit PBS waschen, je nach Flaschengröße bis zu 100 ml Trypsin zugeben und durch Drehen gesamte innere Oberfläche ausreichend benetzen

– Trypsin absaugen, Flasche bis zum Ablösen der Zellen bei 37° C auf Apparatur drehen

– Medium oder Puffer zugeben, Zellen abwaschen und absaugen.

Die Rollerkultur ist zwar recht sicher in der Handhabung, man benötigt dazu allerdings eine entsprechende Apparatur in einem Brutraum oder -schrank.

9.1.2 Wannen-Stapel (multi-tray, cell factory)

Dieses sehr einfache System besteht in einer von mehreren Ausführungen aus 10 miteinander verschweißten Schalen, die an einer Schmalseite durch Öffnungen verbunden sind und zusammen 6000 cm² Wachstumsfläche besitzen (Abb. 9-2b).

Die zu erntenden Zellen, ca. 10⁹ und mehr, können durch Trypsinieren gewonnen werden.

Vorteilhaft ist der geringe Platzbedarf bei relativ großer Zellausbeute. Im Gegensatz zur Rollerkultur benötigt man für kleine Wannenstapel keine Maschine.

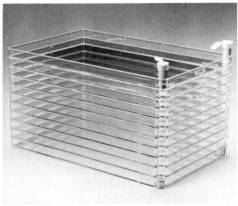

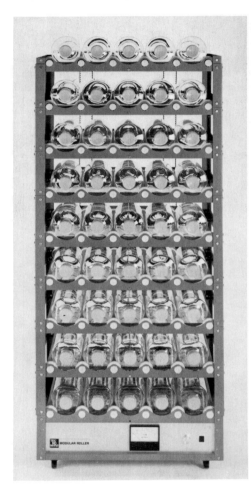

Abb. 9-2: a) Apparatur für Roller-Kulturen (Tecnomara)
b) Wannen-Stapel-Kulturen (Nunc).

9.1.3 Kapillar-Perfusion (Kapillarreaktor, Dialysator)

Mit zunehmender Zelldichte werden Nährstoffe und Gasaustausch zu limitierenden Faktoren. Um dies zu vermeiden, entwickelten Knazek und Mitarbeiter (1972) eine Kammer, in der Hohlfasern vom Medium durchströmt werden. Zwischen den Hohlfasern vermehren sich die Zellen, sowohl adhärente als auch in Suspension wachsende, wobei ihnen Nährstoffe durch Diffusion durch die Faserwände zugeführt werden, gleichzeitig werden Metabolite abgeführt. Eine vollständige Einheit sowie eine Mediumpumpe und verschiedene Größen von Kapillarreaktoren zeigt die Abb. 9-3.

Abb. 9-3: Kapillarreaktor mit integrierter Mediengruppe, Gaszufuhr und Temperiermöglichkeit (Endotronics).

Die steril gelieferte Einheit mit 25 ml Inhalt im extrakapillaren Raum wird auf der einen Seite mit der Vorratsflasche verbunden, auf der anderen mit der Schlauchpumpe. Die Zellen werden durch eine spezielle Öffnung in einer Konzentration von z.B. $1,65 \times 10^6$ Zellen/ml in 2 ml suspendiert, eingebracht. Die ganze Einheit wird in einem CO_2-Inkubator bei 37°C und 5% CO_2 in Luft inkubiert. Der Gasaustausch erfolgt durch die Silikonschläuche. Die Schlauchpumpe wird z.B. auf 5 ml/min eingestellt. Das Zellwachstum kann z.B. am Glucoseverbrauch gemessen werden oder auch an den im extrakapillaren Raum angehäuften monoklonalen Antikörpern. Die Kultur kann für 4 Wochen und mehr gehalten werden. Die von verschiedenen Firmen (siehe Anhang) angebotenen Kapillargeräte unterscheiden sich z.B. in der Größe der Poren in den Hohlfasern, also in der Durchlässigkeit für Makromoleküle.

9.1.4 Microcarrier-Kultur (Mikroträger)

Bei dieser Kulturart heften sich adhärente Zellen an Kunststoffkügelchen von 40–300 μm Durchmesser an (Abb. 9-4) und werden von einem Rührer in Suspension gehalten. Auf diese Weise können mehr Zellen je Volumeneinheit Medium als bei stationärer Monolayerkultur gezüchtet werden.

Die Mikroträger werden sowohl in gequollener, steriler, als auch in trockener und unsteriler Form geliefert. Sie können aus verschiedenen Stoffen bestehen (Tab. 9-1) und die je ml einzubringenden Mengen an Mikroträgern variieren ebenfalls (bis 10 g/l «Cytodex 3»), was sich auf die Kosten auswirken kann.

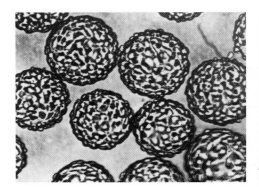

Abb. 9-4: Zellkultur auf Kunststoffkügelchen, «Mikroträgern» (Fa. Cytodex, Pharmacia).

Tab. 9-1: Käuflich erhältliche Microcarrier.

Handelsname	Hersteller*	Material	μm	cm²/g	Porös	Trans-parent	Auto-klav.
Biocarrier	Bio Rad	Polyacrylamid	120–180	5000	+	+	+
Bioglas	SoloHill	Kunstst. glasbesch.	90–150/150–212	350	–	+ / –	–
Bioplas	SoloHill	Vernetztes Polystyrol	90–150/150–212	350	–	+ / –	+
Biosilon	Nunc	Polystyrol	160–300	225	–	+ / –	–
Collagenbesch. Bioplas	SoloHill	Vernetztes Polystyrol	90–150/150-212	350	–	+ / –	+
Cytodex 1	Pharmacia	Dextran	131–220	6000	+	+	+
Cytodex 2	Pharmacia	Dextran	114–198	5500	+	+	+
Cytodex 3	Pharmacia	Dextran	215–233	4600	+	+	+
De-, Q-, TEAE Cellulose	Sigma	Cellulose	10–20/10–800	–	+	+ / –	+
DE-52, DE-53	Whatman	Cellulose	40–50	–	+	+ / –	+
Dormacell	Pfeiffer & Langen	Dextran	140–240	7000	+	+	+
Microdex	Dextran Pro-ducts	Dextran	350	–	+	+	+
Siran**	Schott	Glas	250–500	–	+	–	+
Ventragel	Ventrex	Vernetzte Gelatine	150–250	–	+	+	+

* s. S. 233
** nur für stationäre Kultur geeignet, da spez. Gew. für Suspensionskultur zu hoch

Die Microcarrier-Kulturen wachsen sehr stark, z.B. von 3×10^7 auf $4,5 \times 10^8$ in 5 Tagen in 100 ml, so daß der Pufferung großes Augenmerk geschenkt werden muß. Hohe $NaHCO_3$-Konzentrationen, eventuell kombiniert mit Hepes, sind empfehlenswert.

Alle Glaswaren für die Kultur müssen silikonisiert sein. Für einfache Kulturen verwendet man ein Spinner-Gefäß (engl. spin = schnell drehen; Abb. 9-5) auf einem Magnetrührer in einem Brutraum oder Brutschrank. Die Rührgeschwindigkeit hängt von der Dichte der Mikroträger, die gerade eben am Sedimentieren gehindert werden sollen, ab und beträgt zwischen 30 und 150 U/min. Das Wachstum kann mikroskopisch kontrolliert werden, wenn man eine Probe auf einen Objektträger bringt. Zur Ablösung der Zellen läßt man die Microcarrier sedimentieren, entfernt das Medium und behandelt das Sediment mit Trypsin. Man rührt anschließend bei 37°C langsam, bis sich die Zellen ablösen. Die Zellen lassen sich von den Mikroträgern durch ein 100 µm-Filter abtrennen (Cytodex 1).

Schließlich sei noch erwähnt, daß man Microcarrier zu einer langsam drehenden Rollerkultur geben kann. Zellen und Mikroträger heften sich zusammen an die Gefäßwand und vergrößern deren Oberfläche wesentlich.

Grundsätze für die Mikroträgerkultur

— *Starterkultur*
Sie soll aus der log-Phase der Kultur stammen und nicht nur auf Freisein von Bakterien und Pilzen sondern auch auf Freisein von Mycoplasmen geprüft sein.

— *Einsaatmenge*
Zellen, die normalerweise eine plating efficiency von weniger als 10% zeigen, werden in einer Konzentration von 10 Zellen/Mikroträger in 20% des Medium-Endvolumens eingesät und zur Anheftung an die Mikroträger nicht umgerührt. Zellen mit einer höheren plating efficiency als 10% werden mit 5 Zellen/Mikroträger Endvolumen eingesät und sofort mit entsprechender Drehzahl gerührt.

— *Medium*
Das Medium soll nährstoffreich und gut gepuffert sein, am 3. Kulturtag werden in der Regel 50% des Mediums ersetzt.

— *pH-Wert*
Optimal sind meist Werte zwischen 7,2 und 7,6, eine günstige Pufferung erhält man mit 20 mmol Hepes.

— *Begasung von Spinnerkulturen*
Spinnerflasche nur halbvoll mit Medium füllen, Restvolumen mit 5% CO_2 in 95% Luft steril begasen, Öffnungen dicht verschließen (bei Hepes-gepufferten Medien die stets noch $NaHCO_3$ enthalten, s. Abschn. 4.4.4). $NaHCO_3$-gepufferte Kulturen werden zweckmäßigerweise bei leicht geöffneten Seitenarmen in einem Brutschrank mit Rühreinrichtung bei 5% CO_2, in Ausnahmefällen, z.B. bei Verwendung von MEM-Dulbecco-Medien, mit 8% CO_2 in Luft kultiviert.

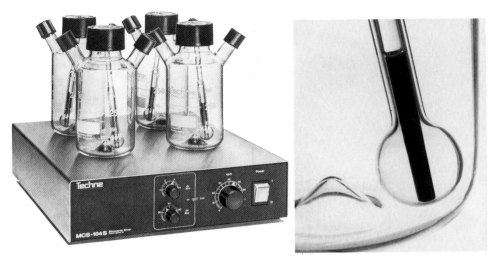

Abb. 9-5 a: Spinnerkulturgefäß mit einem Magnetrührstab (Fa. Techne). Rührstabdetail.

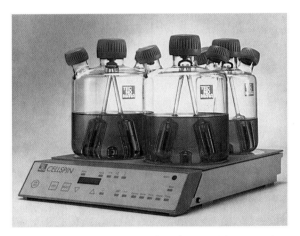

Abb. 9-5 b: Spinnerkulturgefäße mit zwei Magnetrührstäben (Fa. Tecnomara).

Wegen der unterschiedlichen chemischen und physikalischen Eigenschaften der käuflichen Mikroträger müssen für Details die Angaben der Hersteller beachtet werden. Es gibt bei diesen Firmen mittlerweile eine umfangreiche anwendungsbezogene Literatur.

9.2 Suspensionskultur für große Zellmengen

In Suspensionskulturen können die meisten lymphoiden und manche transformierten Zellen vermehrt werden. Durch langsames Rühren muß verhindert werden, daß sich die Zellen absetzen. Dazu eignen sich am besten Spinner-Flaschen, wie sie die Abb. 9-5a und b zeigen. Die Flaschen gibt es von 25–36.000 ml Inhalt. Sie bestehen aus Borosilikatglas und besitzen ein oder zwei PTFE-beschichtete Magnetrührstäbchen, die sich in einigem Abstand vom Boden drehen lassen. Dadurch wird vermieden, daß Zellen am Boden zerrieben werden. Seitlich sind meist zwei verschließbare Seitenarme angebracht, durch die Proben gezogen werden können, auch Beimpfung und Mediumwechsel erfolgen durch die Seitenarme. Der Deckel, der den Rührer hält, soll während der Kulturdauer nicht abgenommen werden.

Die Kultur wird auf einem Magnetrührer in einem Brutraum oder einem CO_2-Inkubator bebrütet. Es gibt CO_2-Inkubatoren, die mit eingebautem Motor 4 Spinnerflaschen gleichzeitig antreiben. Wichtig ist, daß durch den Magnetrührer keine zusätzliche Wärme auf die Flasche übertragen wird. Zumindest muß unter die Flasche, die auch gegen Herunterfallen gesichert werden muß, eine Styroporplatte als Wärmeisolierung gelegt werden. Es gibt jedoch spezielle Rührer, die keine Wärme übertragen.

Der Gasaustausch erfolgt bei niedrigen Flüssigkeitsspiegeln durch die nur mit einem Filter oder einer Folie verschlossenen Seitenarme.

Anlegen einer Suspensionsmassenkultur

Material: – Spinnerflasche, steril, für 1 l Medium
– Starterkultur aus stationärer Flaschenkultur (10^7 Zellen)
– Magnetrührer in Inkubator oder Brutraum
– Medium (z.B. 900 ml RPMI 1640 + 100 ml FKS + 50 mg Gentamycin)

– Zählen und Einstellen der Starterkultur auf 5×10^4 Zellen/ml in 20 ml (Zellkonzentrat)
– Medium mit Schlauchpumpe durch einen Seitenarm in Spinnerflasche einfüllen, Schaum vermeiden, 2. Seitenarm währenddessen offen lassen
– 20 ml Starterkultur mit Pipette durch Seitenarm einfüllen
– Beide Seitenarme im CO_2-Inkubator mit Aluminiumfolie, ansonsten fest verschließen
– Kultur auf Magnetrührer in Brutschrank oder Brutraum stellen
– Rührgeschwindigkeit auf ca. 50–60 U/min einstellen
– Tägliche Zellzählung. Die Lebensfähigkeit sollte bei 90 % liegen, sollte sie auf 20 % abfallen, kann die Kultur in aller Regel jedoch noch gerettet werden. Die Verdoppelungszeit der Population beträgt in der Regel ca. 24 h, die Ernte der Kultur («batch»-Verfahren) sollte bei einer Zellkonzentration von $1–1,5 \times 10^6$/ml erfolgen, was nach 3 – 4 Tagen der Fall ist
– Zur Ernte die Kultur aus der Spinnerflasche in der Reinraumwerkbank durch Seitenarme mittels Schlauchpumpe in Zentrifugenbecher absaugen und bei ca. $100 \times g$ abzentrifugieren.

Das Kulturvolumen kann jederzeit leicht vergrößert werden, allerdings muß ab einer bestimmten Größe, die von der Zellart und dem Medium abhängt, in der Regel ab 1 l, mit CO_2 angereicherte Luft durch das Medium perlen. Zu Kulturen, die zu langsam wachsen, kann man bis zu 20 % FKS zugeben.

9.3 Literatur

Bundesministerium f. Forschung und Technologie (BMFT): Tierische Zellkulturen, BMFT-Statusseminar, BMFT, Bonn. 1982

Knazek, R. A. et al.: Cell culture on artifical capillaries. Science **178**, 65–67. 1972

Lubiniecki, A. S.: Large-scale mammalian cell culture technology. Marcel Dekker, Inc., New York. 1991

Pharmacia Firmenschrift: Microcarrier cell culture, Pharmacia. 1981

Pollard, I. W. and Walker, I. M.: Animal cell culture. Humana Press, Clifton, NJ. 1990

10 Zellkulturen aus Geweben von Invertebraten und kaltblütigen Vertebraten

10.1 Invertebraten

Während das Anlegen von Kulturen aus Wirbeltiergewebe auch routinemäßig in der Regel immer möglich ist, steht von Invertebraten meist zu wenig Ausgangsmaterial zur Verfügung und die Technik der Gewinnung ist so kompliziert, daß das Anlegen von Primärkulturen für die Routine nicht in Frage kommt.

Es sind inzwischen jedoch von ungefähr 70 Spezies Zellinien herangezüchtet worden, größtenteils von Insekten, aber auch von Zecken und Mollusken. Die Linien stammen zwar von den verschiedensten Entwicklungsstadien und Organen, es gibt jedoch einige Gemeinsamkeiten bei der Kultivierung solcher Zellinien, die nachfolgend am Beispiel von Insekten-Zellinien geschildert werden sollen.

10.1.1 Temperatur

Das schnellste Wachstum wird zwischen 25 und 30°C beobachtet. Die meisten Zellinien wachsen bei 37°C sehr schlecht und zeigen eine veränderte Morphologie, während sie bei 20°C langsam wachsen, aber länger überleben. Eine empfehlenswerte Temperatur ist 27°C.

10.1.2 Atmosphäre

Weil Insekten-Zellkulturmedien hauptsächlich Phosphat-gepuffert sind, ist meistens keine CO_2-Begasung erforderlich.

10.1.3 Medien

Es sind ca. 40 verschiedene Medien beschrieben worden, die sich an die Zusammensetzung des Blutes der Insekten (Hämolymphe) anlehnen:

- Phosphat-Pufferung
- niedriger pH-Wert, 6,2 – 7,0
- hoher osmotischer Druck, um 320 mOsmol/kg H_2O
- geringe Schwankung des osmotischen Drucks, $\pm$ 10 mOsmol/kg H_2O
- hohe Konzentration freier Aminosäuren

Von den beschriebenen Medien hat das von Grace (1962) eine weite Verbreitung gefunden und ist in vorgefertigter Form erhältlich.

Meist werden den Medien 5–20% hitzeinaktiviertes FKS, Lactalbumin-Hydrolysat oder Hefe-Hydrolysat zugefügt. Erst in jüngster Zeit wurden Versuche unternommen, definierte, serumfreie Medien zu entwickeln (Miltenburger 1982). Penicillin und Streptomycin sind die häufigst verwendeten Antibiotika.

10.1.4 Subkultur

Die Teilungsrate der Kulturen liegt in der Regel zwischen 1:2 und 1:25, wobei als Kulturgefäß meist T 25-Kunststoffflaschen benutzt werden. Ist eine exakte Zellzählung nötig, so liegt die Einsaatmenge bei $1-3 \times 10^5$ Zellen/ml. Das Subkulturintervall liegt zwischen 2 Tagen und mehreren Wochen.

Man behält zunächst den bekannten Subkulturrhythmus einer frisch übernommenen Zelllinie bei und ermittelt nur bei Schwierigkeiten die Wachstumskurve unter den spezifischen Kulturbedingungen. Subkultiviert wird in der exponentiellen Wachstumsphase. Die Populationen verdoppeln sich in 16 bis 48 h und erreichen Zelldichten von $1 \times 10^6 - 1 \times 10^7$ Zellen/ml.

Subkultur von adhärenten Invertebratenzellen

– Medium abgießen
– 2 ml 0,25% Trypsin zugeben
– 2–5 min bei 28°C inkubieren
– Zellen durch Pipettieren ablösen und mit 1 ml hitzeinaktiviertem FKS (56°C für 30 min) das Trypsin inaktivieren
– Für 10 min bei $380 \times$ g abzentrifugieren (RT)
– Überstand abpipettieren und frisches Medium zugeben
– Volumen messen oder Zellen zählen und auf neue Kulturflaschen aufteilen.

10.1.5 Suspensionskultur

Zellen von Invertebraten, insbesondere Insektenzellen, können wie die Zellen von Vertebraten in Spinner- und Rollerflaschen oder Fermentern gezüchtet werden.

So wurden Zellen der Fruchtfliege *Drosophila melanogaster*, Linie 2, in Medium MEM-Dulbecco mit 10% FKS, 0,5% Laktalbumin-Hydrolysat und nichtessentiellen Aminosäuren bei einem pH-Wert von 6,9 in einer Atmosphäre mit 5% CO_2 bis zu einer Zelldichte von $1-4 \times 10^6$ Zellen/ml gezüchtet, die Generationszeit betrug 30 h.

10.1.5.1 Insektenzellen für die biotechnologische Produktion rekombinanter Proteine (SF 9: *Spodoptera frugiperda*)

Insektenzellen können in vitro mit einer bestimmten Klasse von Viren, der sog. Baculovirus-Familie, infiziert werden. Dabei wird ca. 18–24 h nach der Infektion ein Protein (Polyhedrin) in sehr hoher Konzentration (bis zu 50% des Proteingehalts der infizierten Insektenzelle) intrazellulär gebildet. Das Virus-Gen für Polyhedrin steht unter der Kontrolle eines sehr starken Promotors. Es kann durch ein fremdes Gen aus den verschiedensten Quellen (Bakterien, Viren, Pflanzen, Tiere) ersetzt werden. Insektenzellen, die mit diesem gentechnisch veränderten Virus infiziert werden, bilden dann das rekombinante Protein in hoher Konzentration (bis zu 500 mg/l).

Insektenzellen sind im Gegensatz zu prokaryontischen Bakterienzellen in der Lage, eukaryontische Proteine in der gewünschten Weise zu produzieren (Glykosylierung, Proteinfaltung u.a.). Sehr weit verbreitet ist die Zellinie Sf 9 (*Spodoptera frugiperda*-Ovarialzellen) für derartige biotechnologische Ansätze. Sie kann sowohl in Suspension als auch als Monolayerkultur gezüchtet werden.

Kultur von Sf 9-Zellen und Virusinfektion

Material: – Sf 9-Zellen (ATCC Nr. CRL 1711)
– Medium (TNM-FH) mit 10 % FKS)
– Spinnerflaschen (1 l), Rührer und sterile Rührstäbchen
– Brutschrank (ohne CO_2-Begasung), 95 % rel. Luftfeuchtigkeit
– Zentrifuge
– Druckluft mit Sterilfilter zur Begasung der Spinnergefäße
– Zellzähler (CASY oder Zählkammer)
– sterile Pipetten und Pipettierhilfe
– Virussuspension

Anlegen einer Suspensionskultur:
– Medium (450 ml) in einem 1 Liter-Spinnergefäß bei Zimmertemperatur vorbereiten
– 50 ml Suspension von Sf 9-Zellen ($1,5-3,0 \times 10^6$ Zellen/ml) zufügen
– Bei 27°C im Brutschrank bei einer konstanten Rührgeschwindigkeit von 50–60 rpm inkubieren. Für optimales Wachstum bei höheren Dichten kann eine **leichte** Belüftung der Oberfläche nötig sein (sterile Druckluft, Stopfen mit Pasteurpipette im 2. Entlüftungsrohr, nicht in das Medium einleiten)
– Stammkulturen bei einer Zelldichte von $2-2,5 \times 10^6$ Zellen/ml subkultivieren (ca. 2–3mal/Woche). Hierzu ca. 80 % der Zellsuspension entnehmen und durch frisches Medium ersetzen. Die entnommenen Zellen entweder zur Subkultivierung oder zur Kryokonservierung (s. Abschn. 5.5) verwenden. Exakter ist die Subkultivierung nach genauer Zellzählung.

Virusinfektion:
– Die Zellsuspension bei $1.000 \times g$ für 10 min zentrifugieren, dann Medium absaugen und mit frischem Medium auf eine Konzentration von 1×10^7 Zellen/ml einstellen (Vitalität sollte 97 % betragen)
– Virus- und DNA-Lösungen auf Zimmertemperatur bringen. Ca. 1 mg Wildtyp-Virus (AcMNPV) und ca. 2-4 µg der rekombinanten DNA (Transfervektor mit fremder DNA) in ein 15 ml-Polypropylenröhrchen geben, 7,5 ml Puffer (25 mM Hepes pH 7,1, 140 mM NaCl, 125 mM $CaCl_2$) zufügen. Vorsichtig mischen
– Mischung tropfenweise der Zellsuspension zufügen. Kulturgefäße für 4 h bei 27°C inkubieren
– Anschließend die Zellen vorsichtig abzentrifugieren ($500 \times g$ für 10 min), in frisches komplettes Nährmedium aufnehmen (Ausgangsdichte: 1×10^6 Zellen/ml) und für 5 Tage bei 27°C inkubieren
– Prüfung der Zellen auf Infektion unter dem Umkehrmikroskop ($250-400 \times$). Ca. 10–50 % der Zellen sollten im Kern virale Einschlußkörperchen aufweisen
– Mit dem Überstand einen Plaque-Test (s. u.) durchführen, um die rekombinanten Viren zu identifizieren. Der Virus-Titer sollte mindestens 10^7 «plaque forming units» (PFU) enthalten. Bis zu 90 % hiervon können rekombinante Viren-DNA enthalten.

Plaque-Test:
- Vom Überstand der Virusinfektion 10fach-Verdünnungen mit Kulturmedium herstellen (10^{-3} bis 10^{-5})
- Ca. 2×10^6 Sf 9-Zellen mit ca. 5 ml Medium in 60 mm $\varnothing$ Petrischalen einsäen (5–10 Schalen pro Verdünnung). 1 h bei 27°C inkubieren, bis sich die Zellen angeheftet haben
- Medium entfernen und jede Schale mit 1 ml der Virus-Verdünnung infizieren. Inkubation für 1 h bei 27°C, damit die Viren an die Zellen adsorbieren können.
- Agarose-overlay (s. S. 186, 1% Endkonzentration mit TNM-FH-Medium) herstellen und flüssig halten
- Virus-Inokulum von den Sf 9-Zellen absaugen und je Schale vorsichtig 5 ml flüssiges Agarose-overlay zugeben. Agar erstarren lassen (ca. 20 min) und noch zusätzlich 1 ml TNM-FH-Medium beifügen. Für 5 Tage bei 27°C inkubieren; Schalen dabei nicht bewegen
- Zur Identifizierung der Plaques eine 0,03% Neutralrotlösung in PBS (s. S. 186) herstellen und 5 ml davon in jede Schale geben. Für 1–2 h bei 27°C inkubieren, restliche Lösung absaugen und über Nacht umgedreht bei 4°C inkubieren
- Die Plaques erscheinen dann unter dem Umkehrmikroskop hell im dunkleren Umfeld des Monolayers. Man erkennt sie daran, daß die infizierten Zellen keine Polyhedrin-Einschlußkörper im Zellkern aufweisen
- Zur Isolierung die Agarose mittels einer sterilen Pasteurpipette unmittelbar über den gewünschten Plaques entnehmen und in 1 ml frischem Kulturmedium steril auf dem Whirl-Mix mischen. 30 min bei Zimmertemperatur stehenlassen
- Plaque-Test mit dem Virus-haltigen Überstand solange wiederholen, bis nur noch Plaques ohne Polyhedrin-Einschlußkörperchen unter dem Mikroskop zu entdecken sind.

Mit dem so gewonnenen Überstand, der rekombinante Viren enthält, können SF 9-Zellen infiziert werden. Dadurch kann man ausreichende Mengen an Inokulum für nachfolgende Massenkulturen gewinnen. Bei allen Schritten sollte getestet werden, ob das gewünschte Produkt in ausreichender Konzentration und Reinheit gebildet wurde.

Für weitere Einzelheiten, wie z.B. Herstellung rekombinanter Virus-DNA, Identifikation des rekombinanten Produkts etc. sei auf die Literatur am Ende dieses Kapitels verwiesen.

10.1.6 Aufbewahrung und Lagerung

Insektenzellinien können in ihren Kulturgefäßen bei niedriger Temperatur bis zu 9 Monate am Leben gehalten werden. Man verfährt hierzu wie folgt:

Aufbewahrung von Insektenzellinien

- Kultur in üblicher Weise subkultivieren
- Kulturflaschen gut verschließen und bei 5°C in einem Kühlschrank (Beleuchtung durch Herausschrauben der Lampe stillegen) lagern
- Kulturen (bei unbekannter Überlebenszeit) wöchentlich mikroskopieren und rechtzeitig vor einer Ablösung oder Degeneration subkultivieren. Die Rückkehr der ursprünglichen Wachstumsrate kann 5 Subkulturen nötig machen.

Tiefgefrierkonservierung von Insektenzellen

- Zellen aus der exponentiellen Wachstumsphase mit 0,25%igem Trypsin ablösen
- Bei 380 × g für 10 min bei Zimmertemperatur abzentrifugieren
- In der Hälfte des ursprünglichen Mediumvolumens, dem zuvor 10% Glycerin zugefügt wurden, aufnehmen
- In Einfrierröhrchen (s. Abschn. 5.5) zu je 1 ml in einer automatischen Apparatur (falls vorhanden) auf −120°C herunterkühlen und sofort in flüssigem Stickstoff lagern
- Auftauen durch Eintauchen in ein 28°C warmes Wasserbad; Schütteln beschleunigt das Auftauen
- Röhrcheninhalt von 1 ml und 4 ml Medium in eine T 25-Flasche einsäen
- Wenn die Zellen nicht innerhalb längstens 4 h angeheftet sind, Zellen abzentrifugieren, Überstände verwerfen, Zellen in frischem Medium ohne Glycerin aufnehmen
- Wenn sich die Zellen innerhalb von 4 h angeheftet haben, Medium mit einer Pipette absaugen und 5 ml frisches Medium ohne Glycerin zugeben.

10.2 Kaltblütige Vertebraten

10.2.1 Fischzellkulturen

Die Kultur von Knochenfischzellen unterscheidet sich nicht wesentlich von der der landlebenden Wirbeltiere. Für diagnostische Zwecke werden heute ausschließlich permanente Zellinien (s. Tab. 10-1) verwendet, deren Subkultur nachfolgend beschrieben wird. Dieselbe Methode wird auch zur Subkultur von Primärkulturen benutzt.

Subkultivierung von Fischzellen

Material: – MEM Earle, flüssig, steril + 10 % FKS + 50 µg/ml Gentamycin + 1 % einer 200 mM Glutaminlösung (bei Bedarf + 5 µg Amphotericin B/ml), pH-Wert durch Begasung mit CO_2 aus der Druckflasche auf die Oberfläche auf 7,3–7,5 einstellen
  – Trypsin-EDTA Lösung (0,05 % bzw. 0,02 %)
  – Kulturflaschen, Kunststoff-T 25 oder T 75
  – Sterile, gestopfte 5 ml, 10 ml und 25 ml-Pipetten
  – Sterile, ungestopfte, kurze Pasteurpipetten
  – Pipettierhilfe

– Kulturen auf Sterilität, gutes Wachstum und gewohnte Morphologie mit Umkehrmikroskop prüfen, nur einwandfreie Kulturen einer Zellart bearbeiten

– Alle Gegenstände, die in die Reinraumwerkbank gebracht werden, mit 70 %igem Ethanol abwischen, Hände desinfizieren, Gebläse der Reinraumwerkbank 1 h vor Arbeitsbeginn einschalten

– Verbrauchtes Medium mit Pasteurpipette und Vakuumpumpe absaugen

– Zu Kulturen in T 25-Flaschen 3 ml Trypsin-EDTA-Lösung; zu Kulturen in T 75-Flaschen 5 ml der Lösung zugeben

– Lösung gut schwenken, dann sofort absaugen, Kulturen sollen benetzt bleiben

– Kulturen bei Zimmertemperatur belassen, bis nach 4 – 7 min sich die Zellen abzulösen beginnen, dann durch leichtes Klopfen gegen die Hand Zellen lösen

– In T 25-Flaschen 5 ml, in T 75-Flaschen 10 ml frisches Medium einpipettieren, Zellen mit Pipette gut suspendieren und gem. Tab. 10-1 aufteilen oder nach Zellzählung der lebenden Zellen mit der Trypanblaumethode genaue Einsaatmenge einstellen

– Zellsuspension in Flaschen geben und mit Medium auffüllen

– Temperatur gem. Tab. 10-1 wählen.

Tab. 10-1: Häufig kultivierte Fischzellinien.

Name	ATCC[1] Nr.	Zellen/ml	Zellform	°C
BB[2]	CCL 59	$1 \cdot 10^5$	fibroblastoid	23
BF-2[3]	CCL 91	$1 \cdot 10^5$	fibroblastoid	23
CAR[4]	CCL 71	$1 \cdot 10^5$	fibroblastoid	25
CHH-1[5]	CRL 1680	–	Herzgewebe	–
CHSE-214[6]	CRL 1681	–	–	21
FHM[7]	CCL 42	$5 \cdot 10^5$	epitheloid	34
Grunt Fin (GF)[8]	CCL 58	$2 \cdot 10^5$	fibroblastoid	20
RTG[9]	CCL 55	$3 - 5 \cdot 10^4$	fibroblastoid	22
RTH[10]	CRL 1710	–	Hepatom	–

[1] American Type Culture Collection (s. S. 236)
[2] *Ictalurus nebulosus* (Kleiner Katzenwels)
[3] *Lepomis macrochiru* (Blauwange)
[4] *Carassius auratus* (Goldfisch)
[5,6] *Oncorhynchus tshawytscha* (Quinnat-Lachs)

[7] *Pimephales promelas* (Fat head minnow)
[8] *Haemulon sciurus* (Blaustreifengrunzer)
[9] *Salmo gairdneri* (Regenbogenforelle)
[10] *Salmo gairdneri* (Regenbogenforelle)

Angemerkt sei, daß das angegebene Medium (Wolf et al. 1976) für die Zucht der meisten Zellen von Teleostiern (Knochenfischen) geeignet ist.

Wenn sich die Zellen mit der angegebenen Trypsin-EDTA-Mischung nicht ablösen lassen, kann man auch EDTA-Lösung allein (0,02%ig) verwenden. Sie darf aber nicht länger als 10 – 12 min auf den Zellen bleiben, da sonst Zellschäden auftreten können.

10.3 Literatur

Babich, H., Borenfreund E.: Cultured fish cells for the ecotoxicity testing of aquatic pollutants. Toxic Assess. 2, 113–133. 1987

Bols, N.C., Lee, L.E.: Technology and use of cell cultures from the tissues and organs of bony fish. Cytotechnol. 6, 163–187. 1991

Grace, T.D.C.: Establishment of four strains of cells from insect tissue grown in vitro. Nature **195**, 788–789. 1962

Lorenzen, A., Okey, A.B.: Detection and characterization of [³H]2,3,7,8-tetrachlorodibenzo-p-dioxin binding to Ah receptor in a rainbow trout hepatoma cell line. Toxicol. appl. Pharmacol. **106**, 53–62. 1990

Luckow, V.A., Summers, M.D.: Trends in the development of Baculovirus expression vectors. Biotechnology 6, 47–55. 1988

Miltenburger, H.G.: Untersuchungen zur Entwicklung chemisch definierter Nährmedien für tierische Zellkulturen. in: Tierische Zellkulturen-BMFT-Statusseminar (ed.: Bundesministerium f. Forschung und Technologie), 401–414. 1982

Page, M.J., Murphy, V.F.: Expression of foreign geneses in cultures insect cells using a recombinant Baculovirus vector. In: Pollard, J.W. and Walker, J.M. (eds.): Animal cell culture. Vol. 5, 573–599. Humana Press, Clifton, NJ.. 1990

Summers, M.D., Smith, G.E.: A manual of methods for Baculovirus vectors and insect cell culture procedures. Texas A & M University, Bulletin No. 1555. 1988

Vlak, J.M. et al. (eds.): Baculovirus and recombinant protein production processes. Edit. Roche, Basel. 1992

Webb, N.R., Summers, M.D.: Expression of proteins using recombinant Baculoviruses. Technique **2**, 173–188. 1990

Wolf, K. et al.: Procedures for subculturing fish cells and propagation fish cell lines. TCA-Manual **2**, 471–474. 1976

Wolf, K.: Fish viruses and fish viral diseases. Cornel Univ. Press, New York. 1988

11 Pflanzenzellkulturen

Pflanzliche Zell- und Gewebekulturen sind zu einem wichtigen Hilfsmittel der Grundlagenforschung und der praktischen Pflanzenzüchtung geworden, da ihre Relevanz für die Biotechnologie und die Agrarwirtschaft erkannt worden ist (Abb. 11-1).

Die pflanzliche Zelle unterscheidet sich physiologisch nicht zuletzt dadurch von der tierischen Zelle, daß sie die Totipotenz besitzt, sich in Kultur wieder zu der gesamten Pflanze mit allen Geweben zu entwickeln. Diese Kulturtechnik ist bereits eingeführt. Auf diese Weise können auch haploide Pflanzenzellen gezüchtet werden, aus denen haploide Pflanzen hervorgehen, was den Züchtungsgang wesentlich beschleunigt und vereinfacht. Ferner können spezielle pflanzliche Zellsysteme als Bioindikatoren für Umwelteinflüsse herangezogen werden.

Natürlich können aus pflanzlichen Zellkulturen auch wertvolle Naturstoffe gewonnen werden, die in der Medizin, der Nahrungsmittelindustrie und der Agrochemie mannigfaltige Verwendung finden.

11.1 Lösungen und Medien

Für die Bereitung der Nährmedien gelten im Prinzip die gleichen Vorsichtsmaßnahmen wie für die Medien zur Kultivierung von tierischen Zellen. Für die Routinezüchtung von Kalli sowie für die Suspensionskulturen gibt es heute käufliche Präparationen, die einen hohen und gleichmäßigen Qualitätsstandard auch für die Pflanzenzellkultur versprechen (Tab. 11-1). Sie sind nach einer gewissen Erprobungs- und Anpassungsphase stets billiger und leichter zu handhaben als selbst zubereitete Formulierungen. Allerdings gibt es gerade in der Pflanzenzellkultur immer wieder spezielle Fragestellungen, die es erforderlich machen, die eine oder andere Substanz zu variieren, wegzulassen, einzufügen oder die Konzentration gegenüber der käuflichen Formulierung zu verändern.

Dabei hat es sich bewährt, einzelne Gruppen von Substanzen in einer Art von Stammlösungen, die entweder 10fach oder 100fach konzentriert sein können, herzustellen. Es ist darauf zu achten, daß verschiedene Salze bei diesen Stammlösungen nicht zusammengebracht werden dürfen, da es sonst zu Ausfällungen kommen kann. Diese Stammlösungen können eingefroren über längere Zeit (bis zu einem Jahr und länger) ohne Schaden aufbewahrt werden.

Man trenne am besten, wenn man die Medien selbst bereitet, die Salze nach ihrer Konzentration in der Weise, daß man die Salze mit einer Konzentration über 1 g/l und unter 1 g/l getrennt in dem. Wasser löst. Diese Lösungen lassen sich dann leicht einfrieren. Auxin und die Pflanzenhormone können ebenfalls getrennt als Lösungen eingefroren werden, ebenso die weiteren organischen Bestandteile.

Nur solche Substanzen, die wie Agar o. ä. in gefrorenem Zustand nicht stabil sind, müssen frisch zugefügt werden.

Bei der Sterilisation der Medien ist zu beachten, daß einige autoklaviert werden können, wie z.B. die reinen Salzlösungen, während andere, die neben den organischen Bestandteilen hitzeempfindliche Pflanzenhormone enthalten, durch Filtration sterilisiert werden müssen.

Die Salzlösungen mit Mannitol können ebenfalls autoklaviert werden.

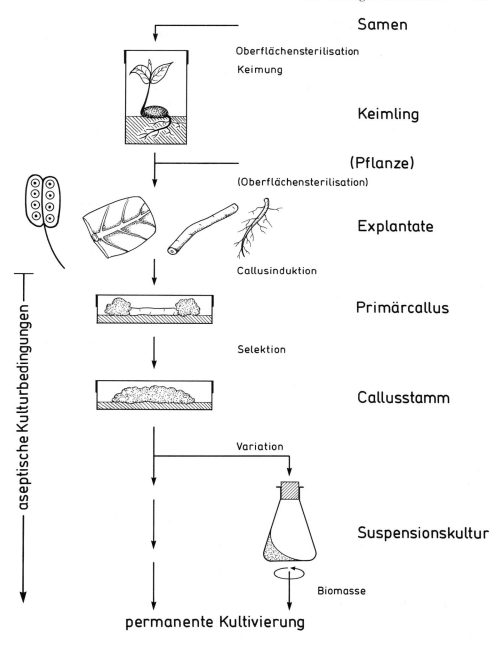

Abb. 11-1: Schematische Darstellung zum Anlegen von Pflanzenzellkulturen.

Tab. 11-1: Pflanzenzellkulturmedien

Bestandteile	Begonien Multiplikationsmedium Murashige mg/Liter	Boston Farn Multiplikationsmedium Murashige mg/Liter	Gamborg's B5 Medium mg/Liter	Gerbera Multiplikationsmedium mg/Liter	Gerbera Vortransplantmedium mg/Liter	Lilien Multiplikationsmedium Murashige mg/Liter	Murashige und Skoog Medium mg/Liter
$CaCl_2 \cdot 2H_2O$ (anhyd)	439,80	439,80	150,0	439,80	439,80	439,80	440,0
$CoCl_2 \cdot 6H_2O$	0,025	0,025	0,025	0,025	0,025	0,025	0,025
$CuSO_4 \cdot 5H_2O$	0,025	0,025	0,025	0,025	0,025	0,025	0,025
FeNa EDTA	36,70	36,70	40,00	36,70	36,70	36,70	36,70
H_3BO_3	6,20	6,20	3,00	6,20	6,20	6,20	6,20
KH_2PO_4	170,0	170,0		170,0	170,0	170,0	170,0
KJ	0,83	0,83	0,75	0,83	0,83	0,83	0,83
KNO_3	1900	1900	3000	1900	1900	1900	1900
$MgSO_4 \cdot 7H_2O$	370,60	370,60	250,00	370,60	370,60	370,60	370,0
$MnSO_4 \cdot 4H_2O$	22,30	22,30	13,20	22,30	22,30	22,30	22,30
$NaH_2PO_4 \cdot 2H_2O$		288,0	169,60	96,00	96,00	192,0	
$Na_2MoO_4 \cdot 2H_2O$	0,25	0,25	0,25	0,25	0,25	0,25	0,25
NH_4NO_3	1650	1650		1650	1650	1650	1650
$(NH_4)_2 SO_4$			134,0				
$ZnSO_4 \cdot 7H_2O$	8,60	8,60	2,00	8,60	8,60	8,60	8,60
Saccharose	30000	30000		45000	45000	45000	
Inositol	100,0	100,0	100,0	100,0	100,0	100,0	100,0
Folsäure							
Nikotinsäure			1,00	10,00	10,00		0,50
Thiamin HCl	0,40	0,40	10,00	30,00	30,00	0,40	0,10
Pyridoxin HCl			1,00	10,00	10,00		0,50
Glycin							2,00
$Adenin\text{-}SO_4 \cdot H_2O$	26,84			71,59		71,59	
Indol-Essigsäure	1,00			0,50	10,00		
Naphthalen-Essigsäure		0,10				0,30	
Kinetin		2,00		10,00			
L-Tyrosin-Dinatriumsalz				124,30	124,30		
N^6-Isopentyladenin	10,00					3,00	
Agar	(8000)	(8000)		(10000)	(10000)	(8000)	(10000)

Für den Sterilisationsprozeß gelten auch für die bei der tierischen Zellkultur angegebenen Regeln.

Die Papiertücher, die bei der Herstellung von Kalli verwendet werden, können am besten als ungeöffnete Packungen in eine Aluminiumfolie eingewickelt, autoklaviert werden. Es gibt aber auch für den chirurgischen Bedarf sterile Papiertücher, die ebenfalls Verwendung finden können.

Das chemisch definierte Linsmaier-Bednar- und Skoog-Medium ist eine Weiterentwicklung des Pflanzen-Zellkulturmediums von White aus dem Jahre 1943 (Tab. 11-2). Durch seinen großen Anteil an anorganischen Salzen und seinen optimal geringen Gehalt an organischen

Bestandteile	Minimal Organmedium Murashige mg/Liter	Murashige und Skoog Pflanzensalzmixtur mg/Liter	Nitsch's Medium H mg/Liter	Sprössling Multiplikationsmedium A Murashige mg/Liter	Sprössling Multiplikationsmedium B Murashige mg/Liter	Sprössling Wurzelspitzenmedium Murashige mg/Liter	White's Medium (modifiziert) mg/Liter
$CaCl_2 \cdot 2H_2O$	439,80	439,80	166,0	439,80	439,80	439,80	
$Ca(NO_3)_2$							208,50
$CoCl_2 \cdot 6H_2O$	0,025	0,025		0,025	0,025	0,025	
$CuSO_4 \cdot 5H_2O$	0,025	0,025	0,025	0,025	0,025	0,025	0,001
FeNa EDTA	36,70	36,70	36,70	36,70	36,70	36,70	4,59
H_3BO_3	6,20	6,20	10,00	6,20	6,20	6,20	1,50
KCl							65,00
KH_2PO_4	170,0	170,0	68,00	170,0	170,0	170,0	
KJ	0,83	0,83		0,83	0,83	0,83	0,75
KNO_3	1900	1900	950,0	1900	1900	1900	80,00
$MgSO_4 \cdot 7H_2O$	370,60	370,60	185,0	370,60	370,60	370,60	720,00
$MnSO_4 \cdot 4H_2O$	22,30	22,30	25,00	22,30	22,30	22,30	7,00
$Mo\ O_3$							0,0001
Na_2SO_4							200,0
$NaH_2PO_4 \cdot 2H_2O$				192,0	192,0		18,70
$Na_2MoO_4 \cdot 2H_2O$	0,25	0,25	0,25	0,25	0,25	0,25	
NH_4NO_3	1650	1650	720,0	1650	1650	1650	
$(NH_4)_2\ SO_4$							
$ZnSO_4 \cdot 7H_2O$	8,60	8,60	10,00	8,60	8,60	8,60	3,00
Sucrose	30000			30000	30000	30000	
Inositol	100,0		100,0	100,0	100,0	100,0	
Folsäure			0,50				
Nikotinsäure			5,00				0,50
Thiamin HCl	0,40		0,50	0,40	0,40	0,40	0,10
Pyridoxin HCl			0,50				0,10
Glycin			2,00				3,00
Biotin			0,05				
$Adenin\text{-}SO_4 \cdot H_2O$				71,59		71,59	
Indol-Essigsäure				0,30	2,00	0,30	
Kinetin					2,00	1,00	
N^6-Isopentyl-adenin				30,00			
Agar	(8000)	(8000)		(8000)	(8000)	(8000)	

Komponenten ergibt dieses L + S Medium ein ausgezeichnetes Wachstum von Kallus, Einzelzellen und Geweben.

Das Medium stellt ein Minimalmedium dar und eignet sich für die Zellzüchtung in Suspensionskulturen, für die Züchtung von Kallus-Gewebe und für die Bildung von Wurzeln, Stengeln und Blättern, d.h. für die Regeneration ganzer Pflanzen aus den entsprechenden Kalli oder Pflanzenteilen.

Kinetin, IES und Saccharose sind im Pulvermedium nicht enthalten und werden je nach den unterschiedlichen Bedürfnissen der verschiedenen Pflanzenarten zugegeben (Tab. 11-3). Das fertige Medium sollte im Dunkeln bei 4°C aufbewahrt werden, weil FEEDTA von Licht im

Tab. 11-2: Zusammensetzung des Linsmaier-Bednar- und Skoog-Mediums

Anorganische Bestandteile	mg/l	Organische Bestandteile	mg/l
NH_4NO_3	1650,00	Kinetin	0,001−10
KNO_3	1900,00	3-Indolessigsäure	1−30
		(IES, Heter000auxin, IAA)	
$CaCl_2 \cdot 2\ H_2O$	440,00	meso-Inositol	100
$MgSO^2 \cdot 7\ H_2O$	370,00	Thiamin/HCl	0,4
KH_2PO_4	170,00	Saccharose	30000
$Na_2EDTA \cdot H_2O$	37,25	Agar (für Festmedium)	10000
$FeSO_4 \cdot 7\ H_2O$	27,85		
H_3BO_3	6,20		
$MnSO_4 \cdot H_2O$	16,897		
$ZnSO_4 \cdot 7^2H_2O$	10,58		
KJ	0,83		
$Na_2MoO_4 \cdot 2\ H_2O$	0,25		
$CuSO_4 \cdot 5\ H_2O$	0,025		
$CoCl_2 \cdot 6\ H_2O$	0,025		

Die organischen Bestandteile werden je nach Pflanzen- und Kulturart individuell zugegeben. Für genauere Angaben wird auf die Spezialliteratur verwiesen. Konzentrationsangaben beziehen sich auf Arbeiten von Linsmaier und Skoog.

Tab. 11-3: Beispiele für Konzentrationen von Pflanzenhormonen bei Tabak-Kulturen und anderen

(Regenerierung von Pflanzen)	
Kallusbildung:	2 mg IES/l + 2 mg Kinetin/l
Sprossbildung:	0,2 mg IES/l + 2 mg Kinetin/l
Wurzelbildung:	2 mg IES/l + 0,2 mg Kinetin/l

UV- und Blaubereich zersetzt wird, wobei Formaldehyd entstehen kann, das wiederum Wachstumsstoffe und Hormone zerstören kann. Derartige Lampen sollten also nicht verwendet werden oder der schädigende Lichtanteil sollte durch entsprechende Filter eliminiert werden.

Herstellung von Pflanzenkulturmedien aus vorgemischtem Pulvermedium

Material: – Vorgemischtes Pulvermedium
– Größere Glasgefäße mit Schraubverschluß (autoklavierbar)
– Aqua dem.
– Reagenzien für die pH-Einstellung
– Autoklav

– Ein genügend großes Glasgefäß mit ca. 75 % des Endvolumens mit Aqua dem. füllen
– Erforderliche Menge an Pulvermedium abwiegen und zugeben. **Achtung**: Hitzeempfindliche Substanzen erst nach dem Autoklavieren zugeben!
– Bis zur Auflösung des Pulvers rühren. Vorsichtiges Erwärmen erleichtert den Lösungsvorgang
– Auffüllen auf etwa 90 % des Endvolumens mit Aqua dem.; pH-Wert bei 5,5 einstellen

- Falls Agar im Medium enthalten ist, die Mischung bis über 50°C (nicht kochen!) erhitzen und rühren, bis eine klare Lösung vorliegt
- Falls erforderlich, in kleinere Portionsgefäße mit Schraubverschluß verteilen. Verschluß nicht ganz fest zudrehen! Bei agarhaltigen Medien die Temperatur beim Abfüllen auf 50°C halten
- Autoklavieren bei 121°C für 15 min.; langsam abkühlen lassen
- In 10% Restvolumen gelöste hitzeempfindliche Substanzen sterilfiltrieren und unter der Sterilwerkbank in die Gefäße verteilen
- Beschriften und bei 4°C lagern.

11.2 Züchtung eines Pflanzenkallus aus meristematischem Gewebe

Entfernt man Meristemgewebe (Wachstumsschicht) aus Dicotyledonen (zweikeimblättrige Pflanzen), so brauchen diese Explantate zum Überleben ein Nährmedium (Tab. 11-4). Dieses besteht aus Mineralsalzen, einer Kohlenstoffquelle (meist Saccharose) und Vitaminen. Ferner bedürfen die isolierten Gewebe eines Zusatzes von Phytohormonen, wobei man in der Regel auf synthetische Hormone, wie 2,4-Dichlorophenoxyessigsäure (2,4-D), Kinetin (6-Furfurylaminopyrin) oder 3-Indolessigsäure (IES, Heteroauxin) zurückgreift. Daneben kann man noch in speziellen Fällen, um z.B. das Kalluswachstum zu optimieren, Caseinhydrolysate, Aminosäuren und andere organische Bestandteile hinzufügen.

Zum **Kalluswachstum** (Kallus = Wund- und Vernarbungsgewebe) ist es notwendig, daß das Nährmedium in fester Form vorliegt. Dies wird durch einen Zusatz von 0,6 bis 1% (Gew. %) Agar ermöglicht. Der pH-Wert des Mediums liegt bei ~ 5,6, eine externe Begasung zur Aufrechterhaltung des pH-Wertes wie bei Säugerzellen ist nicht notwendig, ebensowenig eine erhöhte Temperatur. Die Inkubation der Kalli sollte im Dunkeln stattfinden, es sei denn, man benötigt für spezielle Fragestellungen eine Beleuchtung.

Weitere spezielle apparative Zusatzeinrichtungen sind nicht notwendig. Zur Kalluszüchtung eignen sich prinzipiell alle Pflanzenteile, allerdings sind Kalli, die aus altem Pflanzengewebe gezüchtet werden, meist sehr langsam im Wachstum, polyploid oder wachsen nur unregelmäßig an. Es hat sich bewährt, die für den Versuch benutzten Pflanzen selbst heranzuzüchten, da man definierte Bedingungen einhalten kann.

Die betreffenden Gewebe müssen vor der Explantation zunächst oberflächlich gut gereinigt werden. Das zu kultivierende Gewebe wird aus der Pflanze mittels eines sterilen Skalpells entfernt und in gleich große Stücke geschnitten. Die Gewebestückchen werden auf das Agarmediumgemisch, das sich entweder in einem kleinen Erlmeyerkolben oder in einem Reagenzglas befindet, gelegt und im Dunkeln bei Zimmertemperatur gehalten.

Je nach Art, Alter und Herkunft des Pflanzenmaterials wächst nun innerhalb von ca. 4 Wochen aus den Gewebestückchen ungeordnet Zellmaterial aus, das als Kallusgewebe bezeichnet wird (Abb. 11-2). Dabei ist in dieser Zeit sorgfältig darauf zu achten, daß das Pflanzengewebe nicht von Bakterien oder Pilzen überwuchert wird. Solche Kulturen sind sofort zu vernichten, um nicht auch die anderen Explantate zu gefährden. Nach erfolgtem Auswachsen der Kalli können diese unter sterilen Bedingungen leicht subkultiviert werden, indem man von diesem relativ rigiden Kallusmaterial definierte Stücke, am besten mittels eines Skalpells, abschneidet und in neue Kulturgefäße transferiert. Die Beschaffenheit eines solchen Kallus kann durch die Konzentration des Agars und durch Variierung der Phytohormone und anderer Bestandteile nach Subkultivierung verändert werden. Durch Erhöhung des

Tab. 11-4: Zusammenfassung von Substanzen für Pflanzenmedien (in mg/l).

	für Kallus- und Suspensionskulturen	für Protoplasten- kulturen
Makroelemente		
$Ca(H_2PO_4)_2 \cdot H_2O$	–	100,0
$FeSO_4 \cdot 7H_2O$	27,8	–
KH_2PO_4	170,0	–
KNO_3	1900,0	2500,0
$MgSO_4 \cdot 7H_2O$	370,0	250,0
Na_2 EDTA	37,3	–
$NaH_2PO_4 \cdot 2H_2O$	–	170,0
NH_4NO_3	1650,0	–
$(NH_4)_2SO_4$	–	134,0
Mikroelemente		
$CoCl_2 \cdot 6H_2O$	0,025	0,025
$CuSO_4 \cdot 5H_2O$	0,025	0,025
H_3BO_3	6,2	3,0
KJ	0,83	0,76
$MnSO_4 \cdot 4H_2O$	22,3	13,2
$Na_2MoO_4 \cdot 2H_2O$	0,25	0,25
$ZnSO_4 \cdot 7H_2O$	8,6	2,0
sonstiges		
Sequestren 330	–	28,0
Saccharose	2%	1%
Glucose	–	18000,0
Mannitol	–	100000,0
Inositol	–	100,0
Nicotin-Säure	0,50	1,0
Pyridoxin	0,1	1,0
Thiamin HCl	0,1	10,0
Glycin	3,0	–
2,4-Diphenoxyessigsäure	–	0,1
1-Naphtylessigsäure	–	1,0
6-Benzylaminopurin	–	1,0
Kinetin	s. Tab. 11-3	–
Agar	(0,8%)	–
pH	5,8	5,8

Gehaltes an Vitaminen und Phytohormonen kann die Kallusbeschaffenheit so modifiziert werden, daß die Kalli leicht in flüssigem Medium unter Schütteln als Zellsuspension weiter wachsen können. Dazu kann das gleiche Nährmedium genommen werden, allerdings ohne Agarzusatz.

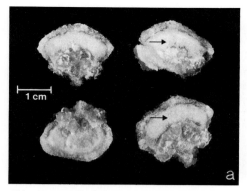

Abb. 11-2: Kalluskultur von *Daucus carota* L.
a) Kallusbildung auf Wurzelexplantaten (8 Tage alt);
b) Regeneration von Karottenpflänzchen aus Kallus (8 Wochen alt). (Aus Seitz et al. 1985).

Kallus-Kultur (Karottenwurzeln)

Material: – 50 ml Erlenmeyer-Kölbchen (Weithals) mit Wattestopfen
- Papiertücher (ca. 200 × 200 mm) steril 90 mm ∅ Petrischalen (bakteriol.) steril
- Steriles Aqua dem. in großem Erlenmeyer-Kolben
- Sterile Uhrglasschalen oder Kristallisierschalen (mind. 50 mm ∅ und ca. 30 mm Tiefe)
- mehrere sterile Pinzetten und Skalpelle
- Parafilm, Tablett f. Erlenmeyer-Kolben
- 1 Nagelbürste
- Natriumhypochloritlösung (20 %) oder Domestos (1:5 mit Aqua dem. verd.)
- Nährmedium mit Agarzusatz in den Erlenmeyerkolben
- Karotten oder andere Pflanzen

– Von der Pflanze alle Teile entfernen, die krank, beschädigt, alt oder schlecht aussehen, einschließlich der Blätter

– Die Karottenwurzel unter fließendem Wasser mit der Nagelbürste gut reinigen, um alle oberflächlichen Verschmutzungen abzuwaschen

– Die Wurzel auf ca. 10 cm trimmen und für ca. 30 min in die Natriumhypochloritlösung legen, so daß die gesamte Fläche der zu reinigenden Pflanzenteile bedeckt ist. Anschließend die Karottenwurzel dreimal mit sterilem Aqua dem. gründlich von der Hypochloritlösung befreien und mit den sterilen Papiertüchern trocknen. Die weiteren Schritte sollten alle unter der sterilen Werkbank durchgeführt werden!

– Von beiden Enden der Wurzel ca. 2 bis 3 cm entfernen und dann mittels eines scharfen sterilen Skalpells ca. 1 mm dicke Scheibchen ausschneiden. Die Scheibchen können am besten in den Uhrgläsern geschnitten werden. Jede Scheibe in eine separate Petrischale legen und dann aus der runden Scheibe von innen her ca. 5 mm große Würfelchen ausschneiden. Es sollte darauf geachtet werden, daß die Stückchen einigermaßen gleich sind und nur solche Teile genommen werden, die eine Wachstumsschicht enthalten, also die inneren Schichten mit dem Kam-

bium (= Meristem). Danach die Stückchen unter sterilen Bedingungen in die Erlenmeyer-Kölbchen mit der Agar-Medium-Mischung legen, wobei darauf zu achten ist, daß die Region, die die Seite zum Wurzelpol markiert, auf dem Agar zu liegen kommt
- Die Erlenmeyer-Kolben verschlossen in den dunklen Brutschrank bei ca. 20°C inkubiert. Es wird ca. 3 bis 6 Wochen dauern, bis genügend Kallusmaterial ausgewachsen ist, um die Kalli zu subkultivieren.

11.3 Subkultur von Kalli

Subkultivierung von Kalli

Material: siehe Kallus-Kultur

- Die Primärexplantate, aus denen ein Kallus gewachsen ist, oder die schon gezüchteten Kalli aus den Erlenmeyer-Kolben entnehmen und in ein steriles Uhrglas oder in eine sterile Petrischale überführen. Dies geschieht am besten durch sterile, an den Enden gebogene Pinzetten
- Die Kalli in ca. 2 mm dicke Scheibchen mittels zweier Skalpelle schneiden. Der Durchmesser dieser Stückchen sollte zwischen 3 und 5 mm sein. Nekrotische Kalli sowie Kalli, die eindeutig kontaminiert sind, sollten sofort verworfen werden. Die Kalli müssen gleichmäßig hell erscheinen. Anfangs ist es günstig, das Wachstum der Kalli mittels Wägung zu kontrollieren. Die subkultivierten Kalli auf dem Nährboden in neue Erlenmeyerkolben auslegen und bei 25–27°C weiter inkubieren (Intervall für eine Subkultivierung von Kalli: ca. 4 Wochen).

11.4 Pflanzenzellkulturen als Suspensionskulturen

Im Gegensatz zu ganzen Pflanzen und auch zu den oben erwähnten Kalluskulturen sind Suspensionskulturen aus Pflanzenzellen viel besser definierbar; sie sind einheitlicher und experimentellen Bedingungen leichter zugänglich (Abb. 11-3). Ferner sind Pflanzenzellen in Suspension als «Produzenten» von Biomasse und interessanter Naturstoffe von Bedeutung.

Sie können kloniert werden, sind als totipotente Zellen befähigt, wieder eine ganze Pflanze zu bilden und sind molekularbiologischen Manipulationen relativ leicht zugänglich.

Ferner sind Suspensionskulturen weder abhängig vom Nährmediumgradienten (Tab. 11-4) noch von der Schwerkraft bei ihrem Wachstum. Diese Bedingungen sind dagegen bei der Kalluskultur zu berücksichtigen.

Neben diesen «Vorteilen» kommen noch bessere Erträge aufgrund der höheren Wachstumsgeschwindigkeit hinzu sowie die einfachere experimentelle Handhabung.

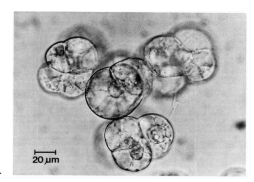

Abb. 11-3: Zellen einer Suspensionskultur von *Petroselinum crispum* Mill. (Aus Seitz et al. 1985).

Anlegen von Suspensionskulturen aus Kalluskulturen

Material: – Kalluskulturen
– Sterile Weithalserlenmeyerkolben, 500 ml
– Pflanzenzellkulturmedium mit 5×10^{-8} g/l 2,4-Diphenoxyessigsäure (2,4-D.)
– sterile Stopfen für Erlenmeyerkolben (entweder Wattestopfen oder luftdurchlässige Silikonstopfen)
– Horizontalschüttelmaschine
– sterile Meßzylinder
– sterile Pipetten
– sterile Siebe (entweder aus Nylongaze oder aus rostfreiem Stahl) passend auf die Meßzylinder Maschenweite: 250 µm
– Petrischalen (90 mm Durchmesser)
– sterile lange Spatel

– Man nehme einen Kallus, den man evtl. mit einer ganz bestimmten 2,4-D-Konzentration schon speziell vorbehandelt hat, um ihn etwas weicher zu erhalten, und schneide mit sterilen Skalpellen kleine Stückchen in der Petrischale zurecht. Für einen Erlenmeyerkolben mit 250 ml Fassungsvermögen und 60 ml Inhalt an Medium benötigt man ca. 1 g Frischkallus

– Diese Kallusstückchen dann unter sterilen Bedingungen in einen Erlenmeyerkolben mit flüssigem Medium mit 2,4-D-Zusatz geben und dann zunächst mit steriler Aluminiumfolie und danach noch mit Parafilm gut verschließen

– Die inokulierten Kolben auf den Schüttler stellen (dunkel halten!) und mit einer Schüttelfrequenz von 60 bis 100 U/min für 7 Tage schütteln

– Danach die Kolben wieder in die Sterilbank stellen und Parafilm und Aluminiumfolie entfernen. Die sterilen Meßzylinder mit den aufgesetzten Sieben abflammen und die Zellsuspension aus den Erlenmeyerkolben auf die Siebe geben

– Das Filtrat mit den Zellen im Meßzylinder ca. 10 min in der Sterilbank stehen lassen, um den Zellen Gelegenheit zu geben, zu sedimentieren

– Danach das überstehende Medium abgießen und das Zellsediment in einen neuen Erlenmeyerkolben mit frischem Medium überführen

– Die Kolben wieder mit Folie und Parafilm verschließen und erneut auf den Schüttler stellen.

Die Siebprozedur wird dann nach weiteren sieben Tagen wiederholt, allerdings wird jetzt nur mehr ca. $\frac{1}{5}$ der Zellsuspension in neue Erlenmeyerkolben gefüllt. Diese werden nach der Inokulation mit sterilen Wattestopfen oder luftdurchlässigen Silikonstopfen wieder verschlossen. Als eine Faustregel kann gesagt werden, daß nach 3–4 solcher 7-Tagesperioden der Subkultivierung eine relativ homogene Einzelzellsuspension erreicht werden kann.

Subkultivierung von Kallussuspensionskulturen

Material: s. Subkultivierung von Kalli

– Unter der Reinraumwerkbank die bereits angelegten Suspensionskulturen leicht durchmischen, um eine homogene Suspension der Zellen zu gewährleisten
– Danach ein Aliquot aus dem Erlenmeyer entnehmen und in einen Erlenmeyer mit frischem Medium pipettieren. Das Verhältnis von frischem Medium zu Volumen der Zellsuspension ist nicht allzu kritisch, ein Verhältnis von 1:10 bis 1:20 ist ausreichend. Bei genaueren experimentellen Ansätzen beginnt man am besten mit einem Verhältnis von 1×10^5 bis 5×10^5 Zellen pro ml (dies entspricht in etwa einem Frischgewicht von ca. 100 bis 500 mg) auf 60 ml frisches Medium.

11.5 Isolierung von Einzelzellen und Protoplasten aus Pflanzenzellkulturen

Einzelne isolierte Zellen stellen eine sehr gute Grundlage für eine Reihe von Experimenten dar. Hierzu können Wachstumskurven unter speziellen Bedingungen gehören, genetische Experimente, Interaktionen zwischen pathogenen Einflüssen und den isolierten Zellen und auch Zell-Zellwechselwirkungen. **Protoplasten**, also Pflanzenzellen ohne Zellwand, lassen sich als solche in Suspensionskultur über eine gewisse Zeit halten, ohne daß sie sich teilen und eine neue Zellwand bilden. Dies geschieht meist erst innerhalb von 3 bis 5 Tagen.

Doch diese Art von Pflanzenzellen müssen vorher enzymatisch von ihrer Zellwand befreit werden. Dies geschieht mit Hilfe von speziellen Cellulasen in einer Konzentration von 0,5 bis 1,0 % im Aufarbeitungsmedium (Abb. 11-4). Eine weitere Quelle zur Gewinnung von Protoplasten stellen junge Blätter dar, am besten aus Mesophyllgewebe (mittlere Blattschicht). Ferner können Protoplasten mit anderen Protoplasten zur Fusion gebracht werden und solche Zellhybride können dort eingesetzt werden, wo sexuelle Verfahren nicht möglich sind. Die Fusion wird entweder chemisch, durch Sendai-Virus oder durch Wechselstrom induziert.

Wachstum der einzelnen Zellen zu Kolonien kann innerhalb von ca. 10 Tagen sichtbar werden. Es gibt mehrere Methoden, das Wachstum der Einzelzellen zu lokalisieren. Am besten in einem Umkehrmikroskop mit Phasenkontrasteinrichtung, wobei man die Vergrößerung zunächst niedrig halten sollte, um die Einzelkolonien und deren Lage zu registrieren.

Es empfiehlt sich hierbei, mit einem speziellen Halterungssystem für die Multischalen zu arbeiten, um die einzelnen Kolonien durch ein Koordinatensystem exakt lokalisieren zu können. Man sollte allerdings grundsätzlich den gleichen Verdünnungs- und Aussaatschritt mit der nächsthöheren Zellkonzentration parallel mitlaufen lassen, da erfahrungsgemäß ein bestimmter Prozentsatz der Zellen abstirbt, bevor sie sich geteilt haben.

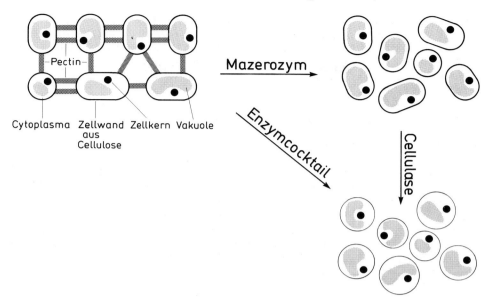

Abb. 11-4: Schematische Darstellung der Gewinnung von Zellen und Protoplasten aus pflanzlichem Gewebe.

Isolierung einzelner Pflanzenzellen und Beobachtung des Wachstums während der Kultivierung

Material: – Erlenmeyerkolben mit Zellsuspension
– Petrischalen mit «konditioniertem Medium» (s. Lexikon «Konditionierung») mit 1 % Agarzusatz
– Erlenmeyerkolben mit neuem Medium (steril)
– sterile Multischalen mit 24 Vertiefungen
– sterile Pipetten
– sterile Zentrifugengläser

– Zunächst den Kallus aus einer mindestens 10 Tage alten Kalluskultur entfernen, das konditionierte Agarmedium im Wasserbad zum Schmelzen bringen und in die Vertiefungen der Multischale je 1 ml des flüssigen Mediums gießen

– Danach diese Prozedur mit neuem Kalluskulturmedium wiederholen und zwar in einer separaten 24er Multischale (ebenfalls je 1 ml)

– Daraufhin erfolgt das Verdünnen der Zellsuspension:
10 sterile 15 ml Zentrifugengläser mit jeweils 9 ml Suspensionskulturmedium mittels einer sterilen Pipette füllen

– Beschriften der Zentrifugengläser nicht vergessen!

– Daraufhin eine Zellsuspension von ca. 10^5 Zellen/ml einstellen und exakt 1,0 ml in das erste Zentrifugenglas geben. Dies entspricht jetzt einer Zellkonzentration von ca. 10^4 Zellen/ml

> – Das Glas vorsichtig durchmischen und wieder 1 ml der Zellsuspension in das zweite Glas pipettieren. Dieser Verdünnungsprozeß wird solange durchgeführt, bis im fünften Glas eine Verdünnung hergestellt worden ist, in der theoretisch nur mehr weniger als 10 Zellen pro Glas enthalten sein dürften. Von dieser Verdünnung nun jeweils 1 ml in die Vertiefungen der Multischalen mit konditioniertem und mit frischem Medium pipettieren.

Die Zellkonzentration ist auch hier ausschlaggebend für die Kolonienbildung und daher ist neben dem Effekt des konditionierten Mediums (s. Kap. 13: «Konditionierung») auch die relative Nähe der Einzelzellen zueinander von Bedeutung.

Prinzipiell können viele Pflanzengewebe auf diese Art und Weise behandelt werden, jedoch sind hierbei die Enzymkonzentrationen und die Saccharosekonzentrationen anzupassen, um zum einen eine effektive Protoplastenpopulation zu gewinnen und andererseits die Abtrennung von toten Zellen und Zelltrümmern möglichst effektiv zu gestalten. Hier sind die Hauptvariationsmöglichkeiten bei der Protoplastengewinnung aus Pflanzengewebe.

11.6 Elektrofusion von Pflanzenprotoplasten

Dieses Verfahren zur Fusionierung von Zellen mit Hilfe elektrischer Felder wurde zur Fusion von Pflanzenprotoplasten entwickelt. Allerdings hat es sich auch sehr gut zur Fusion tierischer Zellen bewährt und kann bei der Herstellung von Hybridomzellen als die Methode der Wahl bezeichnet werden.

Diese apparativ und somit finanziell recht aufwendige Methode wird im Kapitel «Elektrofusion von Zellen» (s. Abschn. 8.1.7) auch für ihre Anwendung bei Pflanzenprotoplasten dargestellt.

11.7 Fusion von Protoplasten mittels Polyethylenglykol

Fusion von Protoplasten mittels Polyethylenglykol

Material: – 4–6 ml frische Protoplastenlösung, die, wie oben beschrieben, gewonnen wurde (Zellzahl ca. 5×10^5/ml)
– 50 sterile Pasteurpipetten
– 10 sterile Deckgläser
– 12 Plastik-Petrischalen
– 1 Erlenmeyerkolben mit Polyethylenglykollösung (10 ml), bestehend aus:
  – 4,5 g Polyethylenglykol 1500
  – 15,5 mg $CaCl_2$
  – 0,9 mg KH_2PO_4, pH 6,2
– 1 Erlenmeyerkolben, der 100 ml 10 %ige Mannitol-Salz-Lösung enthält
– 1 Erlenmeyerkolben mit flüssigem Medium
– Silikonöl (5 ml), steril filtriert.

– In die Mitte der Petrischale jeweils 1 Tropfen Silikonöl mittels einer Pasteurpipette plazieren

- Ein Deckglas auf diesen Silikontropfen legen (dies dient zur Fixierung des Deckglases in der Petrischale). 200 µl der Protoplastenlösung auf das Deckglas pipettieren und ca. 5 min dort belassen

- 500 µl der Polyethylenglykollösung tropfenweise der Protoplastensuspension zufügen. Dies geschieht so, daß zunächst die PEG-Lösung an den Rand der Protoplastensuspension plaziert und erst der letzte Tropfen direkt in die Suspension pipettiert wird. So wird sichergestellt, daß die PEG-Lösung und die Protoplastensuspension sich gut durchmischen, ohne zu sehr aufgewirbelt zu werden

- Die Petrischale bei Raumtemperatur ca. 30 bis 40 min stehen lassen und an den Rand tropfenweise 500 µl der Mannitolsalzlösung hinzufügen

- Nach 10 min diesen Schritt wiederholen und nach weiteren 10 min nochmals, so daß am Ende 1,5 ml der Mannitol-Salzlösung der Protoplastensuspension, die zusätzlich das PEG enthält, zugegeben wurde

- Nach ca. 5 min die Protoplasten, die an dem Deckglas leicht kleben, von der Mannitollösung vorsichtig durch Absaugen der Lösung vom Rand her mittels einer Pasteurpipette befreien, bis nur mehr ein dünner Film von Medium die Protoplastensuspension bedeckt. Die Protoplasten mit der Mannitol-Salzlösung noch dreimal waschen (der eigentliche Fusionsprozeß beginnt erst jetzt!)

- Nach ca. 60 min von Beginn des Versuchs an kann mit der eigentlichen Kultivierung der fusionierten Protoplasten begonnen werden. Dies geschieht durch vorsichtiges Abspülen der Protoplasten mit flüssigem Nährmedium (10 ml) in einen kleinen Erlenmeyerkolben oder in eine kleine Petrischale (35 mm ⌀), die 1 ml Wachstumsmedium enthält

- Die Kultur zunächst ca. 24 h im Dunkeln bei leicht erhöhter Raumtemperatur halten und danach mit 100 Lux bestrahlen.

Isolierung und Kultivierung von Protoplasten höherer Pflanzen

Material: **Sterile Materialien:**
- Einmalfilter (0,45 µm) und Einmalspritzen (50 ml)
- 3 Erlenmeyerkolben mit 400 ml Aqua dem. (autoklaviert)
- 1 Erlenmeyerkolben mit 200 ml anorganischen Salzen und 10 % Mannitol
- 1 Erlenmeyerkolben mit 200 ml anorganischen Salzen und 13 % Mannitol
- 1 Erlenmeyerkolben mit 200 ml anorganischen Salzen und 20 % Saccharose
- 2 feine, gebogene Pinzetten mit scharfer Spitze (Uhrmacherpinzetten)
- Petrischalen (35 mm Durchmesser und 90 mm Durchmesser) aus Glas oder Plastik
- 1 Erlenmeyerkolben mit Agarmedium (1,2 %), das auf 45°C erwärmt ist
- graduierte 5 und 10 ml Pipetten
- weiches Papier (sterilisiert)
  Pasteurpipetten mit Gummisaugern
- Zentrifugengläser (Glas oder Polykarbonat)
  1 Erlenmeyerkolben mit einer Mischung aus:
  0,5 % Cellulase
  0,1 % Mazerozym-R10
  13 % Mannitol auf pH 5,8 einstellen + Salze
  1 Erlenmeyerkolben mit flüssigem Nährmedium (s. Tab. 11-1)

Nicht sterile Materialien:
- Blätter von *Nicotiana tabacum* (ca. 50 – 60 Tage alt)
- 250 ml 20 %ige Natriumhypochloritlösung oder
- Domestos (1 : 5 mit Wasser verdünnt) mit Zusatz von einigen Tropfen Tween 20 oder einem anderen Detergens
- 1 Becherglas (600 ml)
- Tischzentrifuge
- Wasserbad (45°C)
- kleines Holzklötzchen

- Vom oberen Teil der Pflanze junge, voll entfaltete Blätter abnehmen und in eine große Petrischale (140 mm Durchmesser) legen, die ca. 150 ml 70 %iges Ethanol enthält
- Nach 1 min den Alkohol abgießen und die Blätter zweimal mit sterilem Wasser spülen
- Die Tween 20 enthaltene 20 %ige Hypochloritlösung über die Blätter gießen
- Nach 15minütigem Bad in der Sterilisationslösung die Blätter noch dreimal mit sterilem Wasser waschen und mit sterilen, weichen Papiertüchern trocknen
- Die untere Epidermisschicht mit den beiden Pinzetten unter sterilen Bedingungen entfernen
- Die Blätter mit der Unterseite in 20 ml der 13 %igen Mannitollösung mit Salzen legen (diese Präplasmolyse dauert ca. 1 h)
- Nach 1 h die Mannitollösung mittels einer Pasteurpipette absaugen und die Enzym-Mannitollösung (20 ml) zugeben. Das Blatt mindestens 16 h bei 20–22°C im Dunkeln inkubieren, wobei öfters die Lösung umgeschwenkt werden sollte. Dann die Blätter mit der Pinzette in der Lösung schwenken, um die Freisetzung der Protoplasten zu ermöglichen
- Die Petrischale nun auf einer Seite auf den Holzblock stellen, so daß ein Winkel von ca. 15° entsteht, um die Blätter von der Enzymlösung zu trennen
- Nach ca. 60 min werden die freigesetzten Protoplasten sich am unteren Ende der Petrischale in der Lösung gesammelt haben
- Die Protoplasten überführt man nun mit der Enzymlösung in ein Zentrifugenglas und zentrifugiere für 10 bei ca. 50 × g
- Das Pellet in der Saccharose-Mannitollösung aufnehmen und nochmals bei 50 × g für 10 min rezentrifugieren. Die lebenden Protoplasten bleiben an der Oberfläche, während tote Zellen und Zelltrümmer nach unten absinken. Danach die Protoplasten mit einer Pasteurpipette abnehmen, mit einer Salz-Mannitollösung (10 %) verdünnen und bei ca. 50 × g für 10 min zentrifugieren. Die Prozedur wiederhole man insgesamt dreimal!
- Die Protoplasten anschließend in einer Konzentration von ca. 5×10^4 Zellen/ml in eine 35 mm ∅ Petrischale aussäen (1 bis 2 ml) und die gleiche Menge an flüssigem Wachstumsmedium einpipettieren
- Die Petrischalen mit Parafilm dicht verschließen und 1 Tag bei leicht erhöhter Temperatur (ca. 26–28°C) im Dunkeln halten
- Danach die Protoplasten zunächst für 48 h mit ca. 500 Lux bestrahlen; dann für den Rest der Inkubationsdauer mit 2000 Lux. Die Photoperiode sollte 16 h lang sein

- Unter diesen Bedingungen sollten die Protoplasten nach ca. 5 Tagen wieder eine Zellwand bilden und sich auch teilen können
- Die Zellen können auch in Agarmedium gezüchtet werden, wobei jedoch die Konzentration an Zellen verdoppelt werden sollte. Licht- und Temperaturbedingungen wie bei den Flüssigmediumkulturen.

11.8 Antherenkultur

Die Pflanzenproduktion aus Blüten-Pollen und -Eizellen (**DH-Methode**) ist heute bereits ein praktikables Verfahren für Pflanzenzüchter. Die Diplohaploiden (DH) besitzen nämlich jene Homozygotie, welche bei herkömmlicher Inzucht nur teilweise über viele Fortpflanzungszyklen erreicht wird (9 Jahre bei Wintergerste). Die besten Ergebnisse wurden bislang mit Solanacea-Arten (z.B. *Nicotiana tabacum*) erzielt, weil sich diese in vitro von der Mikrospore zum Embryo und weiter zur kompletten Pflanze entwickeln können. Inzwischen ist es auch bei der Gerste gelungen, Mikrosporen zur in vitro-Embryogenese anzuregen.

Antherenkultur bei der Gerste

Material
- Saatgut
- Temperiertes Gewächshaus mit Beleuchtung
- Klimakammer
- Saatschalen, Plastiktöpfe (∅ 12 cm)
- sterilisierte Petrischalen (∅ 60 mm)
- Skalpell, Pinzetten, Parafilm, Filterpapier
- Einheitserde Typ T
- Dünger: Polycresal und Polyfertisal
- Pflanzenschutzmittel: Propiconazol und Primicarb
- Medien: s.u.
- Aqua dem.
- Karminessigsäure
- 70% Alkohol
- Paraffin

Anzucht der Antherenspenderpflanzen
- Einwöchige Keimlinge für 8 Wochen in der Klimakammer bei 5°C und 10 h Licht/Tag (20.000 Lux) in Saatschalen vernalisieren. Alle 3 Wochen mit Polycresal düngen
- Die Pflänzchen mit Einheitserde in Plastiktöpfe umtopfen und für 8 Wochen bei Tag-/Nachttemperaturen von 12°/8°C und 10 h Kurztag-Licht (20.000 Lux) bestokken. Weiterhin mit Polycresal düngen
- Die Pflanzen danach in ein Gewächshaus überführen und bei Tag-/Nachttemperaturen von 16°/12°C und 16 h Langtag-Licht (20.000 Lux) bis zum Erreichen des Einkernstadiums der Mikrosporen weiterwachsen lassen. Alle 14 Tage mit Polyfertisal düngen
- Nur wenn es erforderlich ist, sollten zum Schutz der Pflanzen nicht systemisch wirkende Mittel eingesetzt werden: bei starkem Mehltau Propiconazol (Handelsname: Desmel WS) und bei Läusebefall Pirimicarb (Handelsname: Pirimor WS).

Antherenpräparation

– Um festzustellen, in welchem Entwicklungsstadium sich die Pollen befinden, 3–4 Antheren auf einen Objektträger legen, die Pollen mit Skalpell und Pinzette freilegen und mit Karminessigsäure tränken. Hierbei färben sich die Kerne rot. Aus Lage und Größe der Kerne läßt sich das Entwicklungsstadium ersehen. Ein anderes Erkennungsmerkmal ist, daß der Abstand zwischen dem Fahnenblatt und der nächsten Blattbasis ca. 3–7 cm beträgt. Die abgeschnittenen Ähren (ca. 30 cm mit Stiel) können bis zu 10 Tagen in sterilem Aqua dem. aufbewahrt werden, ohne daß es zu weiteren Kernteilungen kommt

– Zur Oberflächensterilisation Stengel abschneiden und Ähren aus Blattscheiden und Grannen herauslösen. Jede Ähre für 1 min in 70 % Alkohol eintauchen und dann in einer mit sterilisiertem Filterpapier ausgelegten Petrischale abtropfen lassen. Die drei oberen und unteren Antheren jeder Blüte verwerfen, alle übrigen mit steriler Pinzette auslösen. Petrischalen mit Parafilm verschließen und bei Dunkelheit in der Klimakammer bei 22°C und 50 % rel. Luftfeuchtigkeit inkubieren.

Antherenkultur

– Zunächst **Kulturmedium (A)** zusammensetzen. Hierfür sind folgende Substanzen erforderlich:

– **A1**: Massennährstoffe:

NH_4NO_3	1,65 g/100 ml Aqua dem.
KNO_3	19,0 g/100 ml Aqua dem.
$CaCl_2 \times 2 H_2O$	4,4 g/100 ml Aqua dem.
$MgSO_4 \times 7 H_2O$	3,7 g/100 ml Aqua dem.
KH_2PO_4	1,1 g/100 ml Aqua dem.

– **A2:** Spurennährstoffe:

$MnSO_4 \times H_2O$	0,845 g/20 ml Aqua dem.
$ZnSO_4 \times 7 H_2O$	0,430 g/20 ml Aqua dem.
H_3BO_3	0,31 g/20 ml Aqua dem.

– **A3:** Spurennährstoffe:

KJ	83 mg/20 ml Aqua dem.
$CuSO_4 \times H_2O$	2,5 mg/20 ml Aqua dem.
$Na_2Mo_4 \times 2 H_2O$	25 mg/20 ml Aqua dem.

– **A4:** Thiamnin (Thiaminchloridhydrochlorid): 40 mg
– **A5:** Inosit (Hexahydroxycyclohexan, myo-Inosit): 10 mg
– **A6:** NES (Naphthyl-(1)-Essigsäure): 100 mg
– **A7:** BAP (Benzylaminopurin): 100 mg
– **A8:** EDTA-Fe(III)-Na-Salz: 40 mg
– **A9:** Maltose: 60 g

– 100 ml A1, 20 ml A2 und 10 ml A3 mit Aqua dem. auf 480 ml auffüllen
– Zugabe der Substanzen A4–A9
– pH-Wert mittels Essigsäure oder Natronlauge auf 5,4 bis 5,6 einstellen
– Mit Aqua dem. auf exakt 500 ml auffüllen
– Mit einem 0,2 µm-Filter sterilfiltrieren.

- Das fertige Medium im Dunkeln bei 4°C aufbewahren, weil Fe-EDTA, von Lampen, die UV-Anteile und Licht im Blaubereich abgeben, fotochemisch zersetzt werden. Dabei kann Formaldehyd entstehen und Wachstumsstoffe und Hormone würden zerstört.

- Grundlage-**Festnährboden (B)** zusammenmischen:
  - B1: Gerstenstärke, 40 g/500 ml Aqua dest.
  - B2: Gelrite 3 g/500 ml Aqua dest.

- Festnährboden solange erhitzen, bis Gerstenstärke im Gelrite homogen verteilt ist

- Bei 121°C für 30 min autoklavieren. Bei ca. 50°C warmhalten

- Sterilisierte Petrischalen unter der Sterilbank auslegen. Lösungen A und B zusammengießen und sofort in 10 ml-Portionen je Petrischale ausgießen. Auskühlen lassen und bei 4°C im Kühlschrank lagern

- Zur Kultivierung 5–10 Antheren pro Petrischale auflegen und bei 25°C, 50% rel. Luftfeuchtigkeit und ohne Licht inkubieren. Nach 2–3 Tagen ist das Zweikernstadium, nach weiteren 5–6 Tagen das Mehrkernstadium erreicht. Nach insgesamt 15 Tagen sind bereits kleine Mikrokalli zu erkennen

- Zur Regeneration der Kalli zu grünen Pflanzen muß ein spezielles **Regenerationsmedium** aus den obengenannten Komponenten vorbereitet werden. Hierfür folgende Lösungen bzw. Substanzen zusammenmischen:
  - ca. 200 ml Aqua dem. vorlegen, dann hinzufügen
  - A1: 100 ml
  - A2: 20 ml
  - A3: 10 ml
  - A4: 40 mg
  - A5: 100 mg
  - A6: 1 mg
  - A7: 4 ml aus Stammlösung (100 mg/100ml)
  - A8: 40 mg
  - A9: 30 g

- Auf ca. 480 ml mit Aqua dem. auffüllen

- pH-Wert mittels Essigsäure oder Natronlauge auf 5,4 bis 5,6 einstellen. Mit einem 0.2 μm-Filter sterilfiltrieren

- 3,5 g Gelrite in 500 ml Aqua dem. lösen und 30 min bei 121°C autoklavieren. Auf 50°C abkühlen lassen und mit der Vitaminlösung steril mischen

- Dieses Regenerationsmedium ebenfalls in 10 ml-Portionen auf sterile Petrischalen aufteilen

- Nach dem Festwerden des Mediums können 10–20 ausgewachsene Kalli aus dem Kulturmedium A in jede Petrischale mit Regenerationsmedium umgesetzt werden. Falls noch Kleinstkalli im Kulturmedium A vorhanden sind, können diese Petrischalen wieder mit Parafilm verschlossen, weiter inkubiert und später zur Regeneration verwendet werden

- Umgesetzte Kalli in der Klimakammer bei Licht, 22°C und 50% rel. Luftfeuchtigkeit zu grünen Pflanzen unter sterilen Bedingungen regenerieren lassen. Wenn die Pflanzen eine Höhe von 6–9 cm erreicht haben können sie in ein normales Gewächshaus (unsteril mit Kultursubstrat bzw. Erde) umgesetzt werden.

11.9 Embryonenkultur

Um in der Pflanzenzüchtung schneller von der F1- zu einer F6- oder F7-Generation zu gelangen, kann man sich der Embryonenkultur bedienen, die den Zyklus von einer Generation auf die nächste auf ca. 17 Wochen verkürzt.

Embryonenkultur der Gerste

Material – Gerstenkörner
 – Pinzette, Skalpell
 – sterile Werkbank
 – Klimakammer
 – Glasbehälter (ca. 10 cm hoch)
 – Topferde Typ P
 – Töpfe mit Plastikhaube
 – Filterpapier
 – Natriumhypochlorit, 1,8 %
 – Murashige/Skoog-Medium mit 5 g/l Aktivkohle
 – autoklaviertes Aqua dest.

Präparation des Embryos
– Das Korn der Gerst muß sich in der Milch- bzw. Teigreife befinden. Eine solche Ähre abnehmen und deren Körner herauslösen

– Zur Sterilisation Körner 5 min in Natriumhypochlorit legen und danach 2 × in autoklaviertem Aqua dest. waschen

– Gerstenembryo in der Werkbank mit einem sterilisiertem Skalpell aus dem Korn herauspräparieren

– Je ein Embryo in ein Glas mit modifiziertem Murashige/Skoog-Medium geben. Dabei beachten, daß der Schild des Embryos nach unten gedreht ist, weil sich sonst womöglich ein Kallus oder eine verkrüppelte Pflanze bildet.

Kultivierung des Embryos
– Kulturgefäß mit Embryo ca. 4–5 Tage in Dunkelheit bei 22°C und 50 % rel. Luftfeuchtigkeit inkubieren. In dieser Zeit bilden sich Wurzeln und ein hellgrüner Sproß

– Kulturgefäß mit Pflanze dann 3–4 Tage bei 22°C, 50 % rel. Luftfeuchtigkeit und 12–16 h Licht/Tag (600–1200 Lux) weiterinkubieren

– 6–9 cm große Pflanze in der sterilen Werkbank aus dem Glas entnehmen und auf ein nasses Filterpapier legen. Aus jeder Ähre einer Pflanze 3 Embryonen herauspräparieren und unter sterilen Bedingungen wieder in neue Kulturgefäße mit mod. Murashige/Skoog-Medium geben. Weiterinkubieren wie oben angegeben

– Die restliche Pflanze in Erde vom Typ P eintopfen. Um die Luftfeuchtigkeit zu erhöhen, Pflanzen anfangs mit einer Plastikhaube bedecken. Nach 10–14 Tagen Pflanzentöpfe in teilklimatisiertes Treibhaus bei 5°C und 10 h Licht/Tag (20.000 Lux) vernalisieren

– Die erste Ähre kurz vor der Blüte in ein Pergamenttütchen stecken und die teigreifen Körner nach erfolgter Selbstbefruchtung für eine neue Embryonenkultur ernten.

11.10 Einfrieren von Pflanzenzellsuspensionen

Die Möglichkeit, genetisch einheitliche und stabile Organismen über einen längeren Zeitraum zu bewahren, ist eine wichtige Voraussetzung biologischer Forschung und deren biotechnologischer Anwendung. Bei Pflanzen wird dies in Form von Saatgut bzw. als dauernd nachwachsende vegetative Stecklinge oder anderer Pflanzenteile erreicht. Zellkulturen und Kalli von Pflanzen können bei niedriger Temperatur (z.B. bei 4°C) oder durch Zugaben zum Kulturmedium (z.B. Mannitol bzw. bestimmte Wachstumshemmer) ohne wesentliche Veränderungen oder Schädigungen des Zellmaterials konserviert werden.

Doch verlängern alle diese Verfahren nur die Zeit bis zur nächsten Subkultur. Der einzige Weg, die permanente Kultivierung aufzuheben, ist die Gefrierkonservierung bei tiefst möglichen Temperaturen (z.B. in flüssigem Stickstoff). Die nachfolgende Anleitung zur Kryokonservierung gilt für Suspensionkulturen. Mit gewissen Modifikationen (z.B. anfängliche partielle Dehydrierung durch Mannitolzusatz) kann sie auch bei Kallus-, Embryo- oder Meristemkulturen angewendet werden. Einzelheiten hierzu können der Literatur am Ende dieses Kapitels entnommen werden.

Kryokonservierung von Pflanzenzellsuspensionen

Material:
- Suspensionskulturen (hier *Petroselinum hortense*, Petersilie bzw. *Glycine max*, Sojabohne)
- N-6- oder Gamborg-Kulturmedium mit Vitamin-Mix (s.u.) und 2,4-Dichlorophenoxyessigsäure
- Aqua dem.
- 1 N KOH
- DMSO (steril)
- Glycerin
- Glycin
- L-Prolin
- Sucrose
- Thiaminhydrochlorid (Vitamin B_1)
- Tank mit flüssigem Stickstoff mit Einsatzgefäßen und Halterungen
- Einfrierautomat (falls vorhanden)
- Bad mit Styropor-Halterungen und 96% Alkohol
- Einfrierröhrchen
- Sterile Pipetten (2 und 10 ml)
- Pipettierhilfe
- Materialen zur Sterilfiltration (s. Abschn. 3.5.3)
- Sterile Petrischalen

Vorbereitung der Stammlösungen
- **2,4-Dichlorophenoxyessigsäure (2,4-D):** 500 mg in 40 ml 1 n KOH bei leichter Erwärmung auflösen. Auffüllen auf 500 ml mit Aqua dem. Haltbar für ca. 1 Monat bei 4°C im Dunkeln
- **Vitamin-Mix:** 2 g Glycin, 0,5 g Nicotinsäure, 0,5 g Pyridoxal/HCl und 1 g Thiaminhydrochlorid in 1 l Aqua dem. lösen. Haltbar für ca. 1 Monat bei 4°C im Dunkeln.

Vorbereitung des Mediums
- 3,97 g N-6-Salze und 30 g Sucrose in ca. 400 ml Aqua dem. auflösen
- 2 ml der 2,4-D-Stammlösung (1 mg/ml) und 1 ml des Vitamin-Mix zugeben

- Für festes Medium 3 g Gelrite pro Liter zugeben
- 20 min bei 121°C autoklavieren
- Flüssigmedium im Kühlschrank aufbewahren; Medium mit Gelrite sofort in Petri-schalen gießen, erkalten lassen und ebenfalls im Kühlschrank aufbewahren.

Vorbereitung der Gefrierschutzlösung
- Für die Stammlösung 32,43 g Glycerin, 40,53 g L-Prolin in 250–300 ml Aqua dem. Lösen und pH-Wert auf 5,8 einstellen
- Auf exakt 302 ml mit Aqua dem. auffüllen
- Genau 30,2 ml in 10 sterile Zentrifugenröhrchen (50 ml) einpipettieren und in Kühlschrank aufbewahren
- Kurz vor dem Gebrauch in jedes Röhrchen exakt 5 ml DMSO zugeben und gut mischen. Die fertige Gefrierschutzlösung ist jetzt doppelt konzentriert und besteht aus 1 Mol Glycerin, 1 Mol Prolin und 2 Mol DMSO. Sie ist nur für maximal eine Woche in Kühlschrank haltbar.

Einfrieren der Zellsuspension
- Die einzufrierenden Kulturen sollten steril sein und sich in der logarithmischen Wachstumsphase befinden. Gefäß mit Zellsuspension in einem Eisbad auf ca. 4°C abkühlen. Die ebenfalls eisgekühlte Gefrierschutzlösung im Mengenverhältnis 1:1 hinzugeben. Die Zellkonzentration hat keinen wesentlichen Einfluß auf die Überlebensrate beim Einfrieren. Ca. 1 ml Zellen im Zentrifugationssediment von 10 ml Medium ist ein günstiger Richtwert
- Je 1 ml der Zell-/Gefrierschutzlösung in die bereitgestellten und beschrifteten Kryoröhrchen pipettieren und 1 h oder länger auf Eis stehen lassen
- Am besten gelingt das Einfrieren, wenn ein **Gefrierautomat** zur Verfügung steht, weil das Überleben von Pflanzenzellen besonders gefährdet ist, wenn die nötige Abkühlgeschwindigkeit von 0,5°C/min im Bereich zwischen 0°C und minus 12°C zu stark über- oder unterschritten wird. Folgende Programmierung des Automaten wird empfohlen: Kühlungsrate von 0,5°C/min bis minus 12°C. Danach Kühlungsrate von 2°C/min bis minus 40°C. Halten dieser Temperatur für ca. 2 min. Erwärmen mit einer Rate von 15°C/min bis minus 14°C. Erneutes Kühlen mit einer Rate von 0,5°C/min bis minus 40°C. halten dieser Temperatur für ca. 10 min. Letztlich Einbringen des Kryoröhrchens in Tank mit flüssigem Stickstoff
- Falls kein Automat vorhanden ist, können die Zellsuspensionen auch im **Alkohol-bad** eingefroren werden, wobei **VORSICHT** geboten ist, weil Alkohol giftig und leicht entzündlich ist. Also Alkoholbad von offenen Flammen und allen Zündquellen fernhalten, für genügende Lüftung sorgen, Augen- und Hautkontakt meiden, Schutzhandschuhe tragen!
- Alkoholbad auf 0°C abkühlen. Eisgekühlte Kryoröhrchen in Styroporhalterungen fixieren und in Bad eintauchen, so daß sie mit Ä Alkohol überflutet sind. Um 0,5°C/min abkühlen, dabei Kühlungsrate dauernd mittels eines Thermometers überwachen. Wenn minus 42°C erreicht sind, diese Temperatur für 10 min halten und Gefäße dann in flüssigem Stickstoff einlagern. Für jeden speziellen Einzelfall sollte zunächst ausprobiert werden, ob ein zwischenzeitliches Erwärmen wie beim Einfrieren mit dem Automaten bessere Überlebensraten erbringt

– Die Lagertemperatur im flüssigen Stickstoff sollte niemals unter minus 100°C fallen.

Auftauen der Zellsuspension

– Kryoröhrchen aus Lagertank entnehmen und in ein Wasserbad (37°C) geben, bis der letzte Eisklumpen verschwindet. Röhrchen unter der sterilen Werkbank öffnen und Suspension in Petrischalen gießen, die ein mit Gelrite (3 g/l) verfestigtes N-6-Medium enthalten sollten. Zellen solange nicht waschen, bis eine Kallusbildung sichtbar wird

– Schalen bei 27°C und 10 h Licht/Tag (600–1200 Lux) inkubieren. Die Zellvermehrung sollte binnen 2–4 Wochen eintreten.

11.11 Literatur

Die Maio, J.J., Shillito, R.R.: Cryopreservation technology for plant cell cultures. J. Tissue Culture Methods 12, 163–169. 1989

Dixon, R.A. (ed.): Plant cell culture: a practical aproach. IRL Press, Oxford. 1985

George, E.F. et al.: Plant culture media. Vol. 1, Formulations and Uses. Exegetics Ltd., Edington, England. 1987

Kirsop. B.E. and Doyle, A.: Maintenance of microorganisms and cultures cells. 2nd edition Academic Press, London. 1991

Lindsay, K.: Plant tissue culture manual. Kluwer Acad. Publ., Dordrecht. 1991

Mizrahi, A. (ed.): Biotechnology in agriculture; Alan R. Liss, Inc. New York. 1988

Pierik, R.L.M.: In vitro culture of higher plants. Marinus Nijhoff Publ., Dordrecht. 1987

Reinert, J., Yeoman, M.M.: Plant cell and tissue culture. Springer Verlag, Berlin. 1982

Seitz, H.U., Seitz U., Alfermann, W.: Pflanzliche Gewebekultur. Ein Praktikum. G. Fischer Verlag, Stuttgart. 1985

Thorpe, T.A. (ed.): Plant tissue culture-methods and application in agriculture. Academic Press, London. 1981

Torres, K.: Tissue culture techniques for horticultural crops. Van Nostrand Reinhold Co., New York. 1988

12 Spezielle Methoden der Zellbiologie

Es würde sicherlich den Rahmen dieses Buches sprengen, alle verfügbaren zellbiologischen Methoden hier im Einzelnen aufzuführen. Doch sollen einige wenige Methoden beispielhaft beschrieben werden, die geeignet sind, bestimmte routinemäßig auftretende zellbiologische Fragestellungen zu beantworten. Hierher gehören Methoden zur in vitro-Toxizität, zur genotoxischen Wirkung von Substanzen auf Zellen und ähnliche Fragestellungen. Es werden hier vor allem anwendungsorientierte Tests beschrieben.

12.1 Versuche zur in vitro-Toxizität

Die Problematik der Toxizität von Substanzen auf Zellen und isolierte Gewebe (Cytotoxizität) hat in den letzten Jahren zunehmend an Gewicht gewonnen, wobei besonders in der industriellen Forschung mit in vitro-Methoden eine Vorauswahl bei der Entwicklung neuer chemischer Substanzen getroffen und andererseits die Wirkungsmechanismen der toxischen Substanzen aufgeklärt werden.

Es gibt hierbei schon eine Reihe etablierter Methoden, die geeignet sind, die toxischen Einflüsse von Substanzen aller Art auf Zellkulturen zu untersuchen. Da allerdings die jeweiligen Methoden auf den Wirkmechanismus der jeweils zu prüfenden Substanzen zugeschnitten sein sollen, gibt es nicht die eine Methode zur Prüfung der Cytotoxizität, sondern je nach Problemstellungen verschiedene, von denen einige ausgewählte beschrieben werden sollen.

Prüfung auf wachstumshemmende Eigenschaften einer Substanz mit Hilfe von Maus-Fibroblasten (L 929) bzw. Humanfibroblasten (MRC 5)

Material: – Kulturröhrchen (Fa. Nune)
– Maus-L-929-Fibroblasten oder Humanfibroblasten (MRC 5 o. WI 38 o.ä.)
– Medium Hams F 12 mit 10 mM HEPES, 500 mg $NaHCO_3$/Liter Medium u. 10% FKS-Zusatz. Je nach Bedarf Antibiotika zugeben
– Prüfsubstanz
– 4%ige Na_2CO_3-Lösung
– 4% Natrium-Kaliumtartratlösung
– 2%ige Kupfersulfatlösung
– 10%ige Natriumdodecylsulfatlösung (SDS)
– Folin-Ciocalteu-Lösung (Fertiglösung Fa. Merck)
– Rinderserumalbuminlösung (1 mg/ml)
– Triton X100

– Die zu prüfende Substanz entweder in der gewünschten Konzentration direkt im Medium auflösen (Sterilität beachten) oder als konzentrierte Stammlösung dem Medium steril zugeben. Soll ein Extrakt auf seine wachstumsinhibierenden Eigenschaften geprüft werden, empfiehlt es sich, ein doppelt konzentriertes Medium herzustellen und den wässrigen Extrakt in absteigender Konzentration (50 Vol.%, 20 Vol.% usw.) dem Medium zuzugeben.

- Zellsuspension mittels Zählkammer auf 10^6 Zellen/ml einstellen. 0,2 ml dieser Suspension (entspricht 2×10^5 Zellen) in jedes Röhrchen geben. Zelldichte: 5×10^4 Zellen/cm^2
- Jeweils mindestens 5 Replikate (Parallelbestimmungen) ansetzen
- Es werden folgende Kontrollen benötigt:
  1) **Wachstumskontrolle ohne Zusatz:** Hierbei normales Medium (2 ml) ohne Substanz bzw. Extrakt verwenden. Diese Kulturen werden, wie unten beschrieben, weiter behandelt.
  2) **Zellzahlkontrolle:** Mindestens 5 der Röhrchen mit je 2×10^5 Zellen/Röhrchen mit normalem Medium (ohne Zusätze) ansetzen und **sofort** abzentrifugieren (10 min bei ca. $500 \times g$). Danach die Zellen mit phosphatgepufferter Salzlösung (PBS) zweimal waschen und die Röhrchen in den Kühlschrank stellen («Kühlschrankkontrolle»). Sie dienen der Messung der Ausgangszellkonzentration.
- Die Röhrchen mit den Zellen nun mit 2 ml Medium (mit und ohne Prüfsubstanz) beschicken und bei 37°C (95% rel. Luftfeuchte und 2% CO_2) für 72 h im Brutschrank inkubieren
- Nach 72 h die Röhrchen vom Medium befreien, mit kalter PBS-Lösung dreimal waschen und auf ein Kleenextuch zum Abtropfen stellen
- In jedes Röhrchen (einschließlich der Zellzahlkontrolle) 2 ml einer 0,2%igen Triton X 100-Lösung, die je ml noch zusätzlich 10 µl 1 N NaOH enthält, geben. Die Röhrchen für 15 min stehen lassen
- Die Röhrchen danach auf dem Whirl-Mixer gut mischen und je 200 µl in frische Zentrifugengläser überführen, denen man vorher jeweils 200 µl einer 1 N NaOH-Lösung zugegeben hat. Gut durchmischen und 1 h stellen lassen
- Am Ende dieser Stunde folgende Lösung herstellen (stets frisch aus der Stammlösung zubereiten!):
  50 ml einer 4%igen Na_2CO_3-Lösung
  0,5 ml einer 4%igen Na-K-Tartrat-Lösung
  0,5 ml einer 2%igen $CuSO_4$-Lösung.
- Kurz durchmischen und in jedes Zentrifugenglas je 200 µl dieser Mischung pipettieren
- 15 min stehen lassen
- Je 400 µl einer 10%igen SDS-Lösung (Natriumdodecylsulfat) in jedes Zentrifugenröhrchen geben und gut durchmischen
- Danach unter laufendem Mixer je 200 µl einer Phenollösung (Folin-Ciocalteu-Phenolreagenz) in die Zentrifugengläser geben und genau 30 min warten. Anschließend die Extinktion bei 660 nm im Photometer bestimmen
- Mit jeder Bestimmung sollen zumindest zwei Konzentrationen einer bekannten Proteinlösung (zumeist Rinderserumalbumin = RSA) mitgemessen werden. Als Anhaltspunkte sind die Konzentrationen von 50 und 100 µg RSA/Testansatz gut brauchbar
- Zu Anfang der Bestimmungen kann man eine Eichkurve aus mehreren RSA-Konzentrationen erstellen, wobei der Bereich von 0 µg Protein bis 150 µg/Ansatz reichen sollte. Dabei ist auf eine strenge Linearität zu achten. Nur in diesem Bereich (i.d. Regel zwischen 0 und 100 µg Protein/Ansatz) soll dann später routi-

nemäßig gemessen werden. Falls die Proteinkonzentration diesen Bereich erheblich überschreitet, muß verdünnt werden

– Die Auswertung erfolgt als rel. Wachstum:

$$\% \text{ Wachstum} = \frac{\text{Konz.}_{Proben} - \text{Konz.}_{Zellzahlkontrolle}}{\text{Konz.}_{Kontrolle} - \text{Konz.}_{Zellzahlkontrolle}} \times 100$$

Im Normalfall geht man davon aus, daß eine gegenüber der Kontrolle erfolgte Wachstumsinhibition der Proberöhrchen um mehr als dreißig Prozent als toxisch anzusehen ist.

Prüfung auf akute Zelltoxizität (Agardiffusionstest)

Diese Prüfung kann angewandt werden, um eine feste Prüfsubstanz oder einen Prüfkörper auf seine unspezifische Cytotoxizität hin zu überprüfen. Extrakte oder flüssige Proben können ebenfalls eingesetzt werden, wobei die Lösungen auf einen entsprechenden Filter getropft werden müssen und diese Filterplättchen werden dann auf die Agarschicht gegeben.

Material: – Zellen: Maus-Fibroblasten (L 929 o. ä.) oder HeLa-Zellen. Keine diploiden normalen Humanfibroblastenzellinie verwenden, da Agar für diese cytotoxisch ist!
– F 12 mit 10% neugeborenen Kälber-Serum (NKS), 10 mM HEPES und 0,8 g NaHCO$_3$. Das Nährmedium sollte einen möglichst niedrigen Phenolrotgehalt haben
– Doppelt konzentriertes Nährmedium der gleichen Zusammensetzung
– 3%ige (Gewichts-%) Agarlösung, die vorher auf 100°C erhitzt (ca. 10 min) und anschließend 20 min autoklaviert (121°C, ges. H$_2$O-Atmosphäre) wurde
– 0,01%ige Neutralrotlösung in PBS ($-$Ca^{2+}/Mg^{2+}) pH 7,2
– Gewebekulturschalen (rund, 9 cm $\varnothing$)
– Filterscheiben einer Porengröße von 8 µm (Filtertyp: SC = Zellulosemischester)

Herstellung der Proben

Die Prüfsubstanzen müssen nicht unbedingt steril sein. Allerdings ist es empfehlenswert, sie steril zu benützen. Doch sie sollten stets während der Handhabung unter der Reinraumwerkbank gehalten werden, um eine zusätzliche Kontamination zu vermeiden. Wird eine Dampfsterilisation zusätzlich durchgeführt, muß man eine evtl. Veränderung der Toxizität der Substanzen durch die Sterilisation in Betracht ziehen! Wird eine Prüfsubstanz direkt eingesetzt, so muß diese vorher in definierte Stücke geschnitten werden. Am besten fertigt man quadratische Stückchen einer Größe von ca. 5 × 5 mm an. Darauf achten, daß man die Schneidinstrumente vorher sterilisiert und den Schneidprozeß unter der Reinraumwerkbank durchführt!

Sofern man Extrakte der zu prüfenden Substanzen herstellen will, kann dies auf zwei Arten erfolgen:

1) Durch einfache Lagerung bei 37°C in Nährmedium für 24 h

2) Durch Autoklavieren in physiologischer Kochsalzlösung oder in einem anderen Extraktionsmedium (121°C, 60 min, mind. 2 bar, 200 kPa). Bei festen Prüfsubstanzen verwendet man ein Verhältnis von Prüfsubstanz zu Medium, das mindestens eine vierfache Menge an Medium gegenüber der Prüfsubstanz aufweist (z.B. Gewichtsverhältnisse: 5 g Substanz in mindestens 20 ml Medium)

Die Prüfsubstanz muß vom Extraktionsmedium vollständig bedeckt sein. Bei Auto-klavierung verwende man sorgfältig gespülte 100 ml-Borosilikatgläser mit Schraub-verschluß. Der Extrakt sollte nach spätestens 24 h zum Test verwendet werden.

Kontrollen

a) Positive Kontrolle: Als positive, d.h. toxische Kontrolle dient am besten ein Kunststoff, der nachgewiesenermaßen toxisch reagiert, z.B.: Polyvinylchlorid (PVC) mit der Zusammensetzung: 1,2: Di-2-ethylhexylphtalat (0,78 Gewichtsteile) u. Advance TM 180 (0,036 Gewichtsteile). Es kann aber auch ein anderer bekannt toxischer Kunststoff herangezogen werden. Steht ein solcher nicht zur Verfügung, kann auch eine nicht toxische Scheibe von mind. 7 mm Durchmesser mit 1% Hydroxyl-ethylmetacrylat getränkt und als toxische Kontrolle benützt werden.

b) Negative Kontrolle: Als negative Kontrolle können glasierte Porzellanscheiben oder Filter benutzt werden.

Prüfung

– L-929-Zellen in der logarithmischen Wachstumsphase aus einer T 75-Flasche mit Trypsin-EDTA-Lösung in üblicher Weise abtrypsinieren und in neuem Medium mittels Zellzählung auf $2,4 \times 10^5$ Zellen/ml einstellen

– 10 ml dieser Suspension in eine 9 cm $\varnothing$ Petrischale für die Gewebekultur geben und im Brutschrank bei 37° CO_2, 2% CO_2, 95% rel. Feuchtigkeit inkubieren

– Nach der 24 h-Inkubation den Agar-overlay zubereiten. Dazu den Agar zunächst für ca. 10 min im Wasserbad auf 100°C erhitzen und anschließend in einem 100 ml-Borosilikat-Glas mit Schraubverschluß für 10 min autoklavieren

– Danach den Agar im Wasserbad auf 47°C abkühlen. Das doppelt konzentrierte Nährmedium ebenfalls auf 47°C erwärmen. Die 3%ige Agarlösung mit dem dop-pelt konzentrierten Nährmedium im Verhältnis 1:1 (Vol.) mischen und je 10 ml auf die Zellkultur pipettieren, nachdem man vorher das gesamte Nährmedium aus der Petrischale abgesaugt hat. Der Agar erstarrt in ca. 20–30 min

– Die Zellen mit 10 ml der Neutralrotlösung überschichten und in den Brutschrank stellen. Nach ca. 30 min sind alle lebenden Zellen rot angefärbt. Den überschüssi-gen Farbstoff absaugen

– Zwei Proben der zu untersuchenden Substanz sowie eine negative und eine positive Kontrolle auf den Agar legen, wobei man am besten die Positionen mit einem Filzschreiber an der Unterseite der Petrischale markiert

– Feste Prüfsubstanzen sollen mindestens ca. 1 cm² bedecken. Bei flüssigen Sub-stanzen oder Extrakten die vorher bestimmte Menge (zwischen 50 und 200 µl) auf die Filterscheibchen pipettieren, die dann anschließend auf den Agar gelegt werden. Als negative Kontrolle stets die gleiche Menge Nährmedium auf die Filterscheiben pipettieren, die dann nach kurzer Wartezeit auf die Agarschicht gelegt werden

– Die Platten 24 h bei 37°C und 2% CO_2 und 95% rel. Luftfeuchte inkubieren

– Zur Auswertung nach 24 h die Platten zunächst auf einen intakten Zellrasen unter der negativen Kontrolle prüfen. Dabei ist darauf zu achten, daß keine unregelmä-ßigen Bezirke der Färbung auftreten; die Zellen sollten gleichmäßig gut gefärbt sein und die Morphologie normal erscheinen. Eine generelle unregelmäßige Färbung nach 24 h Inkubation kann neben einer falschen CO_2-Konzentration im

Inkubationsschrank auch die Folge von flüchtigen toxischen Anteilen in der Prüf-substanz sein, darauf ist besonders zu achten. Evtl. auftretende Kondenswasser-tropfen auf dem Deckel der Petrischalen können diese flüchtigen Anteile ebenso absorbieren und zu unregelmäßigen Färbungen führen. Weiterhin können als Fehlerquellen Veränderungen der Prüfsubstanz während der 24 h Inkubation auf-treten (Verfärbungen des Agars durch die Substanz dürfen nicht als toxische Reaktion mißinterpretiert werden). Ebenfalls ist darauf zu achten, daß die Platten nach der Anfärbung nicht zu lange in hellem Licht stehen, da durch zu starken Lichteinfall die Neutralrotlösung auf die Zellen toxisch wirken kann. Solche Plat-ten sind für die Beurteilung von toxischen Reaktionen nicht geeignet

- Die Reaktion am besten unter dem umgekehrten Mikroskop bei 100- bis 200facher Vergrößerung beobachten. Die positive Kontrolle sollte mindestens unter der Fläche der aufgelegten Probe sowohl entfärbt sein als auch die Zellen abgerun-det bzw. zerstört sein. Es werden zwei Reaktionen gemessen:
1) Der Entfärbungsindex
2) Der Zellzerstörungsindex
Beide Reaktionen zusammen ergeben die Zellreaktion. Die Zellreaktion kann man auch als Quotienten: Entfärbungsindex/Zellzerstörungsindex angeben (s. Tab. 12-1 und 12-2).

Tab. 12-1: Entfärbungs-Index.

Entfärbungs-Index	Beschreibung
0	keinerlei Zone der Entfärbung erkennbar
1	Entfärbung nur unter der Prüfsubstanz
2	Zone nicht größer als 0,5 cm von der Prüfsubstanz
3	Zone nicht größer als 1,0 cm von der Prüfsubstanz
4	Zone größer als 1,0 cm von der Prüfsubstanz
5	die gesamte Kultur ist entfärbt

Tab. 12-2: Zellzerstörungs-Index.

Zellzerstörungs-Index	Beschreibung
0	keinerlei Zellzerstörung erkennbar
1	weniger als 20 % der Zellen zerstört
2	weniger als 40 % der Zellen zerstört
3	weniger als 60 % der Zellen zerstört
4	weniger als 80 % der Zellen zerstört
5	mehr als 80 % der Zellen zerstört

Tab. 12-3: Interpretation der Zell-Reaktion.

Kennzahl	Interpretation	Bezeichnung der Zell-Reaktion
0	nicht toxisch	0/0 bis 0,5/0,5
1	mild toxisch	1/1 bis 1,5/1,5
2	mäßig toxisch	2/2 bis 3/3
3	stark toxisch	4/4 bis 5/5

Im Zweifelsfall wird dem Zellzerstörungs-Index der größere Aussagewert beigemessen.

> Die Interpretation der Toxizität ist relativ einfach und gut reproduzierbar. Diese Reaktionen der Zellen sind eine Funktion der Konzentration und Cytotoxizität der in der Prüfsubstanz befindlichen löslichen, diffusiblen Komponenten. Die Zellreaktion ist ein halbquantitativer Parameter und sehr gut für Vergleichsuntersuchungen geeignet. Eine positive Antwort (Zellreaktion 1/1 s. Tab. 12-3) ist ein guter Hinweis auf das Vorhandensein toxischer diffusibler Stoffe in der Prüfsubstanz.

Trypanblaufärbung zur Testung auf Lebensfähigkeit von Zellen (Vitalfärbung)

Für Routineuntersuchungen auf Vitalität von Zellen haben sich Tests bewährt, die davon ausgehen, daß bei lebenden Zellen bestimmte Farbstoffe nicht in das Zellinnere gelangen können, während tote Zellen sich mit dem betreffenden Farbstoff anfärben. Andererseits gibt es Tests mit fluoreszierenden Farbstoffen, die erst durch lebende Zellen aufgenommen und in die fluoreszierende Form von ihnen metabolisiert überführt werden. Der am weitesten verbreitete Test auf die Lebensfähigkeit von Zellen ist der sog. Trypanblaufärbetest, der als Routinetest einfach und schnell anzuwenden ist.

Trypanblau ist ein saurer Farbstoff, das als Anion sehr leicht an Proteine binden kann. Die Farbstoffaufnahme der Zellen ist stark pH-abhängig. Die maximale Aufnahme findet bei pH 7,5 statt. Deshalb sollte der pH-Bereich relativ eng liegen. Weiterhin sind die Temperatur, die Färbedauer sowie die Farbstoffkonzentration relativ kritisch. Bei diesem Test ist zu berücksichtigen, daß möglichst ohne Serumzusatz im Medium gearbeitet werden sollte, da sich die Anzahl der gefärbten Zellen bei zunehmender Serumkonzentration drastisch vermindert und deshalb eine vorhandene Lebensfähigkeit vortäuschen kann.

Trypanblaufärbung

Material: – Zellen nach der Trypsinierung, entweder in neuem Wachstumsmedium oder in PBS pH 7,4 aufnehmen und Zellkonzentration zwischen 10^5 u. 10^6 Zellen/ml einstellen.
       – Zählkammer
       – Sterile 0,5%ige Trypanblaulösung. Zusammensetzung:
       0,9 g NaCl u. 0,5 g Trypanblaufarbstoff auf 100 ml mit Aqua dem. auffüllen und mit 0,45 µm-Filter filtrieren. Die sterilfiltrierte Lösung ist bei Raumtemperatur ca. 6 Monate haltbar. Es wird empfohlen, kleinere Mengen der Lösung aufzuteilen, um eine Kontamination der Gesamtlösung zu verhindern. Ferner kann die Lösung bei zu langer Lagerung aggregieren, so daß die Konzentration des Farbstoffes nicht mehr mit der ursprünglichen Lösung übereinstimmt. Die Endkonzentration im Test mit den Zellen sollte bei genau 0,18% liegen. Es ist darauf zu achten, daß die Lösung vorgewärmt wird. Es können sich hier Ungenauigkeiten ergeben, die die Reproduzierbarkeit des Tests vermindern

– Die Zellsuspension (0,1 ml) mit 3,6 ml PBS ($-Ca^{2+}/Mg^{2+}$) verdünnen und die vorgewärmte Trypanblaulösung (2,7 ml einer 0,5%igen Lösung) zugeben

– Den Testansatz vorsichtig mit einer Pipette durchmischen und ca. 2 – 5 min bei 37°C inkubieren. Anschließend nochmals mit der Pipette gut durchmischen und in der Neubauer-Zählkammer auszählen. Sofort mit der Zählung beginnen, wobei lebende Zellen nicht angefärbt sein dürfen, während tote Zellen durchgängig blau angefärbt sind. Auch diejenigen Zellen, die nur schwach blau angefärbt sind, werden als tot betrachtet. Sollte eine Zellzählung wiederholt werden, muß der Testansatz stets neu gemischt werden, da Trypanblau im Prinzip cytotoxisch für die Zellen ist, so daß mit zunehmender Inkubationsdauer mit dem Farbstoff ein Anstieg der toten Zellen zu beobachten ist

– Den Prozentsatz an lebenden Zellen erreicht man am besten mit der Auswertung nach folgendem Schema:

$$\% \text{ lebende Zellen} = \frac{\text{ungefärbte Zellen}}{\text{ungefärbte Zellen} + \text{gefärbte Zellen}} \times 100$$

MTT-Test zur Messung von Lebensfähigkeit und Wachstum

Der Test mißt die Aktivität der mitochondrialen Dehydrogenasen lebender Zellen unabhängig davon, ob sie momentan DNA synthetisieren oder nicht. Der Vorteil liegt in der wenig zeitaufwendigen Bewältigung großer Serien unter Vermeidung teurer Radioisotope und Zählapparaturen.

Das schwach gelbe 3-(4,5-dimethylthiazol-2-yl)-2,5-diphenyl Tetrazolium Bromid (MTT) dringt in die Zellen ein, sein Tetrazoliumring wird durch Dehydrogenasen aktiver Mitochondrien aufgebrochen, es ensteht das alkohollösliche, dunkelblaue Formazan. Das Detergens SDS lysiert die Zellen und setzt das Formazan frei. Die Intensität der alkoholischen Formazanlösung wird photometrisch bestimmt. Eine große Anzahl von Proben kann gemessen und mit Hilfe eines Computers on line nach verschiedenen Gesichtspunkten ausgewertet werden.

MTT-Test auf Lebensfähigkeit

Material: – Testzellen, adhärent oder suspendiert wachsend aus log-Phase einer Stammkultur
– MTT, Sigma Nr. M 2128, 5 mg/ml in PBS, sterilfiltriert
– PBS ohne Ca^{2+} und Mg^{2+}
– Mischung zur Zellyse und zur Auflösung des Formazans: 99,4 ml DMSO, 0,6 ml Essigsäure, (100 %), 10 g SDS
– Multikanalpipette
– Pipettenspitzen für 20 µl und 100 µl
– Schüttelmaschine für Mikrotiterplatten
– Elisa-reader, Testwellenlänge 570 nm, Referenzwellenlänge 630 nm

– Zellen in Mikrotiterplatte mit flachem Boden in vorher bestimmter Konzentration einsäen. Äußere Reihen wegen größerer Verdunstung frei lassen oder mit 10 %iger Kupfersulfatlösung füllen

– Zellen für 24 h bei 37°C, 5 % CO_2, 95 % rel. Feuchte inkubieren

– Medium absaugen, je Vertiefung 200 µl Testmedium (mit zu prüfenden Substanzen) z.B. in Verdünnungsreihe in mind. je 5 Vertiefungen pipettieren, Kontrolle ohne Zellen mit Medium und Kontrolle mit Zellen und Medium ohne Prüfsubstanzen einpipettieren

– 24–36 h inkubieren, dann je Vertiefung 20 µl sterile MTT-Lösung zugeben

– Vorsichtig durchpipettieren oder auf Schüttler mischen und 2 h bei 37°C im CO_2-Schrank bebrüten. Die Bildung der blauen Farbstoffaggregate kann mikroskopisch beobachtet werden

- Überstand mit Pasteurpipette und Vakuumpumpe absaugen (adhärente Zellen) oder in Zentrifuge mit Platten-Rotor bei 800 × g für 2 min abzentrifugieren (Suspensionszellen)
- 100 µl der Mischung aus DMSO, Essigsäure und SDS (s.o.) zugeben
- Platten 5 min stehen lassen. Danach 5 min auf dem Schüttler mischen
- Photometrieren und auswerten. Der Test gibt brauchbare Werte im Bereich zwischen 200 und 300.000 Zellen je Vertiefung

12.2 Nachweis mutagener Substanzen

Säugerzellinien können zur Feststellung chemisch induzierter Genmutationen gut verwendet werden. Häufig verwendete Zellinien sind: Maus Lymphomzellen (L5178Y) sowie CHO- und V-79-Zellen des chinesischen Hamsters. An diesen Zellinien wird mittels der in den einzelnen Genregionen häufig vorkommenden Mutationen die genverändernde Potenz der betreffenden Substanz nachgewiesen. Es eignen sich vor allem die Loci für Thymidinkinase (TK), für die Hypoxanthinguaninphosphoribosyltransferase (HGPRT) und für Na-K-ATPase. Es lassen sich damit Basenpaarmutationen, Frameshiftmutationen (Raster) und kleinere Deletionen nachweisen.

Die betreffenden Vorwärtsmutationen können durch entsprechende Resistenzen gegenüber bestimmten Antimetaboliten (Bromdesoxyuridin oder Fluordesoxyuridin bei TK$^-$; 8-Aza-guanin oder 6-Thioguanin bei HGPRT oder Ouabain bei Na/K-ATPAse) nachgewiesen werden. Ferner muß vorher in einem separaten Versuch die Cytotoxität der Substanz bestimmt werden. Hier wird am besten die plating efficiency der Kultur bzw. deren Veränderung bestimmt (siehe Abschn. 12.7).

Die Mutationsrate wird dadurch bestimmt, daß man eine bekannte Anzahl von Zellen in einem Medium mit dem selektionierenden Agens zur Bestimmung der Mutantenzahl und einmal ohne selektionierenden Agens zur Bestimmung der überlebenden Zellzahl aussät.

Nachweis mutagener Substanzen

Material: – Zellen (V-79) vom chinesischen Hamster (HGPRT$^+$)
  – T 75- oder T 150-Flaschen
  – 12er Multischalen
  – Petrischalen für die Zellkultur (10 und 6 cm Durchmesser)
  – S-9 Mix (= metabolisierender Zusatz aus induzierter Rattenleber)
  – Selektionsmedium (MEM mit 10 % FKS und 10 µg/ml Thioguanin)
  – MEM mit 10 % FKS
  – Giemsafarbstoff
  – evtl. Kolonienzählgerät

Toxizitätstest

- Stammkulturen von V-79 Zellen in MEM mit 10 % FKS in der logarithmischen Wachstumsphase aus der laufenden Kultur abtrypsinieren, Vitalität bestimmen (> 90 %) und je 500 Zellen pro 10 cm Petrischale in 10 ml Medium einsäen
- Pro Konzentration mindestens 3–5 Replikate anlegen

- Am nächsten Tag das alte Medium absaugen, die Zellen mit neuem Medium (ohne Serum), das die zu prüfende Substanz enthält, inkubieren. Es kann sowohl mit oder ohne S-9 Mix gearbeitet werden. Die Behandlungsdauer sollte nicht mehr als 12 Stunden dauern
- Danach Mediumwechsel mit MEM mit 10 % Serumzusatz
- Die Zellen am 9. bis 12. Tag (je nach Zellinie) fixieren, färben und die Kolonien auszählen. Auswertung der cytotoxischen Potenz siehe plating efficiency-Test (s. Abschn. 12.7)

Mutagenitätstest

- Zellen in einer Konzentration von ca. 10^6 Zellen pro T 75-Flasche (10 ml Medium) aussäen. Mit der Behandlung wieder einen Tag warten, um den Zellen Gelegenheit zu geben, sich auf die Unterlage zu heften
- Danach Behandlung der Zellen mit der zu prüfenden Substanz wie unter der Cytotoxizitätstestung. Wenn der Zeitraum der Behandlung verstrichen ist, sofortige Umkultivierung, wobei von jeder Flasche eine T 75-Flasche (ca. 10^6 Zellen in 15 ml komplettem Medium) und mindestens 4 Petrischalen (zu je 500 Zellen pro 10 cm Durchmesser Petrischale und 10 ml Medium) angelegt werden sollen
- Die Zellen erst nach 5–7 Tagen im Selektionsmedium (MEM plus 10 % FKS mit Thioguaninzusatz (10 µg/ml) in 10 cm Petrischalen subkultivieren (10^5 Zellen pro 10 cm Petrischale)
- Die überlebenden Kolonien nach 16 Tagen anfärben und auszählen
- Die Berechnung der Mutationsfrequenz erfolgt als überlebende Mutanten pro 10^6 überlebende Zellen. Die Überlebensrate wird aus dem Cytotoxitätsexperiment zugrundegelegt. Sollte sich die Substanz sowohl cytotoxisch als auch als mutagen erweisen, muß die Mutationsrate entsprechend korrigiert werden

Als Positivkontrolle ohne Metabolisierung (ohne S-9 Mix) kann Ethylmethansulfonat oder Hycanthon dienen, während für Positivkontrollen, die eine Metabolisierung brauchen (mit S-9 Mix), 2-Acetylaminofluoren bzw. N-Nitrosodimethylamin herangezogen wird.

12.3 Transfektion

12.3.1 Transfektion nach der Calciumphosphatmethode

Die Überführung fremden Genmaterials in eine andere Wirtszelle ist eine Methode, die es erlaubt, die Wirtszelle zu Leistungen zu bringen, die vorher nicht im Repertoire der Zelle lagen bzw. die diese in bisher nicht gewünschtem Maße erbrachte. Nachstehend stellen wir eine sehr effiziente Methode dar, wie in Empfängerzellen (hier Mausfibroblasten: LTK-Zellen) fremde DNA eingeschleust und zur Expression gebracht werden kann. Ihr besonderes Merkmal ist der Kotransfer von verschiedenen DNAs und eignet sich besonders gut für adhärente Zellen. Sie kann vor allem für den stabilen Transfer von Fremd-DNA in das Zellgenom eingesetzt werden, jedoch auch für transiente (= vorübergehende) Expression der DNA.

Transfektion

Material: – Neben den üblichen Geräten für die Züchtung permanenter Zellinien ist ein entsprechender Test notwendig, der die Leistungen der genveränderten Zellen testen kann
– Ultrazentrifuge
– N_2-Flasche
– sterile Zentrifugenröhrchen
– HEBS-Puffer (2x) : 1,5 mM Na_2HPO_4, 280 mM NaCl, pH 7,2
– $CaCl_2$-Lösung: als Stammlösung 2,5 M bereiten und in Aliquots einfrieren. Die Endkonzentration an $CaCl_2$ muß im Test 125 mM sein!
– Selektions-DNA (z.B. bestimmte Markergene, die das Wachstum der Zellen unter bestimmten Selektionsbedingungen zulassen oder beeinflussen, z.B. pTK oder pAG 60. Diese Marker ergeben z.B. bei LTK-Zellen mehr als 1 Transformante pro ng DNA. Nähere Angaben finden sich in der Literatur)
– Carrierer- oder Kotransfer-DNA = hochmolekulare DNA aus der Empfängerzelle. Hier ist der Reinheitsgrad und die Länge der DNA entscheidend. Sie sollte möglichst immer aus der gleichen Zelle stammen!
– Transfektions-DNA

Sowohl die Kotransfer-DNA als auch die Selektions-DNA sollten in ausreichender Reinheit vorliegen. Dabei empfiehlt sich eine zweimalige Ultrazentrifugation über einen Cäsiumchloridgradienten und möglicherweise eine weitere Reinigung mit NACS 52. Die Effizienz einer Transfektion hängt in entscheidendem Maße von der Reinheit der benutzten DNAs ab. Weiterhin kann eine Linearisierung des Plasmids die Effizienz steigern.

Die Kotransfer-DNA kann zur Testung der optimalen Länge mittels einer sterilen Einmalspritze und verschieden dünner Kanülen (10-maliges Aufziehen) in verschieden große Bruchstücke geschert werden, wobei alle Ansätze auf ihre Effektivität hinsichtlich der Transfektion getestet werden sollten.

– Die Präparate werden wie folgt hergestellt:
  1) zunächst in einem sterilen Röhrchen a ein halbes Volumen (250 µl) vom 2fach konzentrierten HEBS-Puffer vorlegen
  2) In ein zweites Röhrchen b nacheinander die $CaCl_2$-Lösung und die gewünschten DNAs, aufgeteilt nach Selektions-DNA (500 ng), Kotransfer-DNA (5 µg) und Carrier-DNA (5 µg) pipettieren, mit sterilem Wasser auf 250 µl Endvolumen auffüllen
  3) Das $CaCl_2$-DNA-Gemisch unter leichtem Schütteln (auf dem Whirl-Mix) in den HEBS-Puffer (Röhrchen a) tropfen. Zum Aufwirbeln der Lösungen eignet sich auch die Einleitung von Stickstoff oder Druckluft über eine gestopfte, sterile Pasteurpipette

– Nach 30 min hat sich nun bei Raumtemperatur das Ca-DNA-Präzipitat gebildet und man gibt es nun auf die Zellen, die mit frischem Medium kurz vorher zweimal gewaschen werden. Anschließend mit 1–5 ml Medium inkubieren und das Präzipitat gleichmäßig über die ganzen Zellen verteilen (leichtes Schwenken der T25 Flasche)

– Nach einer 30 bis 60 min Inkubationszeit bei 37°C das restliche Medium (Gesamtvolumen 5,5 ml) zugeben. Der erste Mediumwechsel sollte nicht vor 4 h und spätestens nach 12 h durchgeführt werden. Wichtig ist das Volumenverhältnis von Präzipitat zu Medium, das experimentell zu ermitteln ist, da sich das Präzipitat nicht sofort nach Zugabe auf die Zellen wieder auflösen sollte. Weiterhin ist zu beachten, daß es Zellinien gibt, bei denen eine zu lange Verweildauer des Präzipitats schädlich sein kann. Deshalb kann die angegebene Verweildauer nur als Richtwert dienen!

– Zusätzlich kann den Zellen nach einigen Stunden noch ein Glycerol- bzw. DMSO-Schock versetzt werden, um die DNA-Aufnahme zu optimieren. Dies gilt allerdings nicht für alle Zellinien und muß experimentell ermittelt werden!

– Mit der Selektion beginnt man am besten erst zwei Tage nach der Transfektion (Mediumwechsel mit Selektionszusätzen je nach Markergen. Falls obengenannte Marker verwendet werden, kann HAT-Medium (siehe Abschn. 8.1.1) verwendet werden).

Die Zellen nehmen die DNA über einen endocytotischen Prozeß auf. Es muß dann gewartet werden, bis einzelne Kolonien im HAT-Medium auswachsen.

Die weitere Behandlung der Zellen hängt nun von der vorgegebenen Zellkonzentration ab. Entscheidend ist immer die vorgegebene Dichte der Zellen bei der Transfektion, sie sollten sich möglichst in der logarithmischen Wachstumsphase befinden, bei konfluenten Zellen gelingt die Transfektion meist schlecht bzw. sie brauchen sehr viel länger, bis Klone sichtbar werden. Es kann auch ratsam sein, die Zellen nach der Inkubation mit dem Präzipitat direkt zu verdünnen, besonders wenn der Selektionsdruck nicht allzu hoch ist. Ebenso sollten bei neuen Zellen die Rahmenbedingungen in Probetransfektionen vorher getestet werden, wie die einzelnen Puffer und Medien sowie die Konzentration der Selektionsdroge.

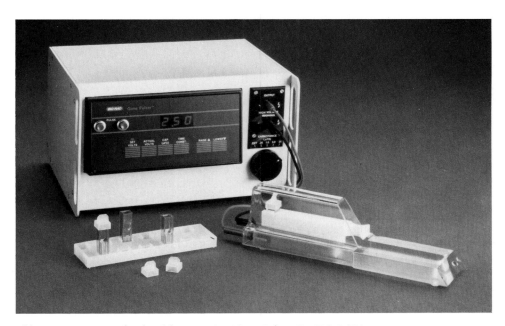

Abb. 12-1: Apparatur für die Elektroporation (Gene Pulser /Fa. BIO-RAD).

12.3.2 Transfektion mittels Elektroporation

Ähnlich wie die Elektrofusion bietet sich auch bei der Transfektion von DNA die Anlegung elektrischer Impulse an, besonders bei Zellen, die sich der Calcium-Kopräzipitationstechnik widersetzen (z.B. menschliche Lymphocyten u.a.). Doch auch bei adhärent wachsenden Zellen, wie z.B. bei Maus L-929-Zellen oder bei CHO-Zellen, läßt sich durch Elektroporation die Transfektionseffizienz erhöhen. Bei Bakterien ist die Elektroporation schon mit gutem Erfolg angewendet worden, wo z.B. die herkömmlichen Methoden versagt haben. Es gibt mittlerweile eine ganze Reihe von Instrumenten für die Elektroporation, die relativ einfach zu bedienen und zu handhaben sind. Allerdings muß betont werden, daß die angegebenen Größen nur Richtwerte sind, die für die jeweilige Zellinie bzw. für den jeweiligen Versuchsansatz individuell erprobt werden müssen.

Im folgenden Abschnitt stellen wir eine Methode vor, die sich mit kleineren Abwandlungen bei vielen Zelltypen bewährt hat und die relativ leicht im Labor auf die speziellen Zellen zu adaptieren ist. Die apparative Ausrüstung zeigt Abb. 12-1.

Elektroporation

Material: – Elektroporationsapparat
– Medien für die Elektroporation: Am besten haben sich einfache Salzlösungen mit hoher Ionenstärke bewährt. Ob Saccharose oder Mannitol zugegeben werden soll, ist eine Frage, die bisher noch nicht allgemeingültig beantwortet werden kann.
  a) PBS (ohne Ca^{2+} und Mg^{2+}) pH 7,2
  b) Phosphatgepufferte Saccharoselösung: 272 mM Saccharose, 1mM $MgCl_2$ und 7 mM Natriumphosphat, pH 7,4
– Zellen in einer Dichte von 0,5 bis 12 × 10^6 Zellen pro ml als Suspensionszellen, entweder aus einer laufenden, logarithmisch wachsenden Kultur (wichtig, s.o.) oder aus einer laufenden Suspensionskultur (Vitalität über 95 %!) einsetzen.
– sterile Werkbank

– Die (trypsinierte) Zellsuspension mit kaltem Elektroporationsmedium zweimal waschen und in kalter PBS auf eine Zellkonzentration von 0,5 bis 10 × 10^6 Zellen/ml einstellen

– Den Zellen 2–10µg lineare DNA (für stabile Expression) bzw. 10–40 µg zirkuläre DNA (für transiente Expression) zugeben. Für 10 min in der kalten PBS inkubieren. (Zusatz von Carrier-DNA ist nicht unbedingt erforderlich, kann jedoch in Einzelfällen die stabile Transfektionseffizienz erhöhen)

– 0,8 ml der Zellsuspension in die Elektroporationsküvetten geben und anschließend den Impuls anlegen. Prinzipiell kann keine exakte Angabe gemacht werden, welche Voltzahlen eingestellt werden sollen. Auch die Länge des Impulses variiert von Zelltyp zu Zelltyp und muß stets für die individuellen Bedürfnisse der Transfektionseffizienz neu erprobt werden. Doch gibt es für adhärente Säugerzellen, B-Lymphocyten, Pflanzenzellprotoplasten und Bakterien einige Richtwerte (Tab. 12-4)

Tab. 12-4: Beispiele für Richtgrößen des elektrischen Feldes und der Impulsdauer beim elektrischen Gentransfer.

	Feldstärke (V/cm)	Impulsdauer (msec)
CHO-Zellen	zw. 300–3000 V/cm	zw. 2–10 msec
3T3-Fibroblasten	600–1500	5–7
HeLa-Zellen	400–1500	7–10
Primäre Maus Knochenmarkszellen	625–1500	6–12
Menschliche B-Lymphocyten		
(EBV-transf. o. primär)	375–1125	5–10
Andere Eukaryonten:		
Dictyostelium discoideum	2500	0,7
Trypanosoma brucei	600; 3x	k. A.
Pflanzenprotoplasten:		
Mais	500	2–4
Karotte	875	20
Tabak	2.500	0,005–0,001
Bakterien:		
Escherichia coli	6250	5–10
Campylobacter jejunii	5000	2–20
Lactobacillus caucasicum	5000	10
Streptococcus thermophilus	5000	4–5

– Nach Anlegen des Impulses noch zusätzlich 10 min auf Eis inkubieren. Danach mit vorgewärmtem Medium (normales Wachstumsmedium) verdünnen (ca. 1 : 20), die Zellen in 96er Multischalen geben und mindestens 48 h bei 37°C inkubieren. Danach die Selektionsdroge (je nach Markergen) zugeben und nach 10 Tagen kolonieweise auszählen

– Die Temperatur vor, während und nach dem Anlegen des Impulses kann auch RT betragen, wobei zunächst zu prüfen ist, ob die Vitalitätsrate bei RT sinkt. Es ist berichtet worden, daß eine Erhöhung der Temperatur die Transfektionseffizienz deutlich steigern kann.

– Die Bedingungen können variiert werden (siehe Literatur).

12.4 Klonierung

Für viele Fragestellungen ist es wünschenswert, eine genetisch möglichst einheitliche Zellpopulation zu haben. Um dies zu erreichen, versucht man, eine Zellpopulation aus **einer** isolierten Zelle zu züchten. Eine solche Zellpopulation wird «Klon» genannt, die Züchtung aus einer Zelle «Klonierung», die Fähigkeit der Zellen zur Klonbildung «cloning efficiency» oder, wenn nicht absolut sicher, daß die Population aus einer Zelle hervorgegangen ist, auch «plating efficiency». Aus der Vielzahl der Methoden für adhärent und nicht adhärent wachsende Zellen werden nachstehend zwei vereinfachte Methoden angeführt.

Es gibt zahlreiche weitere Methoden, von denen die Vereinzelung mit einem Zellsortierer die eleganteste, aber auch teuerste ist.

Klonierung

Diese Methode zielt darauf ab, in jeder von 96 Vertiefungen einer Mikrotiterplatte einen Klon zu züchten, weshalb in jede Vertiefung 1 Zelle eingesät wird.

Material: – RPMI 1640 komplett gemischt, 20 ml je Mikrotiterplatte
        – Mikropipettor 200 µl, 8 Kanal
        – Sterile Pipettenspitzen in dazu passendem Ständer
        – Steriles Reagenzienreservoir
        – Mikrotestplatten
        – Utensilien für Zellzählung
        – Hybridomzellen aus der log-Phase, Mycoplasmen-negativ

– RPMI-Medium auf 37°C erwärmen

– Aus der Stammkultur (T25 mit 10 ml Zellsuspension) werden 0,2 ml entnommen und daraus die Zellzahl bestimmt. Beispiel: Zellzahl 1×10^5/ml. Man verdünnt 1 : 100, z.B. 49,5 ml RPMI 1640 + 0,5 ml gut suspendierte Stammkultur (1. Verdünnung 1×10^3/ml), hiervon wird eine 2. Verdünnung 1 : 10 hergestellt, z.B. 9 ml RPMI 1640 + 1 ml der 1. Verdünnung, man erhält eine Zellkonzentration von 100 Zellen/ml. Hiervon fügt man 1 ml zu 19 ml RPMI 1640 in einem Reagenzienreservoir (96×200 µl + Schwund = 20 ml mit 100 Zellen) und mischt gut durch (bei dieser «Hand-Verdünnung» äußerst wichtig!)

– Mit dem Mikropipettor je Vertiefung 200 µl einpipettieren, Platte verschließen und daraufhin mikroskopieren, in welchen Vertiefungen sich wieviele Zellen befinden und dies in ein Schema eintragen

– Platte bei 37°C, 5% CO_2 und 95% rel. Feuchte bebrüten

– Platte täglich mikroskopieren; Vertiefungen, in denen eindeutig aus einer Zelle ein Klon auswächst, markieren, die übrigen Vertiefungen sicherheitshalber (Kontamination, Verwechslung) abpipettieren

– Gewünschte Klone mit Pasteurpipette entnehmen, wenn nötig, nach kräftigem Suspendieren. Wenn mit der Zellzahl von 1 Zelle/Vertiefung keine ausreichende Zahl von Klonen heranwächst, kann die Zahl notfalls bis 10 Zellen/Vertiefung erhöht werden.

Klonierung in Weichagar

Material: – 2%iger Agar (Bacto Agar Difco) in Aqua dem. autoklavieren (15 min 121°C)
– MEM Dulbecco, doppelt konzentriert (10 × Konz.)
– Pferdeserum (PS), hitzeinaktiviert
– Glutamin 200 mM
– Na-Hydrogencarbonat, 7,5%
– Natrium-Pyruvat 1 mM
– Gentamycin, 5 mg/ml
– MEM Dulbecco einfach, flüssig
– 6 Petrischalen, 9 cm ⌀, mit Nocken
– sterile Meßzylinder, 50 ml
– sterile Pasteurpipetten, kurz, gestopft
– sterile Röhrchen für Zellmischung
– 10 ml Shorty-Pipetten
– 45°C-Wasserbad

– Agar nach Autoklavieren (15 min, 121°C) bei 45°C im Wasserbad halten

– MEM Dulbecco mit Glutamin (4 mM), Na-Pyruvat (1 mM) und Gentamycin (50 µg/ml) komplettieren (ohne Serum!), NaHCO$_3$ (49,3 ml der 7,5%igen Lösung) zugeben und mit 5 N NaOH auf pH 7,2 einstellen

– MEM Dulbecco 2 ×, MEM Dulbecco 1 × komplett und Pferdeserum getrennt auf 45°C erwärmen

– Für 6 Petrischalen werden gemischt:
25 ml MEM Dulbecco 2 ×
30 ml MEM Dulbecco 1 ×
20 ml PS und
25 ml Agar 2%; jeweils mit frischen, sterilen Meßzylindern in eine Flasche geben, gut mischen, bei 45°C halten (Endkonzentration 0,5% Agar)

– mit Shorty-Pipette in jede Petrischale 15 ml geben, Platten in der Reinraumwerkbank für 15 min offen stehen lassen, dann schließen und außerhalb der Reinraumwerkbank für mind. 15 min fest werden lassen (Phenolrotumschlag ist bedeutungslos!) = Grundagar

– Einige Röhrchen auf 45°C vorwärmen und je Röhrchen 1,2 ml Agar-Mischung einpipettieren und bei 45°C halten

– Zellen in MEM Dulbecco 1 × ohne Serum auf 10^2, 10^3 und 10^4 Zellen/ml einstellen (Volumen jeweils 0,3 ml)

– In jedes Röhrchen mit 1,2 ml Agar 0,8 ml Zellsuspension geben und gut suspendieren (Endkonzentration 0,3% Agar) und sofort 2 ml der Agar-Zellmischung auf eine Petrischale mit dem Grundagar pipettieren, durch vorsichtiges Schwenken gleichmäßig verteilen, den Deckel auflegen und außerhalb der Reinraumwerkbank 15 min auf ebener Fläche fest werden lassen

– Im CO$_2$-Inkubator bei ca. 95% rel. Feuchte und 37°C ungefähr 10 Tage inkubieren

– Kolonien mit fein ausgezogenen, sterilen Pasteurpipetten unter einem umgekehrten Mikroskop in der Reinraumwerkbank aufnehmen (kleinen Gummiball benützen) und in 0,1 ml MEM Dulbecco in je eine Vertiefung einer Mikrotiterplatte bringen

– Mit Medium auf 0,2 ml auffüllen

- Bei gutem Wachstum Überstände testen, z.B. auf monoklonale Antikörper (s. Abschn. 8.1.8)
- Bei schlechtem Wachstum in Weichagar Peritoneal-Exsudat-Zellen (PEZ) verwenden:
- 2×10^5 PEZ in jede Petrischale 6 – 18 h vor der Agarbeschichtung (Grundagar) einsäen, nach 1 h Inkubation nicht haftende Zellen abspülen. Auf die adhärenten Zellen den Grundagar ausgießen, dann weiterverfahren wie geschildert.

Die positiven, z.B. antikörperbildenden Kolonien werden weiter vermehrt, wobei mehrfach rekloniert werden sollte. Der Kürze halber können die weiteren Schritte hier nicht besprochen werden, dies muß den speziellen immunologischen Darstellungen, wie sie im Literaturverzeichnis zu diesem Kapitel aufgeführt sind, überlassen bleiben. Es sei jedoch ausdrücklich darauf hingewiesen, daß der anti-Maus-Antikörper mit einem Fluorochrom konjugiert werden kann. Man kann dann das Konjugat (ggf. an fluoreszierende Kügelchen gekoppelt) mit den Zellen inkubieren und die positiven Zellen mit Hilfe eines «Fluoreszenz-aktivierten Zellsortierers» einzeln in je eine Vertiefung einer Mikrotiterplatte einbringen lassen. Dies ist eine außerordentlich elegante, sichere und arbeitssparende Technik. Sie lohnt sich wegen der beträchtlichen Investitionskosten allerdings nur bei hohem Probendurchsatz oder als gemeinschaftlich benütztes Gerät mehrerer Laboratorien.

12.5 ³H-Thymidineinbau als Proliferationskontrolle

Für die kurzfristige Beobachtung der Stoffwechselaktivität von Zellen wird häufig der Einbau von niedermolekularen Vorläufersubstanzen in die Makromoleküle der Zelle verwendet. Üblicherweise wird dabei entweder eine radioaktive Aminosäure zum Einbau in Proteine verwendet oder eine Nucleotidbase zum Einbau in die DNA bzw. RNA verwendet. Dabei ist stets darauf zu achten, daß z.B. im Medium enthaltene Aminosäuren die Spezifität der radioaktiven Substanz heruntersetzen können. Dies ist auch wichtig, falls der Einbau von endogenen Substanzen verfolgt werden soll. Hier ist stets darauf zu achten, daß sowohl im Medium als auch im fetalen Kälberserum diese Substanz enthalten sein könnte. Die weitaus häufigste Methode ist der Einbau von radioaktivem Thymidin in die DNA. Kurzfristige Inkubation mit dem radioaktiven Precursor gibt einen guten Hinweis auf unidirektionalen Flux, während eine längere Inkubationszeit einen Einbau in Polymere (DNA, RNA) erbringt. Das nachstehende Protokoll ist für adhärente Zellen geeignet, es kann aber auch mit geringen Modifikationen für Lymphocyten etc. verwendet werden.

Sicherheitshinweis

Es ist zu beachten, daß für den Umgang mit radioaktiven Substanzen die notwendige Umgangsgenehmigung vorliegen muß sowie die notwendigen Sicherheitsvorschriften unbedingt eingehalten werden müssen. Ferner sei daran erinnert, daß sich radioaktive Aerosole bilden können, so daß sich auch bei kurzfristigen Markierungen das Arbeiten unter der sterilen Werkbank empfiehlt.

³H-Thymidineinbau

Material: − Adhärent wachsende Zellinie (für Vorversuche sind die Mauszellinien L-929 oder 3T3 bestens geeignet)
 − Multischalen für die Zellkultur (96er, 48er, oder 24er Multischalen)
 − Eppendorf-Multipipettor oder eine andere Mikroliterpipette mit Repetiereinrichtung
 − sterile Pipettenspitzen
 − DMEMhg-(high Glucose) mit 10 % fetalem Kälberserum
 − ³H-Methyl-Thymidin spezifische Aktivität: 1 mCi/ml
 − Flüssigszintillatorcocktail
 − Szintillationszählgerät
 − Glaswanne
 − Methanol
 − 0,3 N Trichloressigsäure
 − phosphatgepufferte Salzlösung (PBS)
 − Gefäße für radioaktiven Abfall

− Die Zellen mindestens 48 h vor dem Versuch in die Multischalen (nicht zu dicht) einsäen. Beim Test selbst sollten sie sich gerade in der logarithmischen Wachstumsphase befinden, da die Markierungszeit zwischen 3 und 24 h dauern sollte. Für längere Inkubationszeiten empfiehlt sich der Gebrauch von ¹⁴C-markierten Verbindungen, da Tritium-markiertes Thymidin nach längeren Inkubationszeiten Radiolyse im Zellkern verursachen kann

− Das radioaktive Tritium-Methylthymidin kurz vor dem Test mit PBS auf eine Konzentration von 100 µCi/ml (1 : 10 Verdünnung) bringen. Danach das Medium absaugen und frisches DMEM-Medium zugeben. Je nach Vertiefungsgröße bzw. Wachstumsfläche kann dies 100 bis 250 µl (bei 96er Multischalen) bis zu 2,5 ml (bei 24er Multischalen) betragen. Anschließend das radioaktive Methylthymidin in einer Verdünnung von 1 : 10 bis 1 : 20 zugeben. Die Endkonzentration kann deshalb von 5−10 µCi/ml schwanken. Zellen in den Brutschrank zurückstellen und für die angegebene Zeit bei 37°C und 6 % CO_2 bebrüten

− Das Medium nach Beendigung der Inkubationszeit am besten mit einem geeigneten Waschgerät (z.B. Nunc ELISA-Washer) direkt in den radioaktiven Abfall absaugen und zweimal mit PBS mit Calcium vorsichtig waschen, wobei auch diese Waschlösung direkt in den radioaktiven Abfall gelangt

− Danach die Schale mit den Zellen in eine Glaswanne überführen und die Zellen mit jeweils 100 bis 1000 µl Methanol (je nach Größe der Vertiefungen) fixieren. Das Methanol nach 5 min abschütten und den Vorgang nochmal wiederholen

− Es folgt ein weiterer Waschschritt mit dem gleichen Volumen an Wasser. Danach mit Trichloressigsäure waschen und dreimal mit Wasser nachspülen

− Ohne die Zellen austrocknen zu lassen, jeweils 150 µl (bei 96er Platten) 0,3 N NaOH zugeben und das Lysat nach mind. 15 min in Szintillationsröhrchen überführen. Den Szintillationscocktail zugeben. Nach einer Stunde messen, um die Chemolumineszenz abklingen zu lassen. Evtl. kann man auch Trichloressigsäure schon in dem Cocktail vorlegen, um die im Lysat enthaltene NaOH zu neutralisieren. Hierzu sind von Fall zu Fall Vorversuche notwendig. Es kann entweder als cpm DNA/mg Protein oder als cpm DNA/Zelle ausgewertet werden.

12.6 Inhibition des Zellwachstums (quantitative Neutralrotmethode)

Die Methode basiert, ähnlich wie die Agaroverlaymethode (s. Abschn. 12.1) auf der Beobachtung, daß nur lebende Zellen den Farbstoff Neutralrot (NR) aufnehmen, während tote Zellen nicht angefärbt werden. Nach einer Inkubationsphase mit dem zu testenden Agens (24 h und mehr) werden die adhärent wachsenden Zellen gewaschen und anschließend für 3 h mit dem Farbstoff inkubiert. Danach werden die Zellen gewaschen, in einer Ethanol/Eisessiglösung aufgelöst und der Gehalt an Farbstoff wird photometrisch bestimmt. Der Test wird in 96er Mikrotiterplatten (Zellkulturqualität) durchgeführt, wobei verschiedene Konzentrationen einschließlich einer Kontrollreihe ausgeführt werden können.

Inhibiton des Zellwachstums

Material: – Neben den üblichen Geräten und Agentien zur Zellzüchtung wird benötigt:
  – L-929-Zellen oder andere adhärent wachsende Zellen aus einer laufenden Kultur in der logarithmischen Wachstumsphase, trypsiniert
  – Neutralrotlösung (5 mg Neutralrot auf 100 ml Nährmedium komplett, z.B. DMEM mit 10% FKS)
  – Ethanol/Eisessigmischung: 50% Ethanol, 1% Eisessig auf 100 ml mit Aqua dem. auffüllen
  – 96er Mikrotiterplatten für die Zellkultur
  – Schüttler für Mikrotiterplatte (Horizontalbewegung)
  – ELISA-reader mit 540 nm-Filter

– Die Zellen in einer Konzentration von 5×10^4 pro 96er Vertiefung (Vol. 0,2 ml) aus einer laufenden Kultur einsäen. Eine Reihe von Vertiefungen sollte dabei stets als photometrischer «Blank» frei bleiben. Die Zellen 24 h inkubieren, um ihnen Gelegenheit zu geben, sich an die Unterlage zu heften

– Danach das ursprüngliche Medium absaugen und das Medium mit den Testagentien auf die Zellen geben. Es sollten mindestens 5 Replikate (oder mehr) angesetzt werden. Eine Reihe sollte keine Testagentien enthalten, dies ist die 100%-Kontrolle

– Die Platten weitere 24 h inkubieren. Längere Inkubationszeiten sind möglich, allerdings muß darauf geachtet werden, daß die Zelldichte nicht zu hoch wird

– Danach das Medium absaugen, dreimal vorsichtig mit PBS waschen

– Die Zellen mit der Neutralrotlösung für drei Stunden inkubieren. (Man achte darauf, daß die Neutralrotlösung vorher bei 37°C im Dunkeln vorinkubiert wurde, um reproduzierbare Ergebnisse zu erhalten)

– Das Neutralrotmedium absaugen und die Zellen dreimal vorsichtig mit PBS waschen

– Zellen mit 0,1 ml der Ethanol-Eisessiglösung versetzen. Die Platte vorsichtig für 15 min auf dem Schüttler bewegen, um den Farbstoff quantitativ aus den Zellen zu extrahieren

– Danach die Absorption bei 540 nm auf einem Vertikalphotometer bzw. auf einem ELISA-reader messen. Alle Werte werden als Prozent der untoxischen Kontrolle (= 100%) ermittelt. Es kann damit auch eine ID_{50} (inhibitorische Dosis) als Graphik ermittelt werden (Konzentration des Stoffes gegen Prozent Absorption der Kontrolle).

12.7 Ermittlung der plating efficiency

Die plating efficiency kommt zur Anwendung, wenn es um empfindliche in vitro-Messungen zur Ermittlung einer schwach bis mittel toxisch wirkenden Substanz geht. Das Testsystem ist außerdem dazu geeignet, die Cytotoxizität von Seren, Zusatzstoffen für die Zellkultur etc. zu testen. Es erlaubt eine quantitative Aussage und ist gut vergleichbar bzw. reproduzierbar. Die Zellen werden in einer sehr niedrigen Zelldichte ausgesät, so daß sie keinen Kontakt untereinander haben. In der Regel gelingt dies, wenn man Petrischalen für die Gewebezüchtung (Durchmesser 10 cm) benutzt und die Zellkonzentration auf 500 Zellen pro Platte beschränkt.

Das nachstehende Protokoll eignet sich für die Testung der Qualität von Seren, wobei ein bereits in Benutzung stehendes Serum als Kontrollserum dient.

Plating efficiency

Material: – Neben den üblichen Geräten zur Zellzüchtung werden benötigt:
  – Petrischalen für Zellkultur
  – Giemsa-Lösung
  – Fixierlösung (Methanol/Eisessig 3 : 1)
  – Trypanblaulösung für die Vitalfärbung (siehe Seite 189)
  – PBS
  – Medium mit und ohne FKS

– Die Zellen (L 929 o. ä.) aus einer laufenden Kultur (logarithmische Wachstumsphase) abtrypsinieren und die Vitalität mittels Trypanblaufärbung bestimmen. Es können nur Zellen zu diesem Test herangezogen werden, deren Vitalität besser als 95 % ist

– Die Zellen mit Medium ohne FKS auf 500 Zellen pro ml einstellen

– Pro Serumprobe und pro Kontrolle mindestens drei Replikate herstellen

– In jede Petrischale zunächst 2 ml der Serumprobe sowie 7 ml Kulturmedium pipettieren. Anschließend in jede Platte je 1 ml der verdünnten Zellsuspension geben. Die Schalen vorsichtig schwenken (keine kreisende Bewegungen, sonst bleiben die Zellen zu sehr am Rand!) und bei 37°C und 5 % CO_2 für mindestens 14 Tage inkubieren. Während der ersten Tage sollte man die Zellen nicht unter dem Mikroskop betrachten bzw. keinerlei Manipulationen an den Schalen vornehmen, da diese Zeit sehr kritisch für das Zellwachstum bzw. für das Ausbilden einer Kolonie ist. Die Zellen nach der Bebrütungszeit zunächst unter dem Mikroskop beobachten und die durchschnittliche Koloniengröße und die allgemeine Zellmorphologie registrieren

– Danach die Zellen zweimal mit PBS waschen und ca 10 min mit je 10 ml Fixierlösung bei RT fixieren. Die Methanol-Eisessiglösung absaugen, einmal mit PBS waschen und die Zellen entweder bei RT oder bei ca. 50°C im Trockenschrank trocknen. Für die anschließende Giemsafärbung ist es günstig, vollständig und gut zu trocknen, da sich der Giemsafarbstoff dann besser mit den Zellen verbindet

– Den Giemsafarbstoff unverdünnt (mindestens 3–5 ml) auf die Zellen geben und nach 5 min noch zusätzlich 10 ml PBS zu den Zellen dazugeben. Die Zellen nach weiteren 5 min mit Leitungswasser spülen und anschließend bei RT trocknen

– Die Auswertung erfolgt nach der vollständigen Trocknung der Platten entweder durch ein spezielles Auswertegerät oder durch einfaches Auszählen der Kolonien. Maßgebend ist nicht nur die Zahl, sondern auch die Größe der Kolonien und die Morphologie der Zellen
– Die Auswertung erfolgt als
   a) absolute plating efficiency, wobei 500 Zellen als 100 % angenommen werden und
   b) als relative plating efficiency, wobei das Kontrollserum als 100 % genommen wird
– Als noch zu akzeptierendes Kriterium für die Serumqualität sollte die absolute plating efficiency 30 % nicht unterschreiten und für die relative plating efficiency sollte ein Prozentsatz von mindestens 70 % der Kontrolle angesehen werden.

12.8 Virusvermehrung und Transformation mit Epstein-Barr-Viren (EBV)

Das Epstein-Barr-Virus ist ein humanpathogenes herpesähnliches DNS-Virus, das als Erreger der infektiösen Mononucleose, Burkitts Lymphom und des nasopharyngealen Carcinoms gilt. Das Virus kann humane Lymphocyten transformieren, ohne daß diese infektiöse Viren produzieren bzw. regelmäßig oder in großen Mengen in den Überstand abgeben müssen. Vor allem die Transformation menschlicher B-Lymphocyten aus dem peripheren Blut ist sehr einfach und arbeitssparend. Solche transformierten B-Zellen können in üblichen Medien in großer Zahl gezüchtet werden. Das Virus erhält man aus dem Überstand der Marmoset-Blutleukocytenlinie B 95-8, die hohe Titer transformierender EBV in den Überstand entläßt. EBV ist zellspezifisch für B-Lymphocyten, eine Infektion anderer Zellarten kann ausgeschlossen werden.

Sicherheitsmaßnahmen

Das EBV gehört nach der vorläufigen Empfehlung des Bundesgesundheitsamtes (vgl. Literaturverzeichnis) zur Risikogruppe II mit der Charakterisierung: «Mäßiges Risiko für die Beschäftigten – geringes Risiko für die Bevölkerung und Haustiere». Das Virus ist sehr weit verbreitet, ca. 90 % der Bevölkerung haben Antikörper gegen EBV.

Für Arbeiten mit EBV wird ein L 2-Labor (s. Abschn.1.4) empfohlen. Daraus ergibt sich:
– Nur Personen mit nachgewiesenen EBV-Antikörpertitern sollen mit EBV-transformierten Zellinien arbeiten
– Die Arbeiten sollen in einem gekennzeichneten Labor, zu dem betriebsfremde Personen keinen Zugang haben, durchgeführt werden
– Die Arbeiten sollen in einer Sicherheitswerkbank der Klasse II (s. Abschn. 1.3.1) durchgeführt werden
– Es muß alles getan werden, damit kein Virus verschleppt werden kann. Alle Medien, Gefäße und Geräte werden am einfachsten durch Autoklavieren von potentiell anhaftendem Virus befreit
– B-Lymphocyten, die transformiert werden sollen, dürfen nicht von Personen stammen, die in dem betreffenden Labor beschäftigt sind.

Viruszüchtung

Material: – B 95-8 Zellen, EB-Virus produzierend (ATCC CRL 1612)
– RPMI 1640 mit 10% hitzeinaktiviertem FKS, 2 mM Glutamin, 100 IE/ml Penicillin und 100 µg/ml Streptomycin
– Kulturgefäße, z.B. T 25
– Zentrifuge, verschließbare Zentrifugenflaschen
– 0,45 µm Einmalfilter

– Zellen in angegebenem Medium in einer Konzentration von 1×10^6/ml für 10 Tage ohne Mediumwechsel bei 37°C, 5% CO_2, 95% rel. Feuchte inkubieren
– Die Zellsuspensionen vereinigen und bei $400 \times$ g für 15 min zentrifugieren
– Überstand zweimal durch je ein 0,45 µm-Filter filtrieren und bei -80°C lagern. Die Infektiosität bleibt für mehrere Monate erhalten, längerfristige Lagerung ist in flüssigem Stickstoff möglich.

Transformation

Material: – RPMI 1640 ohne Serum
– RPMI 1640 mit 10% hitzeinaktiviertem fetalen Kälberserum
– Lymphocyten-Trennmedium
– Sterile 50 ml Zentrifugenröhrchen
– Zentrifuge
– sterile Pipetten, 5 und 10 ml
– Geräte und Lösungen für Zellzahlbestimmung

– 20 ml menschliches Vollblut mit 20 ml RPMI 1640 ohne Serum verdünnen = 40 ml. Die Blutentnahme darf nur von ärztlichem Personal durchgeführt werden, sie erfolgt am besten mit einem Einmalbesteck
– In jedes von zwei 50 ml Zentrifugenröhrchen 20 ml Lymphocytentrennmedium pipettieren und vorsichtig mit 20 ml verdünntem Blut überschichten
– 30 min bei $400 \times$ g zentrifugieren
– Lymphocytenbanden aus beiden Röhrchen mit Pipette absaugen und zusammen in neues Röhrchen pipettieren
– Mit RPMI 1640 ohne Serum auf 50 ml auffüllen und 3mal mit diesem Medium waschen (10 min, $370 \times$ g)
– Zellzahlbestimmung (s. Abschn. 5.4)
– EBV-haltigen Überstand auftauen und mit gleichen Volumen RPMI 1640 mit 10% hitzeinaktiviertem Serum mischen
– 1×10^6 Lymphocyten werden in 1 ml dieser EBV-Mischung suspendiert und in Lymphocytenröhrchen eingesät und 24 h lang bei 37°C, 5% CO_2 und 95% rel. Feuchte inkubiert
– Alle Röhrchen zur Entfernung des Virus 5 min bei $1000 \times$ g zentrifugieren, Überstand abpipettieren und unschädlich beseitigen
– Frisches Medium zugeben, Mediumwechsel ungefähr 1mal je Woche

– Subkultur je nach Grad der Transformation.

Die Transformation kann man an der Bildung von Zellaggregaten, der Säureproduktion (!), der Zunahme der Zellzahl, der Größenzunahme der Einzelzelle und der Fähigkeit der Population zur laufenden Subkultivierung erkennen.

12.9 Populationsverdopplungszeit

Die Verdopplungszeit bestimmt man aus der Mitte der exponentiellen Wachstumsphase einer Zellpopulation (Abb. 12-2).

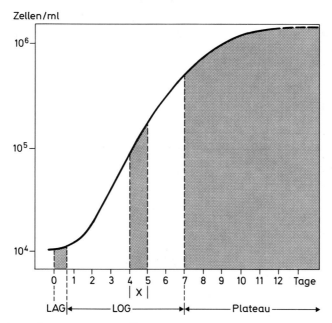

Abb. 12-2: Wachstumskurve von HeLa-Zellen
X = Populationsverdopplungszeit 24h von 1×10^5 Zellen/ml auf 2×10^5 Zellen/ml.

Zellpopulationsverdopplung

Material: – HeLa-Zellen (ATCC CCL 2)
– 100 ml MEM Earle + 200 mM Glutamin + 10% FKS
– 0,25% Trypsinlösung
– zwei 24er Zellkulturplatten
– Sterile ungestopfte Pasteurpipetten
– Mikropipette 100 µl, sterile Spritzen
– Zählkammer
– Absaugeeinrichtung für Medium

- HeLa-Zellen aus der Stammkultur auf 2 × 10⁵ Zellen/ml verdünnen und je 1 ml in jede Vertiefung zweier Platten einpipettieren. Die Zellen dürfen auf keinen Fall durch Kreisen der Platte im Zentrum der Vertiefung angehäuft werden
- Platten verschließen und für 24 h bei 37°C, 5% CO_2, 95% rel. Feuchte, ohne sie zu bewegen, bebrüten
- Die Zellen aus 3 Vertiefungen zählen. Man saugt dazu das Medium vorsichtig und vollständig mit einer Pasteurpipette ab und fügt mit der Mikropipette 0,1 ml Trypsinlösung zu, läßt sie bis zur Ablösung der Zellen im Brutschrank einwirken (ca. 15 min), dispergiert die Zellen ohne Schaumbildung, bringt sie ungefärbt in die Zählkammer und bestimmt die Zellzahl
- Die Zellzählung täglich zur selben Zeit wiederholen und protokollieren
- Das Medium wechseln, wenn der pH-Wert abfällt (Phenolrot!)
- Die Zählungen beenden, wenn die Plateau-Phase erreicht ist
- Die Zellzahlen auf ein log-Papier gegen die Zeit eintragen
- Aus der log-Phase wird die Populationsverdopplungszeit bestimmt (Abb. 12-2).

12.9.1 Populationsverdopplungszeit bei Suspensionskulturen

Anders als bei adhärent wachsenden Kulturen können bei Suspensionskulturen Zelldichten von z.B. 5 × 10⁶/ml erreicht werden. Die Kulturdauerzeiten können erheblich länger sein als bei adhärent wachsenden Zellen.

12.10 Zellsynchronisation

Wird eine Zellpopulation in einem bestimmten Abschnitt des Zellzyklus benötigt, können grundsätzlich 2 Wege eingeschlagen werden:

a) durch chemische und physiologische Methoden können Zellen in einem bestimmten Abschnitt des Zellzyklus angehäuft werden. Hierbei wird in den Stoffwechsel der Zellen eingegriffen, was die Zellen u.U. verändern könnte.

b) durch Isolierung von Zellen, die sich bereits in bestimmten Abschnitten des Zellzyklus befinden. Dies kann z.B. durch Sammeln mitotischer Zellen oder durch Sortieren nach der Größe geschehen.

Welche Methode gewählt wird, hängt von den Anforderungen ab. Nachfolgend werden einige einfache, grundlegende Techniken geschildert.

12.10.1 Zellsynchronisation durch Abkühlen

Man kühlt eine Kultur in der log-Phase für 30–60 min auf 4°C ab und erwärmt sie dann wieder auf 37°C. Die Zellen teilen sich dann weitgehend synchron.

12.10.2 Zellsynchronisation durch Schütteln

Viele Zellarten neigen dazu, sich während der Mitose abzurunden. Sie haften dann nur schwach und können durch Schütteln der Flasche selektiv abgelöst werden.

Zellsynchronisation durch Schütteln und Abkühlen

- CHO-Zellen aus der exponentiellen Wachstumsphase in 100 mm ∅ Kunststoffpetrischalen in einer Konzentration von $1,5 \times 10^6$ Zellen/Schalen aussäen
- Mikroskopieren, wann am meisten mitotische Zellen (abgerundet) vorhanden sind (ca. 18 h nach der Aussaat). Zu diesem Zeitpunkt schüttelt man die Schalen nicht zu heftig
- Medium mit den abgelösten Zellen abpipettieren und auf Eis sammeln
- Frisches Medium hinzugeben und nach 15–45 min erneut durch Schütteln lose Zellen ablösen. Der Vorgang kann mehrfach wiederholt werden
- Abzentrifugieren der gesammelten Überstände für 3 min bei $700 \times$ g
- Zellen in einer Konzentration von 10^5 Zellen/5 cm ∅ Petrischale aussäen. Sie heften sich innerhalb einer Stunde an und teilen sich synchron.

Die Ausbeute beträgt ungefähr 5–8 % der Gesamtzellzahl, hiervon befinden sich 90–99 % in der Mitose, die Lebensfähigkeit beträgt ca. 100 %.

Die Zellzahl der eingesäten Zellen muß vor der Einsaat bestimmt werden, da die meisten Zellen bereits 15 min nach der Aussaat ihre Mitose beendet haben, die Zellzahl sich also verdoppelt hat. Nach Durchlaufen der S-Phase sinkt der Grad der Synchronie wieder.

12.10.3 Zellsynchronisation durch Colcemid-Block

Sehr oft wird die Ausbeute an mitotischen Zellen durch Colcemid erhöht, das die Zellen in der Metaphase des Zellzyklus in der Regel reversibel blockiert.

Zellsynchronisation durch Colcemid-Block

- CHO-Zellen subkultivieren, 18 h später, die Zeit muß im Einzelfall individuell bestimmt werden, für 2 h 0,06 µg Colcemid/ml Medium zugeben
- Medium mit Colcemid entfernen, mit frischem, auf 37°C vorgewärmtem Medium 2mal waschen
- Kulturen mit frischem Medium bebrüten, 2 Stunden später (22 h nach der Subkultivierung) leicht schütteln und Überstände mit mitotischen Zellen sammeln, Weiterbehandlung wie oben.

12.10.4 Zellsynchronisation durch Serumentzug

Zellsynchronisation durch Serumentzug

Material: – BHK-Zellen
– MEM Glasgow mit 10 % Tryptosephosphat, 0,1 mM L-Ornithin, 0,1 mM Hypoxanthin, 0,25 % FKS (serumarmes Medium)
– 50 mm ∅ Petrischalen oder T 25-Flaschen
– FKS, auf 37°C vorgewärmt

- 1 × 10⁵ Zellen/ml in Petrischalen oder T 25-Flaschen mit 10 ml Medium (serum-arm) aussäen, bei 37°C 3 Tage lang bebrüten
- Je Kultur 0,5 ml FKS zugeben, nach ca. 23 h mitotische Zellen durch Schütteln ernten
- Die Zellen können für mindestens 8 Tage bei reduziertem Serumgehalt «ruhen», ca. 9 h nach der Serumzugabe gehen die Zellen in die S-Phase über. Die Zellen scheinen durch Serumentzug in der G_1-Phase zu verharren.

12.10.5 Zellsynchronisation durch Isoleucinmangel

F-10 Medium enthält nur 5−10% des Isoleucins anderer Medien. Man kann dem F-10 Medium oder dem Isoleucin-freien MEM Earle auch 4 µM steriles Isoleucin zusetzen, um die Mitosen einzuleiten.

Die Methode ist einfacher als die Schüttelmethode (mitotische Selektion) und kann mit großen Zellzahlen durchgeführt werden. Beinahe 100% der Population können synchron in die G_1-Phase gebracht werden.

Der Isoleucin-Entzug ist nicht einfach eine Aminosäure-Mangelerscheinung. Das Isoleucin scheint vielmehr eine spezifische Wirkung auf die G_1-Phase zu besitzen.

Zellsynchronisation durch Isoleucinmangel

Material: – CHO-Zellen
  – F-10 Medium mit allen Zusätzen und 5% dialysiertes FKS (s.u.). Besser ist ein Isoleucin-freies MEM Earle, dessen Eigenherstellung allerdings aufwendig ist. Dialyse des Serums: Gegen 10 Volumen Earle-Puffer (Earles Salze, EBSS) 6 Tage lang bei 3°C in Dialysebeutel dialysieren, alle 2 Tage den Puffer wechseln
  – MEM Earle-Medium mit 10% FKS unbehandelt
  – 5 cm ∅ Petrischalen

- Zellen aus der log-Phase ernten und 3mal in F-10 oder Isoleucin-freiem Medium waschen
- Je Schale 7,5 × 10⁵ Zellen in F-10 oder MEM Earle ohne Isoleucin aussäen
- Über Nacht bei 37°C, 5% CO_2 inkubieren. Die Zellen bleiben bis ca. 60 h in der G_0 – G_1-Phase ruhend lebensfähig
- Medium absaugen und MEM Earle mit 10% FKS, unbehandelt, zugeben
- 12 Stunden später beginnen die Mitosen (diese Zeit kann variieren).

Grundsätze für die Synchronisation

1. Die einfachste Methode ist das Abschütteln mitotischer Zellen. Nachteilig ist die geringe Ausbeute und die Beschränkung auf adhärente Zellen.
2. Um Zellen in der G_2- oder S-Phase zu erhalten empfiehlt sich die Methode des Serument-zugs, die allerdings ebenfalls auf adhärente Zellen beschränkt ist.

3. Für manche, auch in Suspension wachsende Zellen eignet sich die Isoleucin-Mangel-Methode, um auf billige Weise große Mengen von Zellen in G_1 oder S zu erhalten.

4. Andere Methoden geben nicht immer befriedigende Ergebnisse, bzw. erfordern hohen technischen Aufwand (Zellsortierer).

12.11 Cytometrie

Keine andere Methode hat den Erkenntnisstand der modernen Zellbiologie so nachhaltig beeinflußt und revolutioniert, wie die Durchflußcytometrie. Sie stellt ein universelles Meßprinzip dar, das sich bei nahezu allen Fragen der Zellbiologie bewährt hat und sich auch quantitativ in allen Bereichen der biomedizinischen Forschung einsetzen läßt. Doch nicht nur in der Grundlagenforschung, sondern auch in der klinischen Routinediagnostik hat sich die Cytometrie durch die Verwendung monoklonaler Antikörper z.B. in der Diagnostik peripherer Blutzellen oder in der Tumordiagnostik durchgesetzt. Gerade die quantitative Beurteilung der verschiedensten Zellparameter (vor allem der wichtigen Oberflächenmarker) verbunden mit einer hohen Durchflußrate (bis zu mehreren Tausend Zellen pro Sekunde) machen die zugehörigen Geräte zu willkommenen Werkzeugen. Dies nicht zuletzt durch die Tatsache, daß sich der Preis dieser Geräte in den letzten Jahren deutlich nach unten bewegt hat, und daß sich die komplizierte Bedienung früherer Geräte durch vereinfachte und bessere Konstruktionen mittlerweile drastisch vereinfacht hat.

Im Gegensatz zu allen anderen Ansätzen erlaubt diese Methode die quantitative und statistische Behandlung, wobei jeder einzelnen Zelle mehrere Parameter zugeordnet werden können. Auch können durchflußcytometrische Bestimmungen als Ersatz für radioimmunologische bzw. radiochemische Untersuchungen durchgeführt werden. Bei größeren Geräten ist es möglich, anhand bestimmter Kriterien Zellen zu sortieren und dadurch sehr spezifisch anzureichern.

Das Prinzip der Durchflußcytometrie geht auf Untersuchungen der sechziger Jahre zurück, wo mehrere Gruppen unabhängig voneinander verschiedene Prototypen entwickelten. Im Prinzip sind die Geräte folgendermaßen konstruiert (Abb. 12-3): Zellen in einer Suspension werden über ein Schlauchsystem durch einen Meßkopf gepreßt, der entweder eine oder zwei enge Öffnungen (zwischen 50 und 100 μm) besitzt. Die Zellen werden in dem laminaren Flüssigkeitsstrom so geführt, daß nur jeweils eine Zelle die Öffnungen passieren kann. Etwa in der Mitte dieses Flußkanals wird in der Regel ein Laserstrahl fokussiert. Manche Instrumente benutzen auch Quecksilberdampflampen o.ä., doch ist hier die Optik etwas komplizierter als bei den Laser-Instrumenten. Es können entweder ein oder zwei Laser in das Gerät eingebaut werden. Der Laserstrahl trifft nun auf die vorbeifließenden Zellen und wird durch die Zellen entweder kleinwinkelig oder großwinkelig abgelenkt (forward angle light scatter (FALS) und wide angle light scatter (WALS)), wobei er Fluoreszenz- oder Lumineszenzerscheinungen aktiviert. Ein nachgeschalteter Digital-Analogwandler zusammen mit einem schnellen Computer und einer guten Software machen heutzutage solche Instrumente zu regelrechten «Alleskönnern» auf dem Gebiet der Zellbiologie. So können gemessen werden:

– Größe, Volumen und Struktur von Zellen
– Oberflächenbindungen
– Rezeptorbindung
– Membrantransport (intrazelluläre Aufnahme)
– Enzymkinetiken

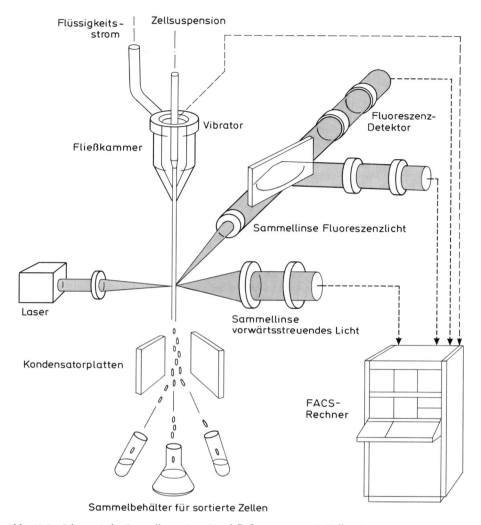

Abb. 12-3: Schematische Darstellung eines Durchflußcytometers mit Zellsortierung.

- Quantitative Protein- und DNA-Messungen der lebenden Zelle
- Stadien der Proliferation (wichtig bei Krebsdiagnosen und bei immunologischen Untersuchungen)
- Kinetik des Zellzyklus
- Messung des Membranpotentials, interne pH-Messung
- Mitochondriale Aktivitäten
- Calciumeinstrom und Calciumausstrom
- Messung und Sortierung von Chromosomen
- Klonierung von Zellen (s. Abschn. 12.4)
- Quantitative Vermessung von Zellorganellen, von Bakterien und anderen Partikeln.

Die Daten können im Computer aufgearbeitet und auf dem Bildschirm zur unterschiedlichen Darstellung gebracht werden. Meist werden die Daten als sog. Histogramme gespeichert. Hierbei wird der quantitative Anteil an einem Parameter in Relation zur Stärke des Signals dargestellt. Weiter können diese Histogramme untereinander zu sog. Cytogrammen kombiniert werden, wobei die verschiedensten Parameter miteinander kombiniert werden können. Viele Geräte haben für die Darstellung solcher Cytogramme spezielle dreidimensionale Darstellungen, so daß auch dynamische Messungen möglich sind. Ferner können die Daten in der zeitlichen Reihenfolge («list mode») gespeichert und wieder abgerufen werden, so daß ein bestimmtes Experiment anschließend in Ruhe ausgewertet und die einzelnen Zellparameter verschieden kombiniert werden können.

Im folgenden bringen wir Routineanwendungen, die als Einstieg in die Cytofluorometrie geeignet sind und die einige Prinzipien dieser Methode zeigen können.

12.11.1 Bestimmung der Zellzykluszeit einer proliferierenden Population mittels Bromdesoxyuridineinbaus

Bromdesoxyuridin (BrdUrd) kann als Thymidinanalogon verwendet werden, um DNA-Syntheseraten zu studieren. Ein weiteres halogeniertes Basenanalogon, 5-Fluoro-2'desoxyuridin (FdUrd), kann diese Kompetition von 5-BrdUrd mit Thymidin wieder stoppen. Durch eine kombinierte Messung der Gesamt-DNA mit Ethidiumbromid (EB) kann diese Zweiparametertechnik durchflußcytometrische Studien in Subkompartimenten der S-Phase schon nach kurzer Inkubationszeit mit BrdUrd erlauben. Weiterhin kann durch die Anwendung eines monoklonalen Antikörpers gegen BrdUrd die aktuelle DNA-Syntheserate ermittelt werden. Es muß dabei sichergestellt werden, daß BrdUrd das endogene und exogene Thymidin vollständig ersetzt. Dies kann durch Vorinkubation der Zellen mit FdUrd erreicht werden.

Weiterhin kann, sofern man ein Gerät mit UV-Anregung besitzt (Argon-Laser bzw. Quecksilberhochdrucklampe), daneben noch die nicht durch BrdUrd ersetzte Thymidinmenge durch den Hoechstfarbstoff H 33258 (Bisbenzimid) gemessen werden.

DNS-Syntheserate mit dem BrdUrd-Antikörper

Material: – Neben einem Gerät mit der Grundausrüstung sind notwendig:
- Gut proliferierende Zellen
- BrdUrd-Stammlösung (100 x): 1,0 mg/ml in Aqua dest. plus 0,8 mg/ml 2'desoxycytidin (d Cd) (steril filtrieren und in 1 ml-Portionen bei − 18°C im Dunkeln aufbewahren)
- FdUrd-Stammlösung (100 x): FdUrd in einer Konzentratin von 0,8 mg/ml in Aqua dest. auflösen und nach Sterilfiltration bei − 18°C im Dunkeln aufbewahren.
- Anti-BrdUrd-Antikörper (monoklonal, von der Maus) (konz.)
- Ziege- anti-Maus-Antikörper (FITC-markiert)
- Propidium-Iodid-Lösung (5 μg/ml) in Aqua dest. (frisch)
- PBS
- PBS mit 1% Ziegenserum plus 0,5 %Tween 20
- Evtl. Fixierlösung: 0,85% NaCl mit 1,5% Paraformaldehyd plus 0,05% Natriumazid (Sicherheitsvorschriften beachten!)
- In das Durchflußcytometer folgende Filter einsetzen:
  a) Anregung: 488 nm (Argonlaserlinie)
  b) Emission: für FITC (1. Kanal) Grünfilter bei 518−55 nm, für Propidiumiodid: (2. Kanal) rot bei 620 nm

- Sämtliche Arbeiten nur bei gedämpftem roten Licht durchführen, da die angegebenen halogenierten Basenanaloga sich bei grellem Licht leicht zersetzen!

- Da endogene Substanzen den Einbau von BrdUrd hemmen können, sollte nur vorgetestetes Serum zum Kulturmedium verwendet werden. Weiterhin ist im voraus zu gewährleisten, daß die Zelldichte während der Inkubationszeit von ca. 30 Stunden bei 5×10^6 Zellen pro ml liegt.

- Die frisch aufgetaute FdUrd-Stammlösung im Verhältnis 1 : 100 zu den Zellen geben und die Zellen sofort wieder zurückstellen in den Inkubationsschrank, da schon geringe Temperaturschwankungen die DNA-Synthese stören können

- 6 Stunden nach FdUrd-Zugabe BrdUrd-Stammlösung ebenfalls in einer Verdünnung von 1 : 100 zusetzen. Die Konzentrationen der Basenanaloga sollten im Kulturmedium 30 µM betragen. Die Kulturen für 20 Stunden unter leichtem Schütteln oder Rühren bei exakt 37°C im Dunkeln inkubieren. Danach mit PBS (ohne Ca^{2+}, Mg^{2+}) zweimal waschen und anschließend mit PBS, das je 0,5 % Tween und Rinderserumalbumin enthält, nochmals waschen

- Leicht abzentrifugieren und das lockere Pellet mit 10µl konzentriertem BrdUrd-Antikörper 1 Stunde bei Raumtemperatur inkubieren. Danach in PBS waschen und erneut PBS mit Tween und Ziegenserum waschen

- Anschließend mit 20 µl des FITC-markierten Anti-Maus Ziegenantikörpers 30 min bei Raumtemperatur inkubieren, danach die Zellen zweimal mit PBS waschen. Die Zellen können aber auch mit eiskalter Fixierlösung fixiert und für Wochen bei 4°C im dunklen Kühlschrank aufbewahrt werden

- Unfixierte oder fixierte Zellen zweimal mit PBS waschen und dann in 1 ml eine Propidiumlösung aufnehmen. Für 1 Stunde bei RT inkubieren

- Am Gerät wird die optimale Einstellung vorher mit FITC-markierten Latexbeads (Fa. Polyscience, 2,2 µm Durchmesser) justiert, während die Rotfluoreszenz bei einem konstanten Kanal eingestellt werden sollte

- Trägt man beim Cytogramm die Grünfluoreszenz als Ordinate und die Rotfluoreszenz als Abszisse auf, so wird der Hauptanteil der Zellen dabei in der G_0-G_1-Phase bzw. in der G_2-M-Phase liegen. Liegen die Zellen abweichend von der Geraden durch G_0-G_1 und G_2-M, so ist dies die relative DNS-Syntheserate in der S-Phase und kann so direkt und quantitativ ausgewertet werden

  Die vorliegende Anleitung ist für Suspensionskulturen gut geeignet (Lymphocyten etc.), während sie für adhärent wachsende Zellen modifiziert werden muß (Näheres siehe angegebene Literatur).

12.11.2 Bestimmung von verschiedenen Subpopulationen aus peripheren Humanleukocyten

Mit einer Kombination verschiedener monoklonaler Antikörper gegen bestimmte Oberflächenantigene lassen sich Untergruppen der Leukocyten einfach und sicher typisieren. Sie werden durch die speziellen Antigene oder Oberflächenproteine der Zellen bestimmt. In drei aufeinanderfolgenden Workshops ist ein allgemein gültiges System gefunden worden, das sog. CD-System (CD = «cluster of differentiation»), mit dessen Hilfe man die einzelnen Untergruppen der Leukocyten gut und sicher unterscheiden kann. Allerdings muß darauf hingewiesen werden, daß dieses System bei manchen Antigenen noch nicht endgültig festgelegt ist, so daß der letzte Stand in der aktuellen Literatur nachgelesen bzw. bei den verschiedenen Herstellern dieser Klasse von monoklonalen Antikörpern erfragt werden muß.

Im folgenden Experiment wird ein «Kit» vorgestellt, der eine schnelle und sichere Quantifizierung der wichtigsten Subklassen der Leukocyten mittels Durchflußcytometrie erlaubt (aktivierte T-, T-Helfer-, T-Suppressor- und B-Lymphocyten, Monocyten und Killerzellen, sog. NK-Zellen). Die Zellen werden mit Fluoreszenzfarbstoff-konjugierten spezifischen monoklonalen Antikörpern gefärbt (direkte Färbung) und in insgesamt 4 Messungen im Durchflußcytometer gemessen. Die Anwendungsgebiete sind die Verfolgung bestimmter viraler Infektionen nach Transplantationen und bei unspezifischen Immunerkrankungen. Für die Anzüchtung in Zellkulturen können die Zellen sortiert und steril in Zell-Mikrotiterplatten abgelegt werden.

Bestimmung von Leukocyten-Subpopulationen

Material: – Blutentnahmeröhrchen
 – Zellseparationsröhrchen oder Ficollgradientenröhrchen
 – Mikroliterpipetten (500, 25 und 20µl)
 – Hepes-gepufferte Salzlösung (HBSS) pH 7,35 (0,15 M NaCl mit 10 mM HEPES)
 – HBSS mit 0,1 % Natriumazid (Sicherheitsvorschriften beachten!)
 – Reagenzröhrchen (15 ml und 3 ml)
 – Kühlzentrifuge
 – «Immunmonitoring kit» (Fa. Becton Dickinson)
 – Durchflußcytometer mit Lichtfilterkombination für Grün- und Rotfluoreszenz
 – Software zur direkten Auswertung

– Die Leucoprepröhrchen bei $1400 \times$ g für 10 min zentrifugieren und senkrecht bei RT bis zum Gebrauch lichtgeschützt aufbewahren

– Das EDTA-Blut (von Arzt entnehmen lassen) vorsichtig in die Leucoprepröhrchen (je 3 ml) einpipettieren und anschließend für 10 min bei $900 \times$ g bei RT abzentrifugieren

– Den Leukocytenring (0,5 ml) vom Dichtegradienten mittels einer Kolbenhubpipette (1 ml) aus allen drei Röhrchen abnehmen und zweimal mit je 13 ml HBSS-Puffer waschen. Beim letzten Waschschritt die überstehende Flüssigkeit nach der Zentrifugation vorsichtig abnehmen und mit 10 ml HBSS vorsichtig aufnehmen. Nochmals bei RT für 10 min bei $900 \times$ g zentrifugieren. Danach Flüssigkeit bis auf 0,2 ml absaugen und 1 ml HBSS zugeben. Die Zellkonzentration sollte bei der Analyse ca. 2×10^7 Zellen pro ml betragen

– Danach vier 3 ml-Röhrchen («A», «B», «C» und «D») beschriften und in jedes der Röhrchen 25 µl der Zellsuspension geben. Anschließend werden in jedes Zellröhrchen 20 µl der entsprechenden Antikörpermischung des «Kits» gegeben (a in «A» usw.)

– Zellen vorsichtig resuspendieren und bei 4°C für 30 min inkubieren

– Je 3 ml HBSS-Azidlösung zugeben, vorsichtig mischen und abzentrifugieren (5 min bei $300 \times$ g)

– Überstehende Flüssigkeit bis auf 50 µl absaugen, 500 µl der Trägerflüssigkeit (PBS) zugeben, mit dem Durchflußcytometer messen und quantitativ mittels Software auswerten

- Hierbei werden zunächst Granulocyten und Zelltrümmer durch die Bestimmung von Kleinwinkelstreuung (FALS) und Großwinkelstreuung (WALS) quantitativ erfaßt und von der Bestimmung ausgesondert. Für die weitere Analyse verbleiben noch die Monocyten und die Leukocyten

- Im zweiten Röhrchen reagieren nur die Monocyten mit dem Anti-Leu M3-Antikörper (gegen reife Monocyten gerichtet, ohne CD-Nr.), so daß die unmarkierten Lymphocyten und die markierten Monocyten durch ein Cytogramm (Rot gegen Grünfluoreszenz) leicht unterschieden werden können

- Das dritte Reagenz («C») enthält einen PAN-T-Zellmarker, – einen Antikörper gegen HLA-DR – (erkennt B-Zellen, Monocyten und aktivierte T-Zellen), sowie Anti-Leu M3 als Monocytenmarker. Durch die Zweifarbenanalyse können die entsprechenden Anteile der Zellen, die in den gleichen Quadranten des Cytogramms fallen, abgezogen werden

- Beim vierten Reagenz, das die verschiedenen Subsets der T-Zellpopulationen erkennt, wird in ähnlicher Weise wie bei Reagenz «C» verfahren, wobei noch zusätzlich der Anteil an Killerzellen bestimmt wird. Ferner wird das Verhältnis von T-Helfer- (CD4) zu T-Suppressorzellen (CD8) ermittelt, ein wertvolles Indiz bei HIV-Erkrankungen

Nähere Informationen können von den Herstellern angefordert werden.

12.12 Chromosomenpräparation

Zur Charakterisierung der Zellen gibt es keinen besseren Anhaltspunkt als das Wissen über Anzahl, Morphologie und andere Eigenschaften der Chromosomen. Mit deren Hilfe ist meist eine Zuordnung zu den einzelnen Spezies bei Säugerzellen gut durchführbar.
Eine Chromosomenanalyse kann unterscheiden zwischen normalen und malignen Zellen, da bis auf wenige Ausnahmen normale somatische Zellen einen sehr stabilen Chromosomensatz (diploid) besitzen, während maligne Zellen in der Regel aneuploid sind und sogar unterschiedliche Chromosomenzahlen besitzen, auch wenn diese aus einem Klon stammen. Mittels Durchflußcytometrie kann man heute nicht nur quantitative Messungen an zellulärer DNA durchführen, sondern sogar die Chromosomen eines Karyotyps quantitativ sortieren. Untersuchungen an gezüchteten Fruchtwasserzellen über Chromosomenzahl und mögliche Abberationen gehören heute zur Routine eines gut ausgerüsteten medizinischen Labors. Auch immunhistochemische Methoden auf der DNA-Ebene und in situ-Hybridisierungsmethoden können zur näheren Charakterisierung von Zellen und deren Leistungen beitragen.

Chromosomenpräparation

Material:
- T 25-Kulturflasche
- Zentrifugenröhrchen 10 ml
- Objektträger
- Colcemidstammlösung: 10 µg/ml
- Ethidiumbromidstammlösung: 10 mg/ml
- hypotones Medium: 50 % 0,013 M NaCl-Lösung und 50 % 0,067 M KCl-Lösung auf 37°C vorwärmen.
- Fixativ: Methanol/Eisessig im Verhältnis 3 : 1, eiskalt
- 1 N HCl
- Giemsa-Lösung
- 0,25 % Trypsinlösung in PBS
- Phosphatpuffer pH 7,0 nach Sörensen, 0,01 M

- Die Objektträger mit Methanol und einigen Tropfen 1 N HCl säubern und in kaltem Aqua dest. bis zur Verwendung lagern
- Die Zellen einen Tag vor der Präparation mit frischem Medium füttern
- 2 h vor der Aufarbeitung 50 ng/ml Colcemid (Stammlösung mit Medium verdünnen) und evtl. Ethidiumbromid (10 µg/ml, Stammlösung mit Medium verdünnen) zugeben
- Die Zellen nach 2 h Inkubation trypsinieren, zweimal mit frischem Medium waschen. Zum Schluß das Medium bis auf ca. 0,5 ml absaugen. Die Zellen in dem verbliebenen Medium gut resuspendieren
- Das hypotone Medium (9,5 ml) zu den resuspendierten Zellen vorsichtig dazugeben und für 30 min bei 37°C inkubieren
- Die Zellen kurz abzentrifugieren und das hypotone Medium bis auf einen kleinen Rest vorsichtig absaugen, die Zellen darin vorsichtig resuspendieren
- Danach langsam die eiskalte Fixierlösung (5 ml) unter dauerndem Schütteln zu den Zellen tropfen und für 30 min bei RT inkubieren
- Die Zellen nach erneutem Zentrifugieren zweimal mit eiskalter Fixierlösung waschen
- Den Überstand nach dem letzten Waschschritt bis auf ca. 1 ml absaugen, die Zellen vorsichtig resuspendieren und ca. 3–5 Tropfen auf den eiskalten und nassen Objektträger auftropfen
- Die Objektträger durch Schrägstellen trocknen und mit dem Phasenkontrastmikroskop (40 x) kontrollieren
- Zur Färbung die Zellen mit einer 0,25 %igen Trypsinlösung überschichten und für ca. 30 sec bis zu 1 min (dies muß erprobt werden!) bei RT inkubieren. Danach die Objektträger zweimal mit PBS waschen und anschließend für 10 min mit einer 4 %igen Giemsa-Lösung (immer frisch zubereiten, hält sich nur ca. 1 h) bei RT inkubieren. Nach der Färbung die Objektträger mit Aqua dest. oder unter laufendem Leitungswasser spülen, trocknen, einbetten und gut aufbewahren
- Bei der mikroskopischen Beobachtung die Präparate zunächst mit schwacher Vergrößerung (x 10) im Hellfeld nach entsprechenden Stellen durchsuchen und durch ein stärkeres Objektiv (x 100 in Ölimmersion) analysieren und anschließend photographisch dokumentieren.

12.13 Literatur

Amacher, D.E. et al.: Point mutations at the thymidine kinase locus in L5178Y mouse lymphoma cells. I. Applications to genetic toxicology testing. Mut. Res. **64**, 391–406. 1979

Amacher, D.E. et al.: Point mutations at the thymidine kinase locus in L5178Y mouse lymphome cells. II. Test validation and interpretation. Mut. Res. **72**, 447–474. 1980

American Natl. Standard Institute (ANSI) Subcomm. Z 80. 7: Recommended standard practices for acute toxicity evaluation of intraocular lenses. Sixth Draft, 28–35. 1981

American Type Culture Collection (ATCC): Catalogue of cell lines and hybridomas. 7th edition Rockville, MD. 1992

Bradley, M.O. et al.: Mutagenesis by chemical agents in V 79 Chinese hamster cells: a review and analysis of the literature: A Report of Gene-Tox Program. Mut. Res. **87**, 81–142. 1981

Cold Spring Harbor Laboratory: Animal cell cultures course, Cold Spring Harbor Laboratory. 1983

Dutrillaux, B., Courturier, J.: Praktikum der Chromosomenanalyse. Enke Verlag, Stuttgart. 1973

Environmental Protection Agency (EPA): Detection of gene mutations in somatic cells in culture. Code of Federal Regulations 798.5300, 718–720. 1986

Glover, D.M.: DNA-cloning, Vols. 1 & 2. IRL Press, Oxford. 1985

Intern. Agency f. Research on Cancer (IARC): Long term and short term screening assays for carcinogens: a critical appraisal. IARC. Monographs, Suppl. 2, I.A.R.C., Lyon. 1980

Kilby, B.J. et al. (eds.): Handbook of mutagenicity test procedures. 2nd edition, Elsevier, Amsterdam. 1984

Kirsop, B.E. et al. (eds.): Guide to electroporation and electrofusion. Acad. Press, New York. 1992

Mosmann, T.: Rapid colorimetric assay for cellular growth and survival: application to proliferation and cytotoxicity assays. J. Immunol. Meth. **65**, 55–63. 1983

Norpoth, K.H., Garner, R.C.: Short term testing for detecting carcinogens. Springer Verlag, Berlin. 1980

Potter, H.: Electroporation in biology: methods, applications and instrumentation. Analytical Biochemistry. 174, 361–377. 1988

Radbruch, A.: Flow cytometry and cell sorting. Springer, Berlin. 1992

Rickwood, B. and Harnes, B.D. (eds.): Mammalian cell biotechnology. IRL Press, Oxford. 1992

Shapiro, H.M.: Practical flow cytometry. 2nd edition Alan R. Liss, Inc. New York. 1992

van de Loosdrecht, A.A. et al.: Cell mediated cytotoxicity agains U 937 cells by human monocytes and macrophages in a modified colorimetric MTT-assay. J. Immunol. Meth. **141**, 15–22. 1991

13 Kleines Zell- und Gewebekulturlexikon

Wer sich mit Zell- und Gewebekultur beschäftigt, muß sich zunächst klar darüber sein, daß er mit der kleinsten lebenden Struktureinheit des Organismus, der Zelle arbeitet. Obwohl sich die Zellen in ihrem Aufbau, ihrer Funktion und ihrer Größe und Gestalt voneinander unterscheiden, verfügen sie doch über bestimmte Grundbausteine und gemeinsame Merkmale, wobei sich die Pflanzenzelle in einigen grundlegenden Merkmalen unterscheidet. Es wird hier nur die Eukaryontenzelle behandelt, wobei die Hefen und Pilze ausgeschlossen sind.

In der Zell- und Gewebekultur sind darüber hinaus verschiedene biologische und technische Begriffe gebräuchlich, die nachfolgend zusammen mit den wichtigsten zellbiologischen Grundbegriffen näher erläutert werden.

Einige zellkulturspezifische Begriffe gründen sich auf einen Vorschlag des Komitee für Terminologie der Amerikanischen Tissue Culture Association (Schaeffer, 1990). Für zellbiologische Detailfragen empfehlen wir das Werk von Kleinig u. Sitte 1992.

Adhärenz: Anheftung von Zellen an eine inerte Oberfläche. Viele Zellen wachsen und vermehren sich nur, wenn sie sich anheften können.

Amitose: Einfache Kernteilung ohne vorhergegangene Chromosomenausbildung. Die Verteilung der DNA ist wahrscheinlich rein zufällig, wobei der genaue Mechanismus noch unbekannt ist. Eine Teilung der Zelle findet meist nicht statt.

Anheftungseffizienz (Plating Efficiency): Prozentsatz derjenigen Zellen, die sich unter definierten Bedingungen innerhalb einer bestimmten Zeit nach dem Aussäen (plattieren, inokulieren) auf eine geeignete Unterlage anheften (s.a. strikt adhärente Zellen).

Antigene: Für den Organismus (Vertebraten) fremde Substanzen, die im Blut und im Gewebe immunologische Abwehrmaßnahmen hervorrufen und mit den spezifischen, gegen sie gerichteten Antikörpern eine enge, aber reversible Bindung eingehen können. Das Ergebnis dieser Antigen-Antikörper-Reaktion ist ein sog. «Immunkomplex», der bestimmte Reaktionen nach sich ziehen kann. Der Organismus hat nach dem «Bindungsvorgang» eine Reihe von Mechanismen, um auf die Erkennung und Bindung der Antigene auch deren Vernichtung folgen zu lassen.

Antikörper: Proteine, die von immunkompetenten Plasmazellen des tierischen Organismus als Abwehrmaßnahme gegen ein Antigen gebildet werden.

Man unterscheidet die Antikörper, die auch als Immunoglobuline bezeichnet werden, aufgrund ihrer elektrophoretischen Eigenschaften in fünf Klassen (IgG, IgM, IgA, IgD u. IgE). Die Antikörper stellen in der Regel streng spezifische Reaktionsprodukte dar, die eine enge, aber stets reversible Bindung mit dem Antigen eingehen können («Schlüssel-Schloß-Prinzip»). Das Antigen reizt die Plasmazelle, die aufgrund des Kontaktes mit dem Antigen einen Antikörper produziert, zur Proliferation. Dabei entstehen nach einer größeren Zahl von Zellteilungen Klone von Plasmazellen. Jeweils ein Klon produziert einen Antikörper, da die Information zur Antikörperbildung an die Zellen des gleichen Klons weitergegeben worden sind. Die Reaktion des Organismus ist die Bildung von vielen Klonen, von denen jeder einen verschieden spezifischen Antikörper gegen das Antigen produziert (polyklonale Antikörper).

Fusioniert man antikörperproduzierende Plasmazellen mit Myelomazellen, so kann man Hybridzellen gewinnen, die nach Selektion und Klonierung jeweils nur einen spezifischen Antikörper produzieren (monoklonale Antikörper).

Apoptose: Programmierter Zelltod in vivo und in vitro durch den Abbau der DNA im Zellkern durch eine besondere Endonuclease. Nicht mit Seneszenz zu verwechseln.

Asepsis: Keimfreiheit.

Aseptische Techniken: Alle Techniken, die geeignet sind, Kontaminationen von Zell-, Gewebe- oder

Organkulturen durch Mikroorganismen (Bakterien, Pilze, Mycoplasmen) und Viren zu verhindern. Diese Techniken schließen auch Kreuzkontamination von Zellkulturen aus, nicht unbedingt aber die Einführung von infektiösen Molekülen in die Zellen.

Biomembran: Alle Zellen weisen semipermeable Membranen auf, die unter dem Oberbegriff: Biomembranen («unit membranes») zusammengefaßt werden. Sie gliedern den Zelleib in zahlreiche Kompartimente und trennen das Cytoplasma durch die Plasmamembran von dem Außenmilieu ab. Obwohl die Zusammensetzung der einzelnen Biomembranen durchaus variabel sein kann, so ist die molekulare Architektur der Biomembranen einheitlich. Sie besteht aus einem Doppelfilm von Strukturlipiden, die jeweils aus einem unpolaren und lipophilen Teil (Kohlenwasserstoffanteil) und einem polaren bzw. hydrophilen Teil (Glycerin und Phosphatgruppen) bestehen. Sie hat eine Dicke von 7–10 nm und ist von Proteinen durchsetzt. In dieser Lipiddoppelschicht sind die hydrophilen «Köpfchen» nach außen zu beiden Seiten der Membran angeordnet, während die lipophilen «Schwänze» jeweils ins Innere der Membran orientiert sind. Die Proteine können integraler Bestandteil der Membran oder auch nur mehr oder weniger fest assoziiert sein. Unter den vielfältigen Eigenschaften der Biomembran ist wohl die selektive Permeabilität für bestimmte Stoffe die wichtigste. Für einzelne, insbesondere große Moleküle stellt die Membran eine Diffusionsbarriere dar, für andere ermöglicht sie einen ungehinderten Austausch zwischen dem Zellinneren und dem Extrazellularraum. Dabei spielen die integralen Proteine der Biomembran eine entscheidende Rolle. Veränderungen der Membranpermeabilität spielen bei der Erregungsbildung, -leitung und -übertragung eine wichtige Rolle.

Die Biomembran spielt ebenfalls eine Rolle bei der Erkennung fremder Zellen sowie als strukturelle Basis der Rezeptoren (Erkennungs- und Bindestellen) bestimmter Biomoleküle (Glykokalyx).

Centriolen: Kleine, rundliche oder stäbchenförmige Gebilde, die in Kernnähe gelegen sind. Jede Zelle weist ein Centriolenpaar auf, das eine ganz charakteristische Lage und Anordnung besitzt. Jedes Centriol besteht aus neun, im Querschnitt kreisförmig angeordneten Gruppen von je drei dichtgepackten Mikrotubuli. Die Mikrotubuli bestehen aus dem Protein Tubulin, einem Aktin verwandten Protein. Die Centriolen spielen eine wichtige Rolle bei der Kernteilung.

Chemisch definierte Medien: Nährlösungen für die Kultur von Zellen, in denen jede einzelne Komponente von bekannter chemischer Struktur ist. Obwohl auch reinste chemische Verbindungen Verunreinigungen enthalten können, sollten nur Chemikalien höchster Reinheit, möglichst mit Analysenzertifikat, benützt werden.

Chloroplasten: Zellorganellen, die nur in der pflanzlichen Zelle vorkommen. Es sind ausdifferenzierte Plastiden, die als Photosyntheseorganellen dienen. Sie enthalten zahlreiche Thylakoide, die als Träger der Photosynthesepigmente dienen. Die Chloroplasten sind von einer Doppelmembran umschlossen. Im Inneren der Chloroplasten sind die Thylakoide in einer komplexen Struktur mit Grana- und Stromabereichen enthalten.

Chromatin: Locker fädige Struktur im Zellkern, die die Desoxyribonucleinsäure (DNA o. DNS) und bestimmte basische Proteine, die Histone, enthält.

Chromosomen: Wenn eine Zellteilung (Mitose) bevorsteht, werden aus dem strukturlosen Chromatin fest strukturierte Chromatinknäuel, die **Chromosomen**, gebildet. Diese Kernknäuel, die eigentlich nur eine bestimmte Erscheinungsform des Chromatins darstellen, werden vor allem in der Kernteilung sichtbar.

Chromosomensatz: Die Gesamtheit der Chromosomen eines Kerns bzw. der Zellkerne eines Individuums oder sogar einer Organismenart. In den Körperzellen (Somazellen) der Eukaryonten ist der Chromosomensatz doppelt vorhanden (2n).

Cloning Efficiency: s. Klonierungseffizienz.

Cybrid: Zelle, entstanden aus der Fusion eines Cytoplasten mit einer ganzen Zelle.

Cytopathischer Effekt (CPE): Zellzerstörender, also lytischer Effekt. Er ist vielfach zuerst an morphologischen Veränderungen einzelner Zellen der Kultur sichtbar. Diese degenerative Zellveränderung breitet sich dann allmählich oder rasend schnell über die ganze Kultur aus, die sich völlig auflösen kann. Ursache können z.B. cytopathogene Viren sein.

Cytoplasma: Der Teil der Zelle, der nicht vom Kern eingenommen wird. Das Cytoplasma beinhaltet in Wasser gelöste Stoffe aller Art und die Zellorganellen. Als Cytosol bezeichnet man den

Teil des Cytoplasma, der alles außer den durch eine Membran umschlossenen Zellorganellen beinhaltet.

Es ist meist zähflüssig und besitzt die Eigenschaften eines Kolloids. Der Wassergehalt beträgt zwischen 60 und 90%. Der Rest besteht aus Proteinen, Lipiden, Kohlenhydraten und Salzen. Die einzelnen Ionen, wie Na^+, K^+, Ca^{2+}, Mg^{2+} und andere stehen in einem fein abgestimmten Verhältnis zueinander. Im Cytoplasma vieler Zellen sind rückbildbare Einschlüsse und Ablagerungen, wie Glykogen oder Fetttropfen u.a. enthalten.

Cytoplast: Eine intakte Zelle, bei der der Zellkern entfernt wurde (Enukleation).

Cytoskelett: Netzwerk aus Proteinfilamenten, das der Zelle Gestalt und Form gibt. Die wichtigsten Filamente sind die Aktinfilamente, auch Mikrofilamente genannt, und die Mikrotubuli. Beide Filamenttypen bestehen aus Untereinheiten globulärer Proteine, die sich innerhalb der Zelle sehr schnell umlagern und verändern können. Daneben gibt es noch einen dritten Typ von Filamenten, die sogenannten Intermediärfilamente, die in ihrem Durchmesser zwischen Aktinfilamenten und Mikrotubuli liegen. Die Filamente sind vor allem in solchen Zellen sehr reich vorhanden, wo Bewegungen der Zellen notwendig sind sowie bei Zellen, denen eine bestimmte Stützfunktion zugeschrieben wird.

Cytotoxizität: siehe Toxizität

Desmosomen: Kontaktstellen zwischen benachbarten Zellen, die sich durch eine besondere Membranstruktur auszeichnen. Sie dienen dem mechanischen Zusammenhalt zwischen bestimmten Zelltypen.

Dichteabhängige Wachstumsinhibition: Erscheinung, daß mit zunehmender Zelldichte die Mitoserate abnimmt (s.a. Kontaktinhibition).

Dictyosomen: Stapel tellerförmiger, membranumschlossener Zisternen, die an ihren Rändern kleine Membranbläschen absondern können. In den Dictyosomen wird die Sekretbildung durchgeführt sowie deren Ausschleusung (Exocytose) vorbereitet. Die Gesamtheit der Dictyosomen wird → **Golgi-Apparat** genannt.

Differenzierte Zelle: Zelle, die in vitro dieselben Differenzierungsmerkmale besitzt wie in vitro.

Differenzierung: Ausbildung bestimmter Merkmale in vivo oder in vitro, die die Zelle befähigt, spezielle Funktionen auszuüben.

DNS (DNA): Abkürzung für Desoxyribonucleinsäure (DNS) oder desoxyribonucleic acid (DNA). Die DNA ist ein langes unverzweigtes Polymer, bestehend aus einer Abfolge von Zucker (Desoxyribose) und Phosporsäure, die mit 4 möglichen Basen verbunden sind (Adenin, Guanin, Thymin, Cytosin). Es besteht aus einer Doppelhelixkette, wobei die Basen die Sprossen, die Zucker und die Phosphosäure die Längsstränge darstellen. Die gesamte genetische Information der Zelle ist in der DNA enthalten. Die DNA ist zur identischen Reduplikation befähigt und ist Steuerzentrale der Zelle.

Embryonalentwicklung: Die Entwicklung der Gewebe beginnt mit einer befruchteten Eizelle, die sich in schneller Reihenfolge teilt. In einem noch frühen Entwicklungsstadium besteht der embryonale Bereich aus drei Keimblättern, dem äußeren Keimblatt oder Ektoderm, dem inneren Keimblatt, dem Entoderm und dem mittleren Keimblatt, dem Mesoderm.

Aus dem **Ektoderm** gehen das Epithel der Haut samt Hautanhangsgebilden, Teile des Magen-Darmtraktes, das gesamte Nervensystem, das Sinnesepithel von Nase, Ohr und Auge, die Hypophyse, die Milchdrüsen und der Zahnschmelz hervor.

Vom **Mesoderm** stammen Bindegewebe, Knorpel und Knochen, quergestreifte und glatte Muskulatur, Blut- und Lymphgefäße, Herz, Niere, Keimdrüsen, Milz, Blut- und Lymphzellen.

Aus dem **Entoderm** entstehen Teile des Darmrohrs sowie verschiedene Darmepithelien samt den zugehörigen Drüsen, die Mandeln und Epithelien von verschiedenen Organen.

Endocytose: Die Aufnahme von Makromolekülen und Partikeln in die Zelle über die Membran hinweg. Die aufzunehmenden Stoffe werden zunächst an die Zellmembran angelagert, dann werden sie von der Membran umschlossen und als geschlossene Bläschen nach innen eingestülpt. Die Aufnahme fester Partikel nennt man Phagocytose, die Aufnahme von Flüssigkeit Pinocytose.

Endomitose: Bei der Endomitose wird die Mitose in der frühen Prophase abgebrochen, ohne daß die Kernmembran aufgelöst wird oder sich der Spindelapparat bildet. Die Tochterchromosomen verbleiben so im ursprünglichen Kern. Es entstehen so polyploide Kerne. Durch weitere Endomitosen können noch höhere Ploidiegrade erreicht werden.

Endoplasmatisches Reticulum: Das Cytoplasma nahezu aller Zellen enthält ein dreidimensionales Schlauchsystem von Membranen, die miteinander in Verbindung stehen und über die ganze Zelle verteilt sind. Sie gehen von der Kernmembran bis zur äußeren Zellmembran und ergeben das Bild eines komplizierten Labyrinths innerhalb der Zelle. Man unterscheidet das ER in rauhes ER (rER) und glattes ER (sER).

Die Membranen des rauhen ER sind an der Außenseite mit zahlreichen runden Partikeln, den Ribosomen, besetzt. Die rauhe Form des ER findet man häufig in Zellen mit erhöhter Proteinbiosynthese, da an den Ribosomen dieser Prozeß abläuft.

Das glatte ER (sER) ist vor allem in Zellen ausgebildet, wo erhöhter Lipid- bzw. Steroidbedarf vorhanden ist. Ferner sind am glatten ER die Enzyme der Biotransformation gekoppelt (meist Glykosyltransferasen). In quergestreifter Muskulatur bezeichnet man das glatte ER, das hier als Calciumspeicher dient, als sarkoplasmatisches Reticulum.

Das glatte ER, dessen Oberflächen keine Strukturen enthält, hat vor allem Transportfunktion.

Epithelartige Zellen: Zellen, die Epithelzellen gleichen oder deren charakteristische Form haben. Sie haben z.B. kubische Form, wachsen in dichten Zellrasen oder das Verhältnis von Kern zu Cytoplasma ist im Vergleich zu Fibroblasten relativ groß. Wenn man den histologischen Ursprung oder die Funktion dieser Zellen nicht genau kennt, bezeichnet man sie am besten als epithelartig.

Exocytose: Ausschleusen von Substanzen oder Zellorganellen aus der Zelle. Dabei werden die zu exportierenden Substanzen zunächst in Vesikel verpackt, die dann mit der Plasmamembran fusionieren und ihren Inhalt nach außen abgeben. An diesem Prozeß sind vornehmlich die Dictyosomen beteiligt, daneben auch die Lysosomen.

Explantat: Gewebe, das einem Organismus zum Zwecke der Kultivierung entnommen und in vitro übertragen wurde (Explantatkultur).

Feeder-layer: Nährschicht von (meist letal bestrahlten) Zellen, auf der ansonsten schlecht wachsende Zellen ausgesät werden.

Fibroblasten: Zellen von meist spindelförmiger oder unregelmäßiger Form. Sie sind, wie der Name sagt, faserbildend. In Zellkulturen können funktionell verschiedene Zellen die Morphologie von Fibroblasten zeigen.

Fibroblastenartige Zellen: Zellen, die Fibroblasten gleichen oder deren charakteristische Form haben. So sind Fibroblasten oft langgestreckt und das Verhältnis von Kern zu Cytoplasma ist im Vergleich zu Epithelzellen relativ klein. Da es sehr viele verschiedene Erscheinungsformen und Funktionen von Fibroblasten gibt, nennt man sie besser fibroblastenartig, wenn man den histologischen Ursprung nicht genau kennt.

Generationszahl: Gesamtzahl der ab Kulturbeginn möglichen Populationsverdopplungen einer Zelllinie bzw. eines Zellstamms. Berechnung s. Anhang B.

Generationszeit: Zeitspanne zwischen zwei aufeinanderfolgenden Teilungen einer Zelle. Der Ausdruck ist nicht synonym mit «Verdopplungszeit einer Population».

Genetic Engineering: Alle Arten von künstlichem Eingriff in das Genmaterial der Zelle zum Zweck der Neu- bzw. Überproduktion von zelleigenem bzw. zellfremdem Material.

Genom: Gesamtheit der DNA im Zellkern von Eukaryonten, bei diploiden Zellen meistens bezogen auf den haploiden Chromosomensatz.

Genommutation: Veränderung der DNA, oft auch mit Auswirkung auf die Chromosomenzahl (s.a. Ploidie).

Gewebe und Organe: Zellverbände, in denen annähernd gleichartig differenzierte Zellen zusammengeschlossen sind, nennt man Gewebe. Abgegrenzte Bereiche des Tier- bzw. Pflanzenkörpers von charakteristischer Lage, Form und Funktion, die im allgemeinen aus mehreren Gewebetypen bestehen, nennt man Organe. Bei Tieren ist die Spezialisierung der Gewebe weiter gediehen als bei den Pflanzen.

Gewebe und Organe der höheren Pflanzen: Die vielzelligen Vegetationskörper der höheren Pflanzen (Farne und Samenpflanzen) lassen bei aller Mannigfaltigkeit der Erscheinungsformen doch einen einheitlichen Bauplan erkennen. Die Einheitlichkeit ist vor allem durch die Ausbildung von drei Grundorganen, der Sproßachse, dem Blatt und der Wurzel gegeben, welche in bestimmter

Weise miteinander verbunden sind. Die Grundorgane sind bereits am Embryo bzw. am Keimling zu erkennen, so bei den Samenpflanzen in Gestalt der Keimachse (Hypokotyl), eines oder mehrerer Keimblätter (Kotyledonon) und der Keimwurzel (Radicula). Zwischen den Kotyledonen sitzt die Endknospe, beim Keimling als Plumula bezeichnet. Sie umschließt den Vegetationspunkt, des aus Achsteilen und Blattorganen gebildeten Pflanzenabschnittes, den Sproß. Ein solcher Vegetationspunkt stellt einen Komplex von Bildungsgewebe (Meristem) dar, deren Zellen durch lebhafte Teilungen die neuen Anlagen für Achsteile und Blätter hervorbringen und so das Wachstum des Sprosses bewirken.

Auch die Wurzel wächst mit Hilfe des Vegetationspunktes, dieser unterscheidet sich von dem des Sprosses durch das Fehlen der Blattorgane. Die Verzweigung der Wurzel ist sehr viel stärker als beim Sproß.

Die mannigfachen Aufgaben, welche die Sproß- und Wurzelsysteme bei den höheren Pflanzen erfüllen müssen, haben zur Ausbildung zahlreicher hoch spezialisierter Gewebe (ca. 80) geführt.

Sowohl die Meristeme (assimilierende und speichernde Gewebe) als auch die reproduktiven Gewebe tragen bei den Samenpflanzen weithin Züge starker Spezialisierung. Als weitere Gewebearten gibt es hier auch Abschlußgewebe einschließlich der wasseraufnehmenden Rhizodermis der Wurzel. Daneben finden sich Leitungs-, Festigungs- und Exkretionsgewebe. Gemäß ihren Aufgaben sind die Gewebearten in verschiedener Weise am Aufbau der Kormophytenorgane beteiligt.

Gewebe tierischen Ursprungs (Vertebraten): Nach morphologischen und funktionellen Gesichtspunkten unterscheiden wir vier große Gewebsgruppen bei den Wirbeltieren. Dazu kommt noch als Sonderform das Blut- und Lymphgewebe hinzu; es ist eine Kombination aus Epithel- und Bindegewebe:

Blut- und Lymphgewebe: Setzt sich aus Epithel- und Bindegewebszellen zusammen. Aufgrund seiner Besonderheit und seiner Vielfalt der Zellen in morphologischer und funktioneller Hinsicht wird es als eigenes Gewebe bezeichnet. Es umfaßt sowohl die Erythrocyten, die ganze Klasse der Lymphocyten, die Granulocyten, die Monocyten und Histiocyten sowie die Thrombocyten, die allerdings nur mehr Zellteile darstellen, die von Bindegewebszellen entstehen.

Während die Mehrzahl der Blutzellen aus dem Knochenmark entstammt, werden die Lymphocyten in lymphatischen Organen gebildet.

Epithelgewebe: Die Epithelgewebe, die von allen drei Keimblättern gebildet werden können, bedecken innere und äußere Oberflächen des Körpers (Oberflächen- oder Deckepithelien). Sie können als Drüsen Stoffe abgeben und vermitteln als Sinnesepithelien Eindrücke von außen. Charakteristisch für Epithelgewebe ist das Fehlen von Blutgefäßen innerhalb des Gewebes, sie werden ausschließlich durch Diffusion von anderen Geweben ernährt. Morphologisch lassen sich die Epithelzellen nach ihrer Form deutlich von anderen Zelltypen unterscheiden. Sie sind durch eine gleichförmige, dachziegelartige Struktur gekennzeichnet, bilden wenig Interzellularsubstanz aus und sitzen als Gewebe meist auf einer Basallamina auf. Die Kultivierung verschiedener Epithelien in vitro ist in den vergangenen Jahren auch aus Primärgewebe erfolgreich durchgeführt worden.

Muskelgewebe: Die auffälligste Erscheinung dieses Gewebes ist die Kontraktionsmöglichkeit. In den Muskelzellen sind bestimmte Strukturen vorhanden, die Myofibrillen, die diese Kontraktion ermöglichen.

Aufgrund ihrer Sonderstellung werden für einzelne Bestandteile der Muskelzellen besondere Bezeichnungen eingeführt: Das Cytoplasma wird als Sarkoplasma bezeichnet, das endoplasmatische Reticulum aufgrund seiner Gestalt und Ausbildung als sarkoplasmatisches Reticulum, die Mitochondrien als Sarkosomen und die Zellmembran als Sarkolemma.

Nach morphologischen Gesichtspunkten teilt man das Muskelgewebe in glatte und quergestreifte Muskulatur ein und als Sonderfall wird der Herzmuskel geführt.

Die glatte Muskulatur findet man im Bereich des Magen-Darmtraktes, in den Luftwegen, in den Blut- und Lymphgefäßen, in einigen Organen des Urogenitaltraktes sowie im Auge und an den Haarbälgen.

Zur quergestreiften Muskulatur zählen die Muskeln des Bewegungsapparates, des Gesichtes, der Zunge, des Kehlkopfes und verschiedener anderer Organe. Die quergestreifte Muskulatur ist meist willkürlich innerviert. Die Herzmuskulatur gehört ebenfalls zur quergestreiften Muskulatur, ist allerdings vom vegetativen Nervensystem innerviert. Es unterscheidet sich von der Skeletmuskulatur vor allem im Feinbau, so enthält es z.B. besonders viele Mitochondrien.

Nervengewebe: Besteht aus Nervenzellen und daneben aus ektodermalem Stütz- und Bindegewebe, das aus Gliazellen besteht.

Nervenzellen sind besondere Zellen, die sich aus dem Ektoderm entwickelt haben und sie sind für die Übernahme, die Leitung und Übertragung von Reizen spezialisiert.

Typisch für die Nervenzellen sind verschiedene Ausläufer, die vom eigentlichen Zellkörper (Perikaryon) abgehen. Die meist kurzen und baumartig verzweigten Ausläufer nennt man Dendriten und die langen dünnen Ausläufer, die sich ebenfalls am Ende verzweigen können, werden als Neuriten bezeichnet. Nervenzellen können zu Sinneszellen umgewandelt werden, wobei man primäre und sekundäre Sinneszellen unterscheidet.

Die Gliazellen können in verschiedenen Formen auftreten und dienen vor allem zur Stoffversorgung der Nervenzellen sowie zum mechanischen Schutz der Nervenzellen sowie ihrer Ausläufer. Nur die Nervenzellen sind in der Lage, die Reize aufzunehmen, zu verarbeiten und weiterzuleiten.

Stütz- und Bindegewebe: Gewebe, das ausschließlich aus dem Mesoderm stammt, wobei ein Gehalt an Interzellularsubstanz typisch für die Bindegewebszellen ist. Die zellulären Bestandteile des Bindegewebes kann man in ortsfeste und frei bewegliche Bindegewebszellen unterscheiden. Die Funktion dieser Gewebe ist sehr vielfältig. Einerseits geben sie dem Organ und auch dem Tier (Knochengerüst) eine feste Form, andererseits spielen diese Gewebszellen bei der Speicherung von Stoffen, beim Wasserhaushalt, beim Stoffwechsel und nicht zuletzt bei der körpereigenen Abwehr eine große Rolle.

Gewebekultur: Erhaltung und/oder das Wachstum von Geweben in vitro derart, daß Differenzierung, Struktur und/oder Funktion erhalten bleiben.

Glykokalyx: Ein Teil der Lipide und Proteine der Zellmembran enthält einen Kohlenhydratanteil (Glykoproteine, Glykolipide). Es ist zur Außenseite der Membran orientiert und bedingt eine gewisse Asymmetrie der Zellmembran. Hier ist auch die strukturelle Basis für die Rezeptoren der Zellmembran zu suchen, die Hormone, Proteine und ganze Zellen zu erkennen vermögen. Die Gesamtheit dieser glycosilierten Membranbestandteile bezeichnet man als Glykokalyx. Hier sind auch die biochemischen und morphologischen Korrelate für die Antikörpererkennung zu suchen. Mit Hilfe dieser exponierten Kohlenhydratreste sind die tierischen Zellen auch in der Lage, andere Zellen zu erkennen bzw. sich an andere Zellen anzuhaften. Im Unterschied zur tierischen Zelle enthält die pflanzliche Zelle neben der Plasmamembran noch eine Zellwand aus Cellulosen, die miteinander verknüpft sind.

Golgi-Apparat: Funktionelle Gesamtheit der Dictyosomen. Im typischen Golgi-Apparat sind die Dictyosomen zu einer strukturellen Einheit zusammengefaßt, oft in der Nähe des Kernes oder der Zentriolen. Der Golgi-Apparat dient der Sekretion und der Synthese bestimmter Stoffe. Ferner ist im Golgi-Apparat die Glykosilierungsaktivität sehr hoch, hier findet die Adressierung der Exportmoleküle der Zelle statt. Der Golgi-Apparat steuert ebenfalls den Membranfluß (Exocytose).

Habituation: Erworbene Eigenschaft von Zellen, ohne zusätzliche Faktoren zu wachsen und zu proliferieren.

HAT-Medium, HAT-System: Selektionsmedium, in dem nur Zellen überleben, die das Enzym Hypoxanthin-Guanin-phosphoribosyl-Transferase besitzen; (HGPRT$^+$) und sich permanent vermehren können. Diese erwünschten Zellen entstehen bei der Fusionierung von permanent vermehrungsfähigen, HGPRT$^-$-Myelomzellen mit nicht vermehrungsfähigen, aber HGPRT$^+$ B-Lymphocyten. Diese fusionierten Zellen, Hybridom-Zellen genannt, sind also HGPRT$^+$ und vermehren sich permanent. Sie überleben als einziger Zelltyp im HAT-Medium, das z.B. aus komplettem RPMI 1640 besteht, aber zusätzlich Hypoxanthin, Aminopterin und Thymidin enthält. Das HAT-System wird bei der Gewinnung von Hybridom-Zellen, die monoklonale Antikörper sezernieren, verwendet.

Heterokaryon: Zelle mit zwei oder mehr genetisch unterschiedlichen Kernen in einem gemeinsamen Cytoplasma als Resultat von Zellfusionen.

Histiotypische Differenzierung: In vitro-Ausbildung von speziellen Zellformationen, die in Form und Funktion den in vivo-Geweben ähneln.

Historisches zur Zell- und Gewebekultur:

a) *Tierische Zell- und Gewebekultur:*
Gegen Ende des 19. Jahrhunderts beobachteten Wilhelm Roux und Arnold Stücke, daß einzelne Gewebe- und Organstücke, aus dem Frosch entnommen, für kurze Zeit noch stoffwechselaktiv

blieben, also noch lebten. Einige Zeit später explantierte Harrison (1907) kleine Gewebestücke aus der Markgefäßgegend von Froschembryonen und beobachtete in einem koagulierten Froschlymphtropfen, daß aus überlebenden Nervenzellen Ausläufer (Axone) auswuchsen, weswegen er als Begründer der Gewebekultur bezeichnet wird. Burrows, ein Schüler von Harrison, nahm anstatt Lymphe Plasmagerinnsel und experimentierte zusammen mit Carrel an verschiedenen Gewebsextrakten. Dabei machten sie die Entdeckung, daß Embryonalextrakte den besten Einfluß auf das Wachstum von gewissen Zellen hatten. Diese Technik, Gewebsstückchen in Embryonalflüssigkeit auf einem Objektträger zu halten, wird heute noch angewandt.

Die größte Schwierigkeit bestand damals darin, die in Kultur genommenen Gewebestückchen frei von bakterieller Verunreinigung zu halten. Carrel wiederum war es zu verdanken, daß er durch die Einführung von rigorosen aseptischen Operationsmethoden in der Gewebekultur es ermöglichte, Zellinien über 34 Jahre hindurch ohne Zusatz von Antibiotika zu vermehren. Seine peinlich genauen Anweisungen zur aseptischen Behandlung der Zell- und Gewebekulturen hielten damals sehr viele experimentell arbeitenden Biologen und Mediziner davon ab, die Zell- und Gewebekultur extensiver zu nutzen. Eine der wichtigsten Leistungen von Carrel und seinen Schülern war die Züchtung von isolierten Zellen auf Glas. Seit dieser Zeit wird der Ausdruck «in vitro» (lat.: Im Glas) synonym für alle Arbeiten und Experimente, die außerhalb des Tieres *(in vivo)* stattfinden, in der Biologie benutzt.

Parallel dazu entwickelte sich die Organkulturtechnik. Man versuchte, einzelne aus dem Tier entnommene Organe oder Organstückchen in einem Zustand zu halten, der dem in vivo möglichst nahe kam. Die Kenntnisse darüber haben sich im Laufe der Jahre zunehmend verfeinert und heute ist die Organkultur ein wichtiger Bestandteil der experimentellen Biologie.

Sowohl in der Zell- und Gewebekultur als auch in der Organkultur spielten schon frühzeitig die Fragen nach der Zusammensetzung des die Zellen bzw. Organe umspülenden Mediums eine entscheidende Rolle. Die Suche nach wirksamen Faktoren des Kulturmediums war bis in die fünfziger Jahre geprägt von vielerlei Zusätzen und Rezepturen, die nur speziell für eine Zellinie erdacht waren und keine generelle Anwendung erlaubten. Erst ab 1950 setzten sich Formulierungen von Nährmedien durch, die eine definierte Zusammensetzung aus Salzen, Nährstoffen, Aminosäuren und Vitaminen

hatten und die als Zusatz meist nur noch Serum o. ä. benötigten. Im Laufe der letzten Jahrzehnte wurden die derzeit verwendeten Kulturmedien ständig weiter entwickelt. Die derzeit letzte Entwicklung in der Züchtung tierischer und menschlicher Zellen ist die Entwicklung serumfreier Medien mit definierten Zusätzen.

b) *Pflanzliche Zellen- und Gewebekultur:*
Die pflanzliche Zell- und Gewebekultur entwickelte sich völlig getrennt von der tierischen Zellkultur. Erst relativ spät begann man mit der Entwicklung von künstlichen Nährmedien, die erst mit dem Zusatz von Pflanzenhormonen wirksam die Teilung von Zellen in Suspension förderten. Erst Ende der dreißiger Jahre gelang es, Karottengewebe für unbegrenzte Zeit in Kultur am Leben zu erhalten. Dies wurde erreicht, indem man sterile Gewebestückchen auf Agar legte, der mit Nährlösung angereichert war und außerdem Pflanzenhormone enthielt. Aus dem Gewebestückchen entwickelte sich dann embryonales Pflanzengewebe in Form eines Kallusgewebes, das sich in dauernder Teilung befand. Diese Form der Gewebekultur ist bis heute noch aktuell.

Erst in den sechziger Jahren wurden auch andere Pflanzenzellen erfolgreich als Suspensionskulturen gezüchtet, wobei es sich herausstellte, daß die Kultivierung einen relativ geringeren Aufwand darstellte als die Züchtung von tierischen Zellen. In den letzten Jahren hat sich die Züchtung von Protoplasten, d. h. von Pflanzenzellen ohne Zellwand, so vervollkommnet, daß es schon gelungen ist, aus einem Pflanzenprotoplast wieder eine ganze Pflanze heranzuziehen. Die pflanzliche Zellkultur wird derzeit vor allem in der Grundlagenforschung, aber auch in der Produktion von Nahrungsstoffen und auch von Arzneimitteln verwendet.

Homokaryon: Zelle mit zwei oder mehr genetisch identischen Kernen in einem gemeinsamen Cytoplasma als Resultat von Zellfusionen.

Hybridzellen: Zellen, die durch spontane oder induzierte Fusion von zwei verschiedenartigen Zellen entstanden sind. Diese Synkaryonten werden zur Erforschung der Wechselwirkung von Genen eingesetzt sowie zur Kartierung menschlicher Chromosomen. Neuerdings werden solche Zellen (Hybridom-Zellen) verwandt, um monoklonale Antikörper herzustellen. Die Hybridom-Zelle ist eine Hybridzelle aus primärer immunkompetenter Milzzelle und einer Myelomzelle (Myelom = Knochenmarkstumor).

Immortalisierung: Jedes Verfahren, das aus einer Zellinie mit begrenzter Lebensdauer eine unsterbliche Zellkultur (s. dort) zu machen.

In vitro: (lat.): Im Glas

Kallus, Kalluskulturen: Differenzierte Pflanzenzellen, als Antwort auf eine Verletzung unorganisiert wachsend. In vitro können diese Zellhaufen auf Agar-haltigen Nährböden gezüchtet und durch Teilung in kleine Stückchen vermehrt werden.

Klon: Population von Zellen, die sich aus einer einzigen Zelle ableitet. Ein Klon muß nicht notwendigerweise homogen sein und deshalb sollten diese Begriffe (Klon u. geklont) nicht zur Kennzeichnung der Homogenität einer Zellpopulation, sei es in genetischer oder anderer Hinsicht, angewandt werden. In der Pflanzenzellkultur werden als Klone auch Pflanzen bezeichnet, die durch rein vegetative Vermehrung aus einem einzelnen Individuum entstanden sind.

Klonierungseffizienz (Cloning Efficiency): Prozentsatz der ausgesäten Zellen, die einen Klon bilden. Dabei muß sichergestellt sein, daß die gebildeten Kolonien aus einer einzigen Zelle stammen.

Koloniebildungseffizienz: Prozentsatz der ausgesäten Zellen, die eine Kolonie bilden.

Kompartiment: Als Kompartiment innerhalb einer Zelle versteht man alle voneinander abgegrenzten Reaktionsräume, die jeweils eine entsprechende Funktion bzw. entsprechende Reaktionsabläufe zeigen.
  Der Begriff deckt sich nicht genau mit dem des Organells (siehe Zellorganellen), doch sind die meisten Kompartimente auch als Organellen zu bezeichnen. Der Übergang ist fließend und nicht immer sind Organelle und Kompartiment strikt voneinander zu trennen (siehe Ribosomen und rauhes ER).

Konditionierung: Herstellung eines Mediums, das bereits einige Zeit (ab ca. 12 h) mit Zellen in Kontakt gekommen ist.

Konfluenz: Dichtest mögliche Anordnung von adhärenten Zellen als Monolayer in Kultur.

Kontaktinhibition: Die Tatsache, daß Zellen in Kultur nur bis zu einer bestimmten Dichte heranwachsen können. Nichttumorzellen bilden in der Kultur nur eine Einfachschicht (monolayer) aus, während Tumorzellen meist unregelmäßig übereinander wachsen.

Kontamination: Befall von Zellkulturen mit Mikroorganismen oder Viren. Diese Agentien vermehren sich sehr viel schneller als die höheren Zellen der Kultur und erzeugen oft Gifte (Toxine), die für die Zellkulturen tödlich sein können. Die beste Verhütung von K. ist eine rigorose Anwendung aseptischer Techniken.

Laminar Flow: Laminarer Luftstrom. Er wird von einem Gebläse erzeugt (und außerdem durch ein Filtersystem gedrückt, das alle Partikel, die größer als 0,5 µm sind, zurückhält).
  Die Wahl von Geräten (laminar-flow box, Reinraumwerkbank oder clean work bench) mit horizontaler oder vertikaler Strömung hängt vom Verwendungszweck (Material- und/oder Personalschutz) ab.

Lysosomen: Zellorganellen, die mit einer Biomembran umgeben sind und Verdauungsenzyme enthalten. Sie vermögen bestimmte Makromoleküle durch Hydrolyse abzubauen. Im Inneren der Lysosomen herrscht ein saures Milieu (pH 4) vor. Werden diese Enzyme infolge Zerstörung der lysosomalen Membran freigesetzt, geht die Zelle zugrunde (Autolyse). Der intrazelluläre Abbau von Substanzen durch die Lysosomen kann Material endogenen und exogenen Ursprungs betreffen.

Meiose: Besondere Form der Zellteilung, die nur bei Geschlechtszellen vorkommt. Hierbei wird der diploide Chromosomensatz der Zelle auf eine haploide Zahl reduziert. Deshalb wird die Meiose auch als Reduktionsteilung bezeichnet. Ohne diesen Vorgang würde sich bei jeder Befruchtung der Chromosomensatz innerhalb der Zellen verdoppeln. Die Reduktionsteilung umfaßt zwei Teilungsschritte, die erste Reifeteilung, während der diploide Chromosomensatz der Geschlechtszellen auf den haploiden Satz reduziert wird. Danach schließt sich sofort eine mitotische Teilung des haploiden Chromosomensatzes an. Während der ersten Reduktionsteilung findet eine Neukombination der genetischen Information durch überkreuzen (crossing over) von benachbarten Chromatidenstücken zwischen homologen Chromosomen vom väterlichen und mütterlichen Erbgut statt. Nach Abschluß der Meiose sind aus einem diploiden Kern vier haploide Kerne entstanden. Erst durch Verschmelzen von zwei Geschlechtszellen (♂ u. ♀) während der Befruchtung wird wieder der diploide Chromosomensatz erreicht.

Meristemkultur: Pflanzenzellkultur, die aus der Wachstumszone der Pflanze (Meristem) stammt.

Microcarrier (Mikroträger): Partikel, die eine elektrisch geladene Oberfläche besitzen und auf denen sich Zellen anheften und wachsen können. Die Kultivierung der Zellen erfolgt in sog. Spinnergefäßen oder Fermentern in Suspension unter ständigem Rühren.

Mikropropagation: Klonale in vitro-Vermehrung von Pflanzen aus Sproß-, Meristem- oder Blattknollengewebe mit einer beschleunigten Proliferation.

Mikrosomen (Microbodies): Gesamtzahl von Zellorganellen, die zur Entgiftung von Produkten des Intermediärstoffwechsels und von Fremdprodukten dienen.

Sie sind ebenfalls von einer Membran umgeben und enthalten oxidierende Enzymsysteme, vor allem Peroxidasen und Katalasen. Besonders reich an solchen Mikrosomen ist die Leberzelle. Die Mikrosomen (Blattperoxisomen) treten auch in bestimmten Pflanzenarten (C_3-Pflanzen, Photorespiration) sehr häufig auf und auch in bestimmten Samen (Glyoxisomen). Hier dienen sie vor allem zum Abbau bzw. zur Unwandlung von Reservelipiden zu Kohlenhydraten.

Mitochondrien: Zellorganellen, die mit einer Doppelmembran umgeben sind. Sie fungieren als «Energielieferanten» der Zelle. Sie sind Ort der Kohlenhydrat-, Aminosäuren- und Lipidoxidation zu CO_2 und H_2O unter Sauerstoffverbrauch. Mit dieser Oxidation verbunden ist die Gewinnung von ATP als energiereiche Verbindung. Die Mitochondrien enthalten u. a. eine vollständige Enzymausstattung für den Fettsäureabbau, für den endgültigen Abbau von Kohlenhydraten (Zitronensäurezyklus), für die Atmungskette und die oxidative Phosphorylierung.

Sie weisen meist die Form von Stäbchen oder Rotationselipsoiden auf und sind zwischen 0,5 – 6 µm lang und haben einen Durchmesser von 0,2 – 1 µm. Die innere Membran ist zur Oberflächenvergrößerung in Falten (Cristae) oder in Röhren (Tubuli) geformt.

Die Anzahl der Mitochondrien pro Zelle ist sehr verschieden. Stoffwechselintensive Zellen (wie Herzmuskelzellen oder Leberzellen) weisen eine hohe Mitochondriendichte auf, während in Zellen mit geringer Aktivität nur einzelne Mitochondrien vorhanden sind.

Darüber hinaus haben Mitochondrien eigene DNA und RNA und sind teilweise zur Proteinbiosynthese fähig. Sie vermehren sich ausschließlich durch Teilung.

Mitose: Die häufigste Art der somatischen Zellteilung ist die Mitose, eine Kern- und Cytoplasmenteilung, wobei das Kernmaterial erbgleich an die Tochterzellen weitergegeben wird. Voraussetzung für die Mitose ist die identische Reduplikation der Erbsubstanz in dem Kern, der DNA (Desoxyribonucleinsäure). Sie findet schon vor der eigentlichen Mitose im sog. Interphasekern statt, wobei sich die DNA, die als Doppelspirale ausgebildet ist, unter Zuhilfenahme neuer DNA-Bausteine, der Nucleotide oder Nucleinsäurebausteine verdoppelt. Es entstehen zwei völlig gleiche DNA-Doppelstränge am Ende der Interphase. Nachdem in der **Interphase** die DNA sich im Zellkern verdoppelt hat und genügend Energie in Form von Kohlenhydraten gespeichert ist, tritt die Zelle nach einer Volumenzunahme zunächst in die sog. Prophase ein. In dieser Phase werden die Chromosomen als knäuelförmig zusammengefügte Struktur sichtbar. Sie verkürzen und verdichten sich durch Spiralisierung zunehmend, bis sie eine charakteristische Form annehmen. Ein deutlicher Längsspalt trennt die beiden Hälften der Chromosomen, die Chromatiden, voneinander ab. Der Nucleolus, in dem vor allem Ribonucleinsäuren gespeichert werden, löst sich auf; der Golgi-Apparat verschwindet ebenfalls. Die beiden Centriolen rücken auseinander und wandern zu den Zellpolen. Gleichzeitig werden die mikrotubulären Strukturen des Spindelapparates ausgebaut und sichtbar, der die Bewegungen der Chromosomen während der Zellteilung vermittelt. Die **Prophase** endet mit der Auflösung der Zellkernmembran.

Während der **Metaphase** ordnen sich die hakenförmigen Chromosomen in der Mittelebene (Äquatorialebene) der Zelle zwischen den beiden Spindelpolen an. Nach vollständiger Ausbildung der Teilungsspindel erscheinen durchgehende Zentralfasern, die die beiden Pole miteinander verbinden und Chromosomenfasern, die am Centromer der Chromosomen ansetzen.

In der **Anaphase** wird die Centromerregion der Chromosomen gespalten und die «Chromosomenhälften» (Chromatiden) werden zu den entgegengesetzten Polen transportiert.

In der **Telophase** gruppieren sich die Chromatiden um die beiden Pole. Sie entspiralisieren sich und verlieren dabei ihre Gestalt. Kernmembran und Nukleolen werden neu gebildet. Es entstehen dabei zwei neue Interphasenkerne. In Verbindung mit der Kernteilung setzte die Zellteilung ein, die meist schon in der späten Anaphase beginnt. Hierbei schnürt sich die Zellmembran in der Regel von der Peripherie her ein, wobei die Verteilung des Zellmaterials meist zufällig geschieht. Die Teilung des Zelleibes wird in der Telophase abgeschlossen. Eine Zellteilung nach einer Kernteilung ist jedoch nicht immer obligatorisch, dabei können Riesenzellen mit mehreren Kernen entstehen, solche Zellen nennt man Plasmodien. Zellen mit mehreren Kernen, die durch einfache Zellmembranverschmelzung bzw. Membranfusionen gebildet worden sind, nennt man Syncytien.

Monolayer: Kontaktabhängige Zellen bilden in Kultur meist nur eine Einfachschicht aus.

Multilayer: Tumorzellen und andere transformierte Zellen bilden in Kultur mehrere Schichten übereinander bzw. sie wachsen unregelmäßig übereinander.

Mutagenität: Veränderung am Erbgut einer Zelle, die durch sog. «mutagene» Stoffe ausgelöst wird. Die Chromosomenschäden führen zu Mutationen, die möglicherweise erst nach einigen Generationen erkennbar werden.

Mycoplasmen: Prokaryontische Organismen, die unter den Mikroorganismen eine eigene Klasse darstellen. Sie sind von einer dreilagigen Membran umgeben und bilden keine Zellwand aus. Die Zellen sind ultramikroskopisch klein (ca. 100 – 250 nm), sehr wechselnd in ihrer Morphologie und leicht verformbar. Sie sind Gram-negativ, z.T. beweglich und verfügen über keine Dauerformen. Zellkulturen sind häufig damit kontaminiert. Wegen ihrer Kleinheit sind sie mit den üblichen lichtmikroskopischen Verfahren nur sehr schwer nachweisbar. Sie kommen als Pathogene oder harmlose Kommensale in Pflanzen und Tieren vor.
Methoden zur Erkennung von Mycoplasmen in der Zellkultur sind spezielle Fluoreszenzfärbetechniken mit bestimmten Kernfarbstoffen oder enzymatische Nachweismethoden spezieller mykoplasmenspezifischer Enzyme. Eine dauerhafte Beseitigung von Mycoplasmen in der Zellkultur ist heute noch sehr schwierig. Man nannte diese Organismen früher «pleuropneumonia-like-organism» (PPLO).

Organkultur: Erhaltung oder Züchtung von Organanlagen, ganzen Organen und Teilen davon in vitro, so daß Differenzierung sowie Erhaltung von Struktur und/oder Funktion möglich ist.

Osmol: 1 Osmol ist die Masse von $6,023 \times 10^{23}$ osmotisch aktiver Partikel in wässriger Lösung. 1 m Osmol/kg H_2O verursacht eine Gefrierpunktserniedrigung von $0,001858°C$.

Osmolalität: Bezieht sich auf die Masse des Lösungsmittels: mOsmol/kg H_2O.

Osmolarität: Bezieht sich auf das Volumen des Lösungsmittels: mOsmol/Liter Lösungsmittel.

Osmose: Übergang von gelösten Teilchen zwischen zwei flüssigkeitsgefüllten Kompartimenten, die durch eine semipermeable Membran getrennt sind.

Passage: Das Transferieren von Zellen von einem Kulturgefäß in ein anderes, wobei meist eine Verdünnung der Zellen erfolgt. Dieser Ausdruck ist synonym mit Subkultur und sollte nicht verwechselt werden mit der Passage in der Virologie. Hier bedeutet Passage das Überimpfen von Viren von einer Kultur auf eine andere.

Passagenzahl: Subkulturzahl.

Phagocytose: Die Aufnahme fester Partikel in die Zelle (Endocytose). Zellen mit besonderer Phagocytoseaktivität sind vor allem die Granulocyten und die Monocyten.

Pinocytose: Die Aufnahme von Flüssigkeit in die Zelle mittels Endocytose.

Plasmide: Zirkuläre, extrachromosomale replizierende DNA-Moleküle (genetische Elemente), die in Bakterienzellen zusätzlich zum Bakterienchromosom vorkommen. Die allgemeinen Plasmidfunktionen sind: Replikation (rep), Transferfunktion (tra) und Inkompatibilitätsfunktion (inc). Daneben gibt es noch eine Reihe spezieller Funktionen, durch die sich die einzelnen Plasmidtypen unterscheiden. Plasmide werden beim «genetic engineering» als Vektoren eingesetzt.

Plastiden: Zellorganellen, die nur in Pflanzenzellen vorkommen. Sie sind ebenso wie die Mitochondrien mit einer Doppelmembran versehen, die zwei Reaktionsräume voneinander trennt. Wie die Mitochondrien sind die Plastiden semi-autonome Systeme, d.h. sie können nur aus ihresgleichen hervorgehen, haben eine eigene DNA und können einen starken Formwechsel aufweisen. Vor allem bei den höheren Pflanzen entwickeln sich die photosyntheseaktiven Chloroplasten. In den Wurzel- und Epidermiszellen differenzieren die Plastiden zu Leukoplasten, die zwar pigmentlos sind, aber bestimmte Speicherfunktionen ausüben. Weitere Sonderformen der Plasten werden als Chromoplasten (zur Intensivierung der Farbwirkung) und als Gerontoplasten (diese entstehen aus intakten Chloroplasten infolge Alterung) bezeichnet. Die Gerontoplasten sind u.a. für die Färbung des Herbstlaubes verantwortlich.

Plating Efficiency: s. Anheftungseffizienz

Ploidiegrad: Numerische Anzahl des Chromosomensatzes einer Zelle. Man unterscheidet: haploid (n), diploid (2n), triploid (3n), tetraploid (4n) und polyploid (mehr als diploid). Heteroploid bedeutet, daß der Chromosomensatz von dem normalen Chromosomensatz abweicht. Heteroploide Zellinen besitzen zu weniger als 75% diploide Chromosomensätze, dies bedeutet jedoch nicht, daß diese Zellen maligne sind, transformiert sind oder daß diese nun in vitro permanent wachsen. Aneuploid ist eine Zelle, deren Kern kein exaktes Vielfaches der haploiden Chromosomenzahl enthält. Ein oder mehrere Chromosomen sind in größerer oder geringerer Zahl vorhanden als die übrigen.

Populationsdichte: Anzahl der Zellen pro Fläche bzw. pro Volumen eines Kulturgefäßes.

Populationsverdopplungszeit: Zeitspanne, in der sich eine Zellpopulation während der logarithmischen Wachstumsphase von z.B. 1×10^6 auf 2×10^6 Zellen vermehrt.

Primärkultur: Eine Kultur aus Zellen, Geweben oder Organen, die direkt einem Organismus entnommen wurden. Eine Primärkultur wird nach der ersten Passage als Zellinie bezeichnet.

Proteinbiosynthese: Die Proteine als wichtiger Bestandteil jeder Zelle werden ständig neu synthetisiert, üben eine bestimmte Zeit ihre Funktionen aus (Enzyme als Biokatalysatoren, Strukturproteine und Exportproteine) und werden danach wieder abgebaut. Die Informationsübertragung für diese Syntheseleistung erfolgt durch die DNA, deren Basensequenz die Aminosäuresequenz der Proteine (= Polypeptide) bestimmt. Die Proteinbiosynthese läuft in zwei distinkten Schritten ab. Der erste Schritt ist die Überschreibung der in der DNA enthaltenen Information, die durch die Basensequenz festgelegt ist, in eine andere Polynucleotidsequenz, die nur die Information für das betreffende Protein enthält. Die Überschreibung von der DNA erfolgt auf eine Ribonucleinsäure (RNA), die anstelle von Thymin Uracil und anstelle von Desoxyribose Ribose enthält. Bei der Überschreibung der Information auf die RNA entsteht eine «Arbeitskopie» der DNA, sie wird «messenger»- oder Matrizen-RNA (m-RNA) genannt. Dieser Vorgang, die **Transkription,** wird von einem Enzym, der RNA-Polymerase, katalysiert. Dabei erkennt das Enzym einen entspiralisierten Abschnitt an einem DNA-Strang und fertigt nun eine komplementäre, in der Regel einsträngige RNA an. Unmittelbar danach löst sich die neugebildete mRNA von der DNA ab. Die neugebildete mRNA ist beweglich und tritt nun aus dem Kern durch die Kernporen aus und lagert sich nun an die Ribosomen an. Hier findet nun der zweite Schritt, die **Translation,** statt. Als Translation bezeichnet man den Schritt von der m-RNA zur Synthese eines speziellen Proteins, das durch die Aminosäuresequenz festgelegt ist. Ort der zellulären Proteinsynthese sind die Ribosomen, die vorwiegend aus Proteinen und spezieller RNA (ribosomaler RNA, r-RNA) bestehen. Mehrere Ribosomen werden durch die m-RNA zu funktionsfähigen Polyribosomen oder Polysomen verbunden. Die r-RNA, die wie die m-RNA in Form von Einzelsträngen an der DNA synthetisiert wird, ist nicht nur für die Struktur der Ribosomen verantwortlich, sondern auch für die Wechselwirkung mit der m-RNA. Bei der eigentlichen Synthese des Polypeptidstranges erfolgt die Anlagerung von aktivierten Aminosäuren an das Ribosom mit Hilfe einer dritten Klasse von RNA, der transfer-RNA (t-RNA). Für jede Aminosäure existieren spezifische t-RNA-Moleküle.

Auf der m-RNA liegt die Information für die Aminosäuresequenz in Form einer Dreiersequenz der Basen fest (Basentriplett o. Codon). Das komplementäre Gegenstück auf der t-RNA ist das Anticodon, ebenfalls eine Dreiersequenz von komplementären Basen zur m-RNA. Beim Ablesen der Matrize werden nun die mit der t-RNA kovalent verknüpften Aminosäuren mittels der Peptidbindung zu einem Polypeptidstrang synthetisiert und danach von der m-RNA getrennt. Nach Abschluß der Translation zerfällt das Ribosom wieder in seine Untereinheiten und kann sich so wieder mit einer neuen m-RNA zu einem neuen Synthesezyklus verbinden. Je nach Erfordernissen der Zelle können bestimmte Gene zu bestimmten Zeiten aktiv werden, andere dagegen inaktiv. Die Regelmechanismen, die die Genaktivität steuern, sind sehr kompliziert und in der Eukaryontenzelle noch weitgehend unverstanden.

Protoplast: Bakterien-, Pilz- oder Pflanzenzelle, bei der die Zellwand experimentell entfernt wurde.

Regeneration: Morphogenetische Reaktion von Pflanzenzellen auf einen Stimulus, resultierend in der Ausbildung von Organen, Embryonen oder ganzer Zellen.

Reinraumwerkbank: → «Laminar-flow»

Ribosomen: Kugelige oder ellipsenförmige Partikel, die sowohl frei als auch an das ER gebunden in der Zelle vorkommen. Die Ribosomen bilden häufig größere Funktionsverbände, die **Polysomen**. Sie setzen sich aus zwei Untereinheiten zusammen und bestehen aus Protein und ribosomaler RNA (r-RNA). Sie stellen die Zellorganellen für die Proteinbiosynthese dar.

RNS (RNA): Abkürzung für **Ribonucleinsäuren**. Die RNA besteht ähnlich wie die DNA aus einem Zucker-(Ribose) und Phosphatgerüst, das neben Adenin, Guanin und Cytosin als Basen noch Uracil anstatt Thymin (bei der DNA) enthält. Die RNA ist gewöhnlich einsträngig, ihr Molekulargewicht ist kleiner als das der DNA. Die RNA ist im Gegensatz zur DNA mobil, man unterscheidet bei den Eukaryonten drei RNA-Spezies, die **r-RNA** die **t-RNA** und die **m-RNA**. Alle drei RNA-Sorten werden durch DNA-abhängige RNA-Polymerasen an der DNA gebildet (siehe Proteinbiosynthese).

Sättigungsdichte: Maximal mögliche Anzahl von Zellen im Kulturgefäß pro Volumeneinheit (Suspensionszellen/ml) oder Flächeneinheit (adhärente Zellen/cm²).

Seneszenz: Eigenschaft von Vertebratenzellen, nach einer bestimmten Anzahl von Populationsverdoppelungen abzusterben. Pflanzen- und Invertebratenzellen zeigen diese Erscheinung nicht.

Sphäroblast: Zelle, bei der die Zellwand nur zum Teil experimentell entfernt wurde (s.a. Protoplast).

Sterilität: Bedeutet in der Biomedizin die Freiheit von lebenden biologischen Agenzien, in der Fortpflanzungsbiologie das Unvermögen eines Organismus, vermehrungsfähige Gameten auszubilden.

Strikt adhärente Zellen bzw. Zellkulturen: Zellen oder von ihnen abgeleitete Zellkulturen, die überleben, wachsen oder ihre Funktion nur beibehalten, wenn sie sich auf einer geeigneten Unterlage (z.B. Glas, Plastik) ausbreiten können. Dabei kann es sich um normale diploide, um transformierte oder um aneuploide Zellen handeln.

Subkultur: Die Umsetzung von Zellen aus einem Kulturgefäß in ein anderes. Dieser Ausdruck ist synonym mit Passage.

Subkulturintervall: Zwischenzeit zwischen zwei aufeinanderfolgenden Subkulturen. Der Ausdruck ist von der Generationszeit zu unterscheiden.

Subkulturzahl: Anzahl der Umsetzungen von Zellen aus einem Zellkulturgefäß in ein anderes. Synonym mit Passagenzahl zu verwenden.

Suspensionskulturen: Zellen (tierische, menschliche und pflanzliche), die sich in einem flüssigen Medium ohne Anheften an das Kulturgefäß vermehren.

Synchronkulturen: Zellkulturen, die sich durch geeignete Manipulation streng synchron teilen. Normale Zellkulturen wachsen meist asynchron. Parasynchrone Kulturen teilen sich innerhalb von wenigstens zwei Stunden. Zur Bestimmung der Zellsynchronisation wird meist die sog. Pulsmarkierung mit radioaktivem Thymidin (^{3}H-Thymidin) herangezogen.

Teratogenität: Eigenschaft eines Stoffes, Schäden am Embryo während der Schwangerschaft herbeiführen zu können. Eine Unterscheidung in mutagene, cancerogene und teratogene Substanzen ist nicht eindeutig zu treffen, da viele Substanzen sowohl cancerogen wie mutagen bzw. teratogen wirken können.

Toxizität: Veränderung üblicher physiologischer Funktionen eines Organismus bzw. Zellen, die durch verschiedene äußere Einflüsse bedingt sein kann. Wenn in der Zellkultur der Ausdruck: Toxizität oder Cytotoxizität gebraucht wird, muß deshalb der toxische Effekt des Agens genau beschrieben werden, so z.B. Änderungen in der Morphologie, der Anheftungsbedingungen, des Wachstums und anderes mehr.

Transfektion: Überführung eines Gens (von Genen) aus einer Zelle in andere Zellen in Kultur.

Transformation: Gleichbedeutend mit vererbbarer Zellveränderung morphologischer, antigener, neoplastischer, proliferativer oder anderer Art. Ursachen der Transformation können aus der Zelle kommen oder Behandlung mit chemischen Carcinogenen, onkogene Viren, Bestrahlung usw. sein. Transformierte Zellen lösen nicht immer Tumore (in geeigneten Wirten) aus.

Tumorigene Zellinie: Transformierte Zellinien, die in einem entsprechenden Milieu in vivo zu einer Tumorbildung führen. Um die tumorbildende Fähigkeit einer Zellinie zu testen, wird derzeit bevorzugt ein Mäusestamm verwendet, der keine normale Thymusdrüse bilden kann und haarlos ist (Aus den Stämmen Balb/c u. NMRI selektionierte Mutanten).

Unterstamm: Ein Unterstamm wird aus einem Zellstamm gezüchtet, indem Zellen mit Merkmalen selektioniert werden, die andere Zellen des ursprünglichen Zellstammes nicht besitzen.

Vakuolen: Flüssigkeitsgefüllte Räume in Zellen, die durch Membranen (Tonoplasten) vom Zellplasma abgegrenzt sind. In tierischen Zellen treten die Vakuolen meist nur in Form kleiner Vesikel auf. In ausdifferenzierten Pflanzenzellen hingegen nimmt dagegen der Zellsaftraum (Zentralvakuole) bis über 80 % des Zellvolumens ein. Sie dienen der Zelle als Reaktions-, Ablade- und Vorratskompartiment.

vegetative Vermehrung: Nicht sexuelle in vivo-/in vitro-Reproduktion von Pflanzen durch Ausbildung z.B. von Adventivknospen oder durch die Kultivierung von Pflanzenteilen (z.B. Sproß oder Blattgewebe).

Vektoren: Wirtsspezifische, replizierfähige Strukturen, die Gene aufnehmen und diese auf andere Zellen übertragen.

Verdopplungszeit: Populationsverdopplungszeit.

Viability (Lebensfähigkeit): Zellüberlebensfähigkeit nach bestimmten Verfahren, der man eine Zellkultur unterzieht. Es gibt dabei verschiedene Testsysteme, mit deren Hilfe diese Eigenschaft getestet werden kann.

Viren: «Kleinstlebewesen», die auf künstlichen Nährboden allein nicht züchtbar sind und normale Bakterienfilter passieren können. Es gibt menschen-, tier- und pflanzenpathogene Viren. Für die Züchtung in vitro werden Organ-, Gewebe- und Zellkulturen verwendet. Sie enthalten in der Regel ein- oder doppelsträngige DNA oder RNA, die von einer Proteinhülle umgeben ist. Die Vermehrung in der Zelle geschieht durch die virale DNA oder RNA, die den zelleigenen Transkriptionsapparat zur Replikation ihrer viralen DNA oder RNA heranzieht. Sichtbar sind die Viren nur im Elektronenmikroskop. Für diagnostische Methoden werden radioimmunologische und fluoreszenzoptische Verfahren herangezogen, um eine Virusinfektion zu erkennen. Weiterhin wird ein cytopathogener Effekt in der Zellkultur zum Nachweis verschiedener Viren benutzt.

Vitalfärbung: Möglichkeit, durch Verwendung bestimmter Farbstoffe (z.B. Trypanblau) tote Zellen von lebenden zu unterscheiden.

Zelle: Kleinste selbständige Funktionseinheit des Organismus. Sie ist aufgrund ihres Stoffwechsels befähigt, ihre eigene Struktur aufrecht zu erhalten und Arbeit zu leisten. Weiterhin ist sie fähig, zu wachsen und sich zu vermehren. Größe und Form der Zellen sind sehr variabel und stehen in unmittelbarer Beziehung zu ihrer Funktion. Obwohl alle Zellen der Eukaryonten einen prinzipiell gemeinsamen Bauplan aufweisen, ist es wegen des hohen Grades der Zelldifferenzierung nicht möglich, eine «typische» Zelle zu beschreiben. Die zellulären Funktionseinheiten: Zellmembran, Cytoplasma, Zellorganellen und Zellkern sind jedoch allen Zellen gemeinsam.

Zellinie: Mit der ersten Subkultur wird aus der Primärkultur eine Zellinie. Eine Zellinie besteht aus zahlreichen Unterlinien der Zellen, aus denen die Primärkultur ursprünglich bestand. Die Kennzeichnung «von begrenzter» oder «von unbegrenzter Lebensdauer» sollte, falls bekannt, immer beigefügt werden. Die Bezeichnung «kontinuierlich wachsende Zellinie» sollte die alte Bezeichnung «etablierte Zellinie» ersetzen. Bei einer publizierten Zellinie sollten stets Herkunft und Charakterisierung angegeben werden. Die ursprüngliche Bezeichnung muß bei Weitergabe von Labor zu Labor erhalten bleiben; bei der Kultivierung muß jede Abweichung vom Original aufgezeichnet und bei einer Publikation vermerkt werden.

Zellkern: Bildet bei den Eukaryonten mit dem Cytoplasma zusammen eine Funktionseinheit und ist das Steuerzentrum des Zellstoffwechsels sowie der Träger der genetischen Information, die in der DNA lokalisiert ist. Der Zellkern ist vom Cytoplasma durch eine zweifache Membran abgegrenzt, die von zahlreichen Kernporen durchsetzt ist. Die äußere Kernmembran ist mit dem endoplasmatischen Reticulum (ER) verbunden. Im Kerninnenraum finden sich eine oder mehrere Kernkörperchen (Nucleoli), die vor allem Proteine und RNA enthalten. Die Karyolymphe, die das Innere des Zellkerns ausfüllt, enthält im wesentlichen Nucleotide, Enzyme und Stoffwechselprodukte. In der Karyolymphe sind die Chromosomen eingeschlossen.

Zellkompartiment: Viele Molekültypen sind innerhalb der Zelle auf ganz bestimmte, abgegrenzte Areale (Kompartimente) beschränkt. Dies wird in der Zelle durch Trennung von Membranen, die für bestimmte Stoffe nicht durchlässig sind, erreicht. Ferner wird eine Kompartimentierung durch Bindung von Molekülen an Strukturen erreicht, um damit die freie Diffusion zu unterbinden und getrennte Reaktionsräume zu schaffen.

Zellkrise: Zeitpunkt, zu dem in der Kultur Transformationen (s. dort) auftreten. Während der Zellkrise degenerieren die ursprünglichen Zellen, was sich u.a. in einem reduzierten Wachstum, abnormen Mitosen und der Bildung vielkerniger Zellen ausdrückt. Die Krise können eine kleine Anzahl von Zellen und daraus hervorgehender Kolonien unbeschadet überstehen, die dann zu unsterblichen Zellkulturen werden (s. Zellkultur).

Zellkultur: Vermehrung und Wachstum von Zellen in vitro einschließlich der Kultur von Einzelzellen. In Zellkulturen organisieren sich die Zellen nicht mehr in Gewebe. Eine kontinuierlich wachsende Kultur, die eine große Anzahl von Populationsverdopplungen hinter sich hat, wird auch als unsterbliche Zellkultur bezeichnet (früher etablierte oder permanente Z.). Sie kann, muß aber nicht Merkmale von Transformationen (s. dort) aufweisen.

Zellorganellen: Spezifisch gebaute Strukturelemente der Zelle, die spezifische Funktionen erfüllen. Nach einer anderen Definition kann als Zellorganell jede Struktur der Zelle mit einem «endogenen» Energiestoffwechsel verstanden werden (siehe auch Kompartiment).

Zellstamm: Leitet sich entweder von einer Primärkultur oder von einer Zellinie durch Selektion oder Klonierung von Zellen mit spezifischen Eigenschaften oder Merkmalen (markers) ab. Die Eigenschaften müssen in den nachfolgenden Passagen erhalten bleiben. Ein Zellstamm kann entweder aus einer Primärkultur oder aus einer Zellinie durch Selektion oder Klonierung von Zellen mit

spezifischen Eigenschaften oder Merkmalen entstehen.

Zellteilung bei den Eukaryonten: Durch Zellteilung werden
a) die männlichen und weiblichen Geschlechtszellen auf den Befruchtungsvorgang vorbereitet
b) aus der befruchteten Eizelle Gewebe und Organe gebildet
c) Gewebedefekte durch Regeneration beseitigt.
   Man unterscheidet drei Formen der Zellteilung: Mitose –, Meiose – und Amitose/Endomitose –.

Zellwand: Im Gegensatz zur tierischen Zelle, die außer der Plasmamembran und der Glycocalyx meist keine weitere Verstärkung der Außenmembran enthält, ist die Pflanzenzelle stets von einer mehr oder minder festen Zellwand aus Cellulosefibrillen umgeben. In der embryonalen Pflanzenzelle ist die Zellwand noch dehnbar, aber schon reißfest. Die Anordnung der Mikrofibrillen und die Dicke der Zellwand ändert sich im Laufe der Differenzierung einer Pflanzenzelle drastisch. So entsteht im Laufe der Zeit ein regelrechtes Zellwandwachstum durch ständige Auflagerung neuer Fibrillen, wobei die Zellen nur mehr durch Plasmodesmen in Verbindung sind. Diese Plasmodesmen sind Membrankanäle von geringem Durchmesser (ca. 60 nm), durch die in den Pflanzenzellen ein Stoffaustausch ermöglicht wird. Sie treten meist in Gruppen auf (primäre Tüpfelfelder).

Zellzyklus: Setzt sich aus der Mitose und der Interphase (Zeit zwischen den einzelnen Teilungen der Zelle) zusammen. Die Interphase, also die Zeit zwischen den einzelnen Teilungen der Zelle, besteht ebenfalls aus einer Reihe von charakteristischen Schritten, die nicht umgekehrt werden können. Nach Abschluß der Karyo- und Cytokinese wird die Proteinbiosynthese, die während der Mitose stark reduziert war, sofort wieder aufgenommen. Unter anderem wird die DNA-Polymerase gebildet und der Tubulinpool wieder aufgefüllt, der in der Mitose stark in Anspruch genommen wurde. Auch die RNA-Produktion steigt bis zum Ende der Interphase an.
   Dagegen findet in den meisten Fällen in dieser ersten Phase keine DNA-Replikation statt (G_1-Phase; engl.: gap = Lücke). Diese Phase entspricht der eigentlichen Wachstumsphase der Zelle.
   Danach folgt die Replikationsphase (S-Phase), in der die DNA-Neusynthese stattfindet.
   Zunächst wird in der S_1-Phase das Euchromatin gebildet und danach in einem fließenden Übergang

(S$_2$-Phase) das Heterochromatin. In dieser Phase werden auch die Zentriolen neu gebildet.

Nach Ende der S-Phase verstreicht noch meist einige Zeit (G$_2$-Phase) bis zur nächsten Prophase.

Die Mitose ist im Zellzyklus zwischen G$_2$- und G$_1$-Phase eingefügt.

Wenn Zellen ihre Teilungsaktivität einstellen und in Dauerzustände (differenzierte Zellen wie Muskel-, Nervenzellen und Samen) übergehen, verbleiben sie meist in der G$_1$-Phase («G$_0$-Phase»).

Zellzykluszeit: Zeit, die eine Zelle benötigt, um von einem genau bezeichneten Punkt des Zellzy-klus zum gleichen Punkt des nächsten Zyklus zu gelangen.

Zyto-: siehe Cyto-

13.1 Literatur

Schaeffler, W.I.: Terminology associated with cell-, tissue and organ culture, molecular biology and molecular genetics. In vitro **26**, 97−101. 1990

Kleinig, H., Sitte, P.: Zellbiologie, G. Fischer Verlag, Stuttgart. 1992

14 Lieferfirmen und Hersteller

Nachfolgend werden hauptsächlich die Adressen der deutschen Firmenniederlassungen genannt. Die Anschriften der Firmen in Österreich und der Schweiz können entweder dort erfragt werden oder den Adreßsammlungen aus dem Anhang H entnommen werden.

Agar
- Difco Laboratories GmbH, Ulmer Str. 160, D-86156 Augsburg
- Merck AG, Frankfurter Str. 250, D-64293 Darmstadt
- IBF, Av. Jean Jaurès 35, F-92390 Villeneuve La Garenne

Autoklaven
- Getinge GmbH, Werkstr. 27, D-45739 Oer-Erkenschwick
- H + P Labortechnik GmbH, Triebstr. 9, D-80993 München
- Münchner Medizin Mechanik GmbH, Hauptstr. 2, D-92549 Stadlern
- Schütt Labortechnik GmbH, Rudolf-Wissell-Str. 11, D-37079 Göttingen
- Tecnomara Deutschland GmbH, Ruhberg 4, D-35463 Fernwald
- Webeco GmbH, Mühlenbergstr. 38, D-23611 Bad Schwartau
- Westima Möller KG, Alteburgerstr. 377, D-50968 Köln

Biochemikalien (Antikörper, Enzyme, Reagenzien für Diagnostika u.a.)
- Abbot GmbH, Max Planck Ring 2, D-65205 Wiesbaden-Delkenheim
- API BioMerieux Deutschland GmbH, Weberstr. 8, D-72622 Nürtingen
- BAG GmbH, Amtsgerichtsstr. 1−5, D-35423 Lich
- Becton Dickinson GmbH, Tullastr. 8−12, D-69126 Heidelberg
- Bio-Rad Laboratories GmbH, Heidemannstr. 164, D-80939 München
- Boehringer Mannheim GmbH, Sandhoferstr. 116, D-68305 Mannheim
- Calbiochem-Novabiochem GmbH, Lisztweg 1, D-65812 Bad Soden
- Fluka Feinchemikalien GmbH, Messerschmittstr. 17, D-89231 Neu-Ulm
- ICN Biomedicals GmbH, Mühlgrabenstr. 10, D-53340 Meckenheim
- Mast Diagnostika, Feldstr. 20, D-23858 Reinfeld, Holstein
- Merck AG, Frankfurter Str. 250, D-64293 Darmstadt
- Ortho Diagnostic Systems GmbH, Karl-Landsteiner-Str. 1, D-69151 Neckargemünd
- Paesel und Lorei GmbH, Flinschstr. 67, D-60388 Frankfurt
- Pharmacia Biosystems GmbH, Munzingerstr. 9, D-79111 Freiburg
- Serva Feinbiochemica, Carl-Benz-Str. 7, D-69115 Heidelberg
- Sigma Chemie GmbH, Grünwalder Weg 30, D-82041 Deisenhofen bei München
- Roth GmbH, Schoemperlenstr. 1−5, D-76185 Karlsruhe
- Wako Chemicals GmbH, Nissanstr. 2, D-41468 Neuss

Bioreaktoren (Fermenter, Kapillarreaktoren, Spinner u.ä.)
- Amicon GmbH, Salinger Feld 32, D-58454 Witten
- Bioengineering AG, Sagenrainstr. 7, CH-8636 Wald
- Biotek GmbH, Langestr. 4, D-34593 Knüllwald
- Braun Diessel Biotech International GmbH, Schwarzenberger Weg 73−79, D-34212 Melsungen
- Chemap AG, Hölzliwiesenstr. 5, CH-8604 Volketswil

- MBR Bioreactor AG siehe Sulzer-Escher Wyss GmbH
- New Brunswick Scientific GmbH, Einsteinweg 3, D-72622 Nürtingen
- Sulzer-Escher Wyss GmbH, Weinstr. 16, D-30171 Hannover
- Thermo-Dux GmbH, Ferdinand-Friedrichs-Str. 5, D-97877 Wertheim

Brutschränke
- Ehret GmbH, Fabrikstr. 2, D-79312 Emmendingen
- Forma Scientific siehe Labotect GmbH
- Heraeus Instruments GmbH (Bereich Thermotechnik), Heraeus-Str. 12–14, D-63450 Hanau
- Köttermann GmbH, Industriestr. 2–10, D-31311 Uetze
- Labotect GmbH (Forma Scientific), Industriestr. 20, D-37120 Bovenden
- Memmert GmbH, Äußere Ritterbacher Str. 38, D-91126 Schwabach
- New Brunswick Scientific GmbH, Einsteinweg 3, D-72622 Nürtingen
- Tecnomara Deutschland GmbH, Ruhberg 4, D-35463 Fernwald
- Weiss Umwelttechnik GmbH, Greizer Str. 41–49, D-35447 Reiskirchen/Wieseck

Chemikalien
- Biometra GmbH, Rudolf Wissel-Str. 30, D-37079 Göttingen
- Bio-Rad Laboratories GmbH, Heidemannstr. 164, D-80939 München
- Boehringer Mannheim GmbH, Sandhoferstr. 116, D-68305 Mannheim
- Fluka Feinchemikalien GmbH, Messerschmittstr. 17, D-89231 Neu-Ulm
- Merck AG, Frankfurter Str. 250, D-64293 Darmstadt
- Otto Nordwald KG, Heinrichstr. 5, D-22769 Hamburg
- Paesel und Lorei GmbH, Flinschstr. 67, D-60388 Frankfurt
- Pharmacia Biosystems GmbH, Munzingerstr. 9, D-79111 Freiburg
- Roth GmbH, Schoemperlenstr. 1–5, D-76185 Karlsruhe
- Serva Feinbiochemika, Carl-Benz-Str. 7, D-69115 Heidelberg
- Sigma Chemie GmbH, Grünwalder Weg 30, D-82041 Deisenhofen bei München

Einfrierampullen und -röhrchen
- Greiner GmbH, Maybachstraße, D-72636 Frickenhausen
- Nunc GmbH, Hagenauer Str. 21 a, D-65203 Wiesbaden
- Tecnomara Deutschland GmbH, Ruhberg 4, D-35463 Fernwald

Einfriergeräte
- Cryoson GmbH, Großkahler Str. 57, D-63828 Kleinkahl
- Messer Griesheim GmbH, Homberger Str. 16, D-40474 Düsseldorf
- Sy-Lab Vertriebsges.mbH, Hans Buchmüller Gasse 5, A-3002 Purkersdorf

Elektroden (CO_2, O_2, pH)
- Colora Meßtechnik GmbH, Barbarossastr. 3, D-73547 Lorch
- Deutsche Metrohm GmbH, In den Birken 3, D-70794 Filderstadt
- Ingold Meßtechnik GmbH, Siemensstr. 9, D-61449 Steinbach/Ts.
- Radiometer Deutschland GmbH, Am Nordkanal 8, D-47877 Willich
- Schott Geräte GmbH, Im Langgewann 5, D-65719 Hofheim

Filtereinrichtungen (Geräte und Filtermaterial)
- Amicon GmbH, Salinger Feld 32, D-58454 Witten
- Concept GmbH, Rischerstr. 8, D-69123 Heidelberg

- ICN Biomedicals GmbH, Mühlgrabenstr. 10, D-53340 Meckenheim
- Millipore GmbH, Hauptstr. 87, D-65760 Eschborn
- Nucleopore GmbH, Falkenweg 47, D-72076 Tübingen
- Pall Filtrationstechnik GmbH, Philipp Reis-Str. 6 D-63303 Dreieich
- Sartorius GmbH, Weender Landstr. 94–108, D-37075 Göttingen
- Schleicher & Schüll GmbH, Hahnestr. 3, D-37586 Dassel
- Seitz Filterwerke GmbH, Planiger Str. 137, D-55543 Bad Kreuznach
- Tecnomara Deutschland GmbH, Ruhberg 4, D-35463 Fernwald
- Ultrafilter GmbH, Büssingstr. 4, D-42781 Haan/Rheinland

Gase
- Linde AG, Seitnerstr. 70, D-82049 Höllriegelskreuth
- Messer Griesheim GmbH, Homberger Str. 16, D-40474 Düsseldorf

Gasmess- und Regelgeräte
- Drägerwerk AG, Moislingerallee 53–55, D-23558 Lübeck
- Rosemount GmbH, Wilhelm-Rohn-Str. 51, D-63450 Hanau
- Tylan GmbH, Kirchoffstr. 8, D-85386 Eching

Glaswaren
- Brand GmbH, Otto-Schott-Str. 25, D-97877 Wertheim
- Glaswerk Wertheim GmbH, Ernst-Abbe-Str. 16, D-97877 Wertheim
- Karl Hecht GmbH, Stettener Str. 22–24, D-97647 Sondheim v.d. Rhön
- Schott Glaswerke, Hattenbergstr. 36, D-55122 Mainz
- Tecnomara Deutschland GmbH, Ruhberg 4, D-35463 Fernwald
- Wheaton siehe Zinsser
- Zinsser Analytik GmbH, Eschborner Landstr. 135, D-60489 Frankfurt

Kunststoffartikel (Zellkulturgefäße, Einwegartikel u.ä.)
- Becton Dickinson (Falcon) GmbH, Tullastr. 8–12, D-69129 Heidelberg
- Costar siehe Tecnomara
- Greiner GmbH, Maybachstraße, D-72636 Frickenhausen
- ICN Biomedicals GmbH, Mühlgrabenstr. 10, D-53340 Meckenheim
- Nalge Company, Saarbrückenerstr. 248, D-38116 Braunschweig
- Nunc GmbH, Hagenauer Str. 21 a, D-65203 Wiesbaden
- Sarstedt GmbH, Rommeldorf, D-51588 Nümbrecht
- Science Services, Badstr. 13, D-81379 München
- Tecnomara Deutschland GmbH, Ruhberg 4, D-35463 Fernwald

Laboreinrichtungen
- Apoldaer Mela GmbH, Sulzaer Str. 7, D-99510 Apolda
- Hohenloher Spezialmöbelwerk Schaffitzel GmbH, Brechdarrweg 22, D-74613 Öhringen
- Köttermann GmbH, Industriestr. 2–10, D-31311 Uetze
- Waldner Laboreinrichtungen GmbH, Im weißen Bild, D-88239 Wangen
- Wittstocker-Möbel GmbH, Walter-Schulz-Platz 2, D-16909 Wittstock

Leitfähigkeitsmessgeräte
- Beckman Instruments GmbH, Frankfurter Ring 115, D-80807 München
- Colora Meßtechnik GmbH, Barbarossastr. 3, D-73547 Lorch/Württ.
- Deutsche Metrohm GmbH, In den Birken 3, D-70794 Filderstadt

- Knick Elektronische Meßgeräte GmbH, Beuckestr. 22, D-14163 Berlin
- Wissenschaftlich-Technische Werkstätten, Trifthofstr. 57 a, D-82362 Weilheim

Magnetrührer
- Heidolph Elektro GmbH, Starenstr. 23, D-8420 Kelheim
- H + P Labortechnik GmbH, Triebstr. 9, D-80993 München
- Janke und Kunkel GmbH (JKA Labortechnik), Neumagenstr. 27, D-79219 Staufen, Breisgau
- Novodirect GmbH, Am Storechennest 24, D-77694 Kehl

Medien, Seren und Zusätze
- Biochrom KG, Leonorenstr. 2–6, D-12247 Berlin
- Biozol Diagnostica Vertrieb GmbH, Obere Hauptstr. 10b, D-85386 Eching
- Boehringer Mannheim GmbH, Sandhoferstr. 116, D-68305 Mannheim
- ICN Biomedicals GmbH, Mühlgrabenstr. 10, D-53340 Meckenheim
- Life Technologies GmbH, Dieselstr. 5, D-76344 Eggenstein-Leopoldshafen
- Otto Nordwald AG, Heinrichstr. 5, D-22769 Hamburg
- Paesel und Lorei GmbH, Flinschstr. 67, D-60388 Frankfurt
- Serva Feinbiochemica, Carl-Benz-Str. 7, D-69115 Heidelberg
- Sigma Chemie GmbH, Grünwalder Weg 30, D-82041 Deisenhofen bei München

Mikropipetten (Ein- und Mehrkanalpipetten)
- Abimed Analysen-Technik GmbH, Raiffeisenstr. 3, D-40764 Langenfeld
- Costar siehe Tecnomara
- Eppendorf-Netheler-Hinz GmbH, Barkhausenweg 1, D-22339 Hamburg
- Tecnomara Deutschland GmbH, Ruhberg 4, D-35463 Fernwald

Mikroskope und Zubehör
- Carl Zeiss Jena GmbH, Tatzendpromenade 1a, D-07745 Jena
- Helmut Hund GmbH, Wilhelm-Will-Str. 7, D-35580 Wetzlar
- Leica Vertrieb GmbH, Sigmund-Hiepe-Str. 24, D-35578 Wetzlar
- Nikon GmbH, Tiefenbroicher Weg 25, D-40472 Düsseldorf
- Olympus Optical Co. (Europa GmbH), Wendenstr. 14–16, D-20097 Hamburg
- Zeiss, Carl-Zeiss-Straße, D-73447 Oberkochen

Mikroträger (Microcarrier)
- Bender und Hobein GmbH, Fraunhoferstr. 7, 85732 Ismaning
- Nunc GmbH, Hagenauerstr. 21 a, D-65203 Wiesbaden
- Pfeiffer & Langen, Frankenstr. 25, D-41539 Dormagen
- Pharmacia Biosystems GmbH, Munzingerstr. 9, D-79111 Freiburg
- Schott Glaswerke, Hattenbergstr. 36, D-55122 Mainz
- Sigma Chemie GmbH, Grünwalder Weg 30, D-82041 Deisenhofen b. München
- SoloHill Engineering Inc., 323 E. William Suite 44, Ann Arbor, Mi. 48109, U.S.A.
- Ventrex Laboratories Inc., 217 Reed Street, Portland Ma. 04103, U.S.A.
- Whatman siehe Bender und Hobein

Osmometer
- Dr. H. Knauer GmbH, Heuchelheimerstr. 9, D-61348 Bad Homburg
- Gebr. Haake GmbH, Dieselstr. 4, D-76227 Karlsruhe
- Gonotech GmbH, Eisenacherstr. 56, D-10823 Berlin

- Kipp und Zonen Deutschland GmbH, Obere Dammstr. 10, D-42653 Solingen
- W. Vogel GmbH, Marburgerstr 81, D-35396 Gießen
- W. Werner GmbH, Buchholzstr. 73, D-51469 Bergisch-Gladbach

pH-Meter
- Deutsche Metrohm GmbH, In den Birken 3, D-70794 Filderstadt
- Ingold Meßtechnik GmbH, Siemensstr. 9, D-61449 Steinbach/Ts.
- Knick Elektronische Meßgeräte GmbH, Beuckestr. 22, D-14163 Berlin
- Mettler-Toledo GmbH, Ockerweg 3, D-35369 Gießen
- Schott-Geräte GmbH, Im Langgewann 5, D-65719 Hofheim
- Wissenschaftlich-Technische Werkstätten GmbH (WTW), Trifthofstr. 57a, D-82362 Weilheim/Oberbayern

Photometer
- Beckman Instruments GmbH, Frankfurter Ring 115, D-80807 München
- Bio-Rad Laboratories GmbH, Heidemannstr. 164, D-80939 München
- Bodenseewerk Perkin Elmer GmbH, Alte Nußdorfer Str. 11–13, D-88662 Überlingen
- Carl Zeiss Jena GmbH, Tatzendpromenade 1a, D-07745 Jena
- Colora Meßtechnik GmbH, Barbarossastr. 3, D-73547 Lorch
- Eppendorf-Netheler-Hinz GmbH, Barkhausenweg 1, D-22339 Hamburg
- Hewlett Packard GmbH, Hewlett Packardstraße, D-61352 Bad Homburg
- Kontron Instruments GmbH, Oskar-von-Miller Str. 1, D-85386 Eching
- Labsystems GmbH, Garmischer Str. 8, D-80339 München
- Pharmacia Biosystems GmbH, Munzingerstr. 9, D-79111 Freiburg
- Shimadzu Europa GmbH, Albert-Hahn-Str. 6–10, D-47269 Duisburg
- SLT Labinstruments Deutschland GmbH, Theodor-Storm-Str. 17, D-74564 Crailsheim
- Varian GmbH, Alsfelder Str. 6, D-64289 Darmstadt
- Zeiss, Carl-Zeiss-Straße, D-73447 Oberkochen

Pumpen (Schlauch-, Membran-, Vakuum- und Aquarienpumpen)
- Abimed Analysen-Technik GmbH, Raiffeisenstr. 3, D-40764 Langenfeld
- Bio-Rad Laboratories GmbH, Heidemannstr. 164, D-80939 München
- Braun Diessel Biotech International GmbH, Schwarzenberger Weg 73–79, D-34212 Melsungen
- Heidolph Elektro GmbH, Starenstr. 23, D-93309 Kelheim
- Ismatec GmbH, Vier Morgen-Str. 23, D-97877 Wertheim-Mondfeld
- Janke und Kunkel GmbH (JKA Labortechnik), Neumagenstr. 27, D-79219 Staufen/ Breisgau
- Leybold AG, Bonnerstr. 498, D-50968 Köln
- Pharmacia Biosystems GmbH, Munzingerstr. 9, D-79111 Freiburg
- Reichelt Chemietechnik GmbH, Englerstr. 18, D-69126 Heidelberg
- Tecnomara Deutschland GmbH, Ruhberg 4, D-35463 Fernwald
- Verder Deutschland GmbH, Himmelgeister-Str. 60, D-40225 Düsseldorf
- Wilhelm Sauer (WISA), Cronenfelderstr. 34, D-42349 Wuppertal-Cronenberg

Radiochemikalien
- Amersham Buchler GmbH, Gieselweg 1, D-38110 Braunschweig
- Cambridge siehe Promochem
- DuPont de Nemours (Deutschland) GmbH, DuPont-Str. 1, D-61352 Bad Homburg
- Promochem GmbH, Mercatorstr. 51, D-46485 Wesel

Schüttelmaschinen
- Braun Diessel Biotech International GmbH, Schwarzenberger Weg 73–79, D-34212 Melsungen
- Edmund Bühler GmbH, Rottenburgerstr. 3, D-72411 Bodelshausen
- Infors AG, Aidenbachstr. 144 a, D-81479 München
- Janke und Kunkel GmbH (JKA Labortechnik), Neumagenstr. 27, D-79219 Staufen/Breisgau
- New Brunswick Scientific GmbH, Einsteinweg 3, D-72622 Nürtingen

Silikonartikel (Öle, Schläuche, Stopfen u.ä.)
- Deutsch und Neumann GmbH, Richard-Wagner-Str. 48–50, D-10585 Berlin
- Kleinfeld Labortechnik GmbH, Leisewitzstr. 47, D-30175 Hannover
- Reichelt Chemietechnik GmbH, Englerstr. 18, D-69126 Heidelberg
- Serva Feinbiochemika, Carl-Benz-Str. 7, D-69115 Heidelberg
- Tecnomara Deutschland GmbH, Ruhberg 4, D-35463 Fernwald
- Th. Goldschmidt AG, Goldschmidtstr. 100, D-45127 Essen
- Wacker Chemie GmbH, Johannes-Hess-Str. 24, D-84489 Burghausen

Skalpelle, Scheren, Pinzetten u.ä.
- Aeskulap AG, Am Aeskulap-Platz, D-78532 Tuttlingen
- Bayha GmbH, Untere Vorstadt 1, D-78532 Tuttlingen
- H. Hauptner, Kuller Str. 38–44, D-42651 Solingen
- Gebr. Martin (med. Technik), Ludwigstaler Str. 132, D-78532 Tuttlingen

Spülmaschinen
- BHT Hygiene Technik GmbH, Winterbruckenweg 30, D-86316 Friedberg/Derching
- Gilowy GmbH, Bussardstr. 5, D-63263 Neu-Isenburg
- Hamo AG, Langgasse 22, D-35510 Butzbach
- Miele GmbH, Carl-Miele-Str. 29, D-33332 Gütersloh
- Netzsch Newamatic GmbH, Liebigstr. 28, D-84478 Waldkraiburg

Spülmittel
- Dr. Weigert (Chemische Fabrik), Mühlenhagen 85, D-20539 Hamburg
- ICN Biomedicals GmbH, Mühlgrabenstr. 10, D-53340 Meckenheim
- Merck AG, Frankfurter Str. 250, D-64293 Darmstadt
- Netzsch Newamatic GmbH, Liebigstr. 28, D-84478 Waldkraiburg

Sterile Arbeitsplätze
- Baker siehe Labotect
- BDK Luft- und Reinraumtechnik GmbH, Pfullingerstr. 57, D-72820 Sonnenbühl-Genkingen
- Bio Flow Technik, Flerzheimerstr. 3, D -53340 Meckenheim
- Concept GmbH, Rischer-Str. 8, D-69123 Heidelberg
- Heraeus Instruments GmbH, Heraeus-Str. 12–14, D-63450 Hanau
- Jounan GmbH, Kapellenstr. 22, D-82008 Unterhaching
- Karl Bleymehl GmbH, Industriestr. 7, D-52459 Inden bei Jülich
- Labotect, Industriestr. 20, D-37120 Bovenden
- Nunc GmbH, Hagenauer Str. 21a, D-65203 Wiesbaden
- Prettl Reinraum- und Verfahrenstechnik GmbH, Sandwiesenstraße, D-72793 Pfullingen

– Recon GmbH, Bahnhofstr. 25, D-31655 Stadthagen
– Tecnomara Deutschland GmbH, Ruhberg 4, D-35463 Fernwald

Sterilisationsindikatoren
– Biologische Arbeitsgemeinsschaft (BAG), Amtsgerichtsstr. 1–5, D-35423 Lich
– 3-M Deutschland GmbH, Carl-Schurz-Str. 1, D-41451 Neuss
– Merck AG, Frankfurter Str. 250, D-64293 Darmstadt

UV-Leuchten
– Bachofer GmbH, Postfach 7058, D-72734 Reutlingen
– Heraeus Instruments GmbH, Heraeus-Str. 12–14, D-63450 Hanau
– Philips Licht GmbH, Steindamm 94, D-20099 Hamburg
– Stratagene GmbH, Im Weiher 12, D-69121 Heidelberg

Waagen
– Mettler Waagen GmbH, Ockerweg 3, D-35396 Gießen
– Precisa Waagen und Systeme Schoknecht OHG, Monschaustr. 22, D-42369 Wuppertal
– Sartorius GmbH, Weender Landstr. 94–108, D-37075 Göttingen

Zellbanken
– American Tissue Culture Collection (ATCC), 12301 Parklawn Drive, Rockville Md. 20852, U.S.A.
– European Collection of Animal Cell Cultures (ECACC), Center for Applied Microbiology and Research, Porton Down, Salisbury SP4 0JG, England
– Deutsche Sammlung von Mikroorganismen und Zellkulturen GmbH (DSM), Mascheroder Weg 1b, D-38124 Braunschweig

Zellfusion, Elektroporation, Transfektion
– Bio-Rad Laboratories GmbH, Heidemannstr. 164, D-80939 München
– Krüss GmbH, Borsteler Chaussee 85–99a, D-22453 Hamburg

Zellzählgeräte (Durchflußcytometer)
– AL Systeme, Unterer Dammweg 12, D-76149 Karlsruhe
– Becton Dickinson GmbH, Tullastr. 8–12, D-691260 Heidelberg
– Coulter Electronics GmbH, Gahlingspfad 53, D-47803 Krefeld
– Mölab, Verbindungsstr. 27, D-40723 Hilden
– Ortho Diagnostic Systems GmbH, Karl-Landsteiner-Str. 1, D-69151 Neckargemünd
– Partec AG, Sonnenweg 7, CH-4144 Arlesheim
– Polytech GmbH, Siemensstr. 13–15, D-76337 Waldbronn-Albtal
– Schärfe System GmbH, Emil Adolff-Str. 13, D-72760 Reutlingen

Zentrifugen
– Beckman Instruments GmbH, Frankfurter Ring 115, D-80807 München
– DuPont de Nemours (Deutschland) GmbH, DuPont-Str. 1, D-61352 Bad Homburg
– Eppendorf-Netheler-Hinz GmbH, Barkhausenweg 1, D-22339 Hamburg
– Heraeus Sepatech GmbH, Am Kalkberg, D-37520 Osterode am Harz
– Hettich-Zentrifugen, Gartenstr. 100, D-78532 Tuttlingen
– Kontron Instruments GmbH, Oskar-von-Miller Str. 1, D-85386 Eching
– Sigma Laborzentrifugen GmbH, An der unteren Soese 50, D-37520 Osterode am Harz

Anhang

A. Was kann die Ursache von schlechtem Zellwachstum sein?

- Wurde das **Verfahren** geändert?
- Wurden andere **Geräte** als sonst benutzt?

- **Medium**
    - Wurde eine Substanz vergessen?
    - Waren die aufbewahrten Medien noch in Ordnung?
    - Vergleich der Medien mit anderen Labors
    - War das Wasser in Ordnung?
    - Überprüfung der Wasseraufbereitung: Leitfähigkeit, pH-Wert,
    - Bakteriengehalt/Endotoxine, Rückstände in der Destillation?
    - Wasservorrat: Algen, Pilze? Auslaugungen aus Kunststoffgefäßen?
    - $NaHCO_3$
    - Antibiotika
    - Osmolalität des Mediums
    - pH-Wert des Mediums, 7,0-7,4 während der Kultur?

- **Serum**
    - Neue Charge? Zertifikat des Lieferanten
    - Richtige Konzentration?
    - Nachprüfung von Cytotoxizität, Wachstumsförderung und plating efficiency

- **Glaswaren/Kunststoffartikel**
    - Neue Lieferung? Vergleich mit früheren Lieferungen
    - Zeigen auch andere Zellen Störungen? Andere Labors?
    - Sind die Glaswaren mit Spuren cytotoxischer Substanzen verunreinigt? Vergleich mit Kunststoffwaren

- **Zellen**
    - Sind die Zellen in anderen Labors in Ordnung?
    - Kontaminationen mit Bakterien und Pilzen – Anzucht ohne Antibiotika
    - Kontamination mit Mycoplasmen, Nachweis mit Dapi oder Bisbenzimid
    - Wächst die Kultur besser nach Zugabe von Arginin?
    - Einsendung von Material an ein Speziallabor
    - Viruskontamination? Elektronenmikroskop, fluoreszierende Antikörper
    - Zellen zu stark verdünnt?
    - Subkultur zu häufig?

- **Brutschrank**
    - Temperatur und CO_2 in Ordnung? CO_2 mit Gasspürgerät überprüfen, nicht auf Inkubator-Anzeige verlassen

B. Berechnungen in der Zellkultur

1. Konzentrationen

Allgemeine Formel zur Berechnung aller Konzentrations/Volumen/Aufgaben:

$$KV = K_1 \times V_1$$

K = Konzentration der gewünschten Lösung
V = gewünschtes Volumen
K_1 = Konzentration der Ausgangslösung
V_1 = Volumen der Ausgangslösung

Aufgabe 1: Welches Volumen einer 200 mM Glutaminlösung wird benötigt, um 4 l einer 2 mM Glutaminlösung herzustellen?

Lösung: $KV = K_1 \times V_1$
$2 \times 4000 = 200 \times X$
$8000 = 200 \times X$
$X = 40$ ml
Man nimmt 40 ml einer 200 mM Lösung und füllt auf 4000 ml auf.

Nachprüfung:
40 ml $\times 200$ µM/ml $= 8000$ µM
$$\frac{8000 \text{ µM}}{4000 \text{ ml}} = 2 \text{ µM/ml} = 2 \text{ mM}$$

Aufgabe 2: Von einem Zellkonzentrat mit $4,3 \times 10^5$ Zellen/ml sollen 400 ml mit 10^3 Zellen/ml hergestellt werden.

Lösung: $KV = K_1 \times V_1$
$400 \times 10^3 = (4,3 \times 10^5) \times X$
$4 \times 10^5 = (4,3 \times 10^5) \times X$
$$X = \frac{4}{4,3} = 0,93 \text{ ml}$$
Man nimmt 0,93 ml des Zellkonzentrates und füllt auf 400 ml auf.

2. Herstellung einer Gebrauchslösung aus einer konzentrierten Lösung

Gewünschte Konzentration = Menge in ml, Konzentration des Konzentrats = Menge, auf die verdünnt wird

Aufgabe 1: Eine 6%ige Lösung aus einer 84%igen Lösung herstellen.

Lösung: Man nimmt 6 ml der 84%igen Lösung und verdünnt auf 84 ml.

Nachprüfung: $(6:84) \times 84\% = 6\%$

Aufgabe 2: Eine 3 mM-Lösung aus einer 67 mM-Lösung herstellen.

Lösung: Man nimmt 3 ml der 67 mM-Lösung und verdünnt auf 67 ml.

Nachprüfung: $(3:67) \times 67$ mM $= 3$ mM

3. Herstellung einer Gebrauchslösung aus 2 Vorratslösungen

H = Höhere Konzentration
N = Niedere Konzentration
G = Gebrauchslösung
A = Volumen, das man von H benötigt
B = Volumen, das man von N benötigt
Man bildet das sog. Mischungskreuz:

und subtrahiert über Kreuz

H − G = B
G − N = A

Aufgabe: Eine 22%ige Lösung aus einer 85%igen und einer 10%igen herstellen.

Lösung:

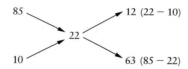

Man mische 12 ml der 85%igen Lösung und 63 ml der 10%igen Lösung, Gesamtvolumen = 75 ml.

Nachprüfung:

$$\frac{12\ ml\ \times\ 85\ g/100\ ml\ +\ 63\ ml\ \times\ 10\ g/100\ ml}{75\ ml}$$

$$=\frac{10{,}2\ g\ +\ 6{,}3\ g}{75\ ml}=\frac{16{,}5\ g}{75\ ml}$$

$$=\ 22\ g/100\ ml\ =\ 22\%$$

4. Konzentration eines Stoffes

Ein Mol ist das Molekulargewicht (relative Molmasse) in Gramm. Eine 1 molare Lösung enthält 1 mol/l. Sie ist 1 molar unabhängig vom vorliegenden Volumen: 1 ml ist 1 molar ebenso wie 500 ml, obgleich 1000 ml 1 Mol enthält, 500 ml aber nur 0,5 Mol. Die wichtigsten Beziehungen lauten:
1 Molar = Molekulargewicht in g/l oder mg/ml
1 m Molar = Molekulargewicht in mg/l oder μg/ml

Hieraus folgt:
$$M = \frac{X}{M_r}$$

M = Molarität
X = Zahl der mg/ml
M_r = relative Molmasse in mg/ml

Aufgabe 1: Was ist die Molarität einer Glucoselösung (M_r = 180), die 360 mg in 20 ml enthält?

Lösung: $M = \dfrac{X}{M_r} = \dfrac{360:20}{180} = \dfrac{18}{180} = 0,1$ M

Aufgabe 2: Die relative Molmasse einer Substanz ist 60, wieviel g sind in 54 ml einer 0,1 mM Lösung?

Lösung: Bei einer relativen Molmasse von 60 enthält eine 1 mM-Lösung 60 mg/l, eine 0,1 mM-Lösung enthält 6 mg/l oder 0,6 mg/100 ml.

$$\dfrac{54}{100} \times 0,6 = \dfrac{32,4}{100} = 0,324$$

Eine 0,1 mM-Lösung enthält in 54 ml = 0,324 mg.

5. Normalität

Wenn chemische Substanzen reagieren, geschieht dies auf atomarer-, nicht auf Gewichtsbasis. Weil die Atome in Gewicht und Größe differieren, gibt die Molarität eine bessere Auskunft als das Gewicht über die Aktivität einer Substanz. Weil verschiedene Atome verschiedene Wertigkeiten haben und Moleküle dissoziieren, muß die Wertigkeit berücksichtigt werden, um entsprechende Aktivitäten bestimmen zu können. Die Normalität ist nichts weiter als ein Ausdruck äquivalenter Aktivitäten, bezogen auf das Wasserstoff-Ion.

$HCl = H^+ + Cl^-$
1 Molar HCl = 1 Normal HCl
$Ca(OH)_2 = Ca^{++} + 2(OH)^-$
Daher benötigt man 2 Mole HCl um 1 Mol $Ca(OH)_2$ zu neutralisieren.
1 M $Ca(OH)_2$ = 2 Normal $Ca(OH)_2$

6. Generationszahl

Die Vermehrung der Zellen entspricht einer geometrischen Progression $2^0 - 2^1 - 2^2 - 2^3 \ldots 2^n$, da sich die Zellen durch Zweiteilung vermehren. Man spricht deshalb auch von Verdopplungszahl, Zahl n (2^n) der Verdopplungen je Zeiteinheit.

Die Zahl der Zellen N beträgt also nach n Zellteilungen:

$$N = N_0 \cdot 2^n \quad (N_0 \text{ ist die Zahl der Zellen zum Zeitpunkt 0}).$$

Hieraus folgt durch Logarithmieren:

$$\log N = N + n \cdot \log 2 \text{ und}$$

$$n = \dfrac{\log N - \log N_0}{\log 2} \cdot n = \dfrac{\log N - \log N_0}{0,3}$$

Aufgabe: Die Einsaat betrug $N_0 = 5 \cdot 10^4$ Zellen/ml, nach 3 Tagen (3d) wurden $N = 5,5 \cdot 10^5$ Zellen/ml gezählt, wie hoch ist die Generationszahl?

Lösung: Generationszahl: n = 3,47

Nachprüfung: $n = \dfrac{5,74 - 4,7}{0,3} = 3,47$

7. Generationszeit

Die für eine Verdoppelung benötigte Zeit ist die Generationszeit

$$t_g = \frac{t}{n},$$

dabei ist $t = \log 2 \cdot dt$ und $n = \log N - \log N_0$. dt ist die Dauer der Kultur zum Ablesezeitpunkt in Stunden oder Tagen. Daraus ergibt sich

$$t_g = \frac{\log 2 \cdot dt}{\log N - \log N_0}$$

Aufgabe: Eine Kultur wächst in dt : 96 h von $N_0 = 0,5 \cdot 10^5$ auf $N = 5,5 \cdot 10^5$ Zellen/ml heran. Wie lange benötigt die Kultur, um eine Generation hervor zu bringen?

Lösung: Die Kultur benötigt $t_g = 27,7$ h

Nachprüfung: $t_g = \dfrac{0,3 \cdot 96}{5,74 - 4,7} = 27,7$

C. Nachschlagewerke und Handbücher der Zell- und Gewebekultur

Adams, R.L.P.: Cell culture for biochemists. Elsevier, Amsterdam. 1980

American Type Culture Collection (ATCC): ATCC media handbook. Rockville. 1984

American Type Culture Collection (ATCC): ATCC quality control methods for cell lines. 2nd edition. Rockville. 1992

American Type Culture Collection (ATCC): Catalogue of cell lines and hybridomas. 7th edition. Rockville. 1992

Barnes, D., Sato, G.: Methods for growth of cultured cells in serum-free medium. Anal. Biochem. 102, 255–270. 1980

Baron, D., Hartlaub, U.: Humane Monoklonale Antikörper. G. Fischer Verlag, Stuttgart. 1987

Baserga, R. (ed.): Cell growth and division. A practical approach. IRL Press, Oxford. 1992

Baserga, R. (ed.): Tissue growth factors. Handbook of experimental pharmacology. Vol. 57. Springer Verlag, Heidelberg. 1981

Bertram, S., Gassen, H.G. (Hrsg.): Gentechnische Methoden. G. Fischer Verlag, Stuttgart. 1991

Clarkson, B., Marks, P.A., Till, J.E. (eds.): Differentiation of normal and hematopoietic cells. Cold Spring Harbour Laboratory. 1978

Constabl, F., Vasil, K. (eds.): Cell culture and somatic genetics of plants. Vols. 1–6. Academic Press Inc., New York.1987

Dixon, R.A. (ed.):Plant cell culture. A practical approach. IRL Press, Oxford. 1985

Evans, D.A., Sharp, W.R., Amirato, P.V. (eds.): Handbook of plant cell culture. Vols. 1–6. McMillan Publ., New York. 1984

Fischer, G., Wieser, R.J. (eds.): Hormonally-defined media. Springer Verlag, Heidelberg. 1983

Fogh, J. (ed.): Human tumor cells in vitro. Plenum Press, New York. 1975

Freshney, R.I.: Animal cell culture. A practical approach. 2nd edition. IRL Press, Oxford. 1992

Freshney, R.I.: Culture of animal cells. A manual of basic techniques. 2nd edition. Alan R. Liss Inc., New York. 1987

Freshney, R.I.: Tierische Zellkulturen. W. de Gruyter, Berlin. 1990

Jacoby, W.B., Pastan, I.H. (eds.): Cell culture methods in enzymology. Vol. 58. Academic Press, New York. 1979

Kruse, P.F., Patterson, M.K.: Tissue culture: Methods and applications. Academic Press, New York. 1973

Kuchler, R.J.: Biochemical methods in cell culture and virology. Dowden, Hutchinson and Ross Inc., Stroudburg. 1977

Lindsey, K.: Plant tissue culture. Kluwer Publ., Dordrecht. 1991

Paul, J.: Zell- und Gewebekulturen. W. de Gruyter Verlag, Berlin. 1980

Peters, J.H., Baumgarten, H. (Hrsg.): Monoklonale Antikörper. Springer, Berlin. 1991

Rothblat, G.H., Christofalo, V.J. (eds.): Growth, nutrition and metabolism of cells in culture. Vols. 1–3. Academic Press, New York. 1972

Salmon, S.E. (ed.): Cloning of human tumor stem cells. Alan R. Liss Inc., New York. 1980

Sandford, K.K. (ed.): Cell, tissue and organ culture. Castle House Publ. Ltd., Tumbridge Wells. 1977

Sato, G.H., Pardee, A.B., Sirbasku, D.A. (eds.): Growth of cells in hormonally defined media. Cold Spring Harbour Laboratory. 1982

Sato, G.H., Ross, R. (eds.): Hormones and cell culture. Cold Spring Harbour Laboratory. 1979

Seitz, H.K., Seitz, H., Alfermann, A.W.: Pflanzliche Gewebekultur. G. Fischer Verlag, Stuttgart. 1985

Thilly, W.G.: Mammalian cell technology. Butterworths, Boston. 1986

Wallhäusser, K.H.: Praxis der Sterilisation, Desinfektion – Konservierung, Keimidentifizierung – Betriebshygiene. 4. Aufl. Thieme Verlag, Stuttgart. 1988

Werner, D.: Biologische Versuchsobjekte. Kultivierung und Wchstum ausgewählter Versuchsorganismen in definierten Medien. G. Fischer Verlag, Stuttgart. 1982

Wetter, L.R., Constabl. F. (eds.): Plant tissue culture methods. National Research Council of Canada (NRCC). 1982

D. Zeitschriften

British Journal of Cancer (Macmillan Press Ltd., London, New York)

Cancer Research (Waverly Press, Inc., Baltimore, USA)

Cell (Cell Press, Cambridge, USA)

Cell Biology International Reports (Academic Press, London)

Cellular & Molecular Biology (Pergamon Press, Elmsford)

Cytotechnology (Kluwer Academ. Publ. Dordrecht)

European Journal of Cancer and Clinical Oncology (Pergamon Press, Elmsford)

European Journal of Cell Biology (Wissenschaftliche Verlagsgesellschaft, Stuttgart)

Experimental Cell Biology (S. Karger AG, Basel)

Experimental Cell Research (Academic Press, San Diego)

International Journal of Cancer (Alan R. Liss., Inc., New York)

In Vitro Cellular and Developmental Biology (American Tissue Culture Association, Gaithersburg, MD)

Journal of Cell Biology (Rockefeller University Press, New York)

Journal of Cell Science (Company of Biologists, Colchester)

Journal of Cellular Physiology (Alan R. Liss. Inc., New York)

Journal of Plant Physiology (Gustav Fischer Verlag, Stuttgart)

Plant Cell Reports (Springer, Berlin)

Plant Cell, Tissue and Organ Culture (Kluwer Acad. Rubl., Dordrecht)

Plant Physiology (Am. Soc. of Plant Physiol., Rockville, MD)

Plant Science (Elsevier Scientific Publishers, Clare, Ireland)

The Plant Cell (Am. Soc. of Plant Physiol., Rockville, MD)

E. Literaturdienst

Plant Cell, Tissue and Organ Culture (Kluwer Acad. Publ., Dordrecht)

SUBIS (University of Sheffield, Sheffield S10 2TN, England)

F. Institutionen und Firmen, die Zellkulturkurse durchführen

In der Bundesrepublik Deutschland:
Becton Dickinson GmbH, Tullastr. 8–12, 69129 Heidelberg
Deutsche Gesellschaft für Chemisches Apparatebauwesen Chemische Technik und Biotechnologie e.V. (DECHEMA), Theodor-Heuss-Allee 25, 60486 Frankfurt a. Main
Gesellschaft Deutscher Chemiker e.V., Varrentrapp Str. 40–41, 60486 Frankfurt a. Main
Institut für Angewandte Zellkultur, Balanstr. 6, 81669 München
Labor-Weiterbildungszentrum (LWZ), von-Bar-Str. 5, D-37075 Göttingen

In Großbritannien:
European Collection of Animal Cell Cultures (ECACC), Center for Applied Microbiology and Research, Porton Down, Salisburg SP 40 JG, England

Eine Liste aller europäischen Zellkulturkurse kann angefordert werden bei:
European Cell Culture Society (ETCS), c/o Dr. R.I. Freshney, CRC Department of Medical Oncology, Alexander Stone Building, Garscube Estate, Switchback Road, Bearsden, Glasgow G61 IBD, England

In den U.S.A.:
American Type Culture Collection, 12301 Parklawn Drive, Rockville, MD 20852, USA
W. Alton Jones Cell Science Center, Old Barn Road, Lake Placid, NY 12946, USA

G. Wissenschaftliche Gesellschaften für Zellkultur

Gesellschaft für Zell- und Gewebezüchtung (GZG), z.Hd. Herrn Prof.Dr. N. Fusenig, Deutsches Krebsforschungszentrum, Im Neuenheimer Feld 280, D-69120 Heidelberg
European Society for Animal Cell Technology (ESACT), ℅ C. MacDonald, Univ. of Paisley, Paisley, England
Tissue Culture Association, 19110 Montgomery Village Avenue, Suite 300, Gaithersburg, MD 20879, USA

H. Übersichtswerke zur Beschaffung von Geräten, Labormaterial und Reagentien

Einige dieser Nachschlagewerke erscheinen jährlich anläßlich von Messen und Ausstellungen.

Behrens, D.: Katalog des Internationalen Treffens für Chemische Technik und Biotechnologie (ACHEMA), Teil 1–2, DECHEMA. Frankfurt/M. 1988
Coom, J. and Alston, Y.R.: The international biotechnolgy directory: Products, companies, research, and organisations. Macmillan, London, New York. 1989
Crafts-Lighty, A.: Information sources in biotechnology. VCH, Weinheim. 1986
Katalog der Internationalen Fachmesse mit internationaler Tagung ANALYTICA. Münchener Messe- und Ausstellungsgesellschaft mbH, München
Laboratory's buyer's guide, International Scientific Communications Inc., 30 Controls Drive, Shelton, CT. 06484-0870, USA. 1993
Linscott's directory of immunological and biological reagents. 4877 Grange Rd., Santa Rosa, Cal. 95404, USA. 1991
Mietzsch, A.: BioTechnologie, das Jahr- und Adreßbuch. Polycom. Braunschweig. 1992
Wer liefert was? Bezugsquellennachweis für den Einkauf. 44. Auflage. Wer liefert was-GmbH, Hamburg. 1992

Register

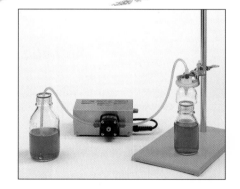

Come Grow With Us

Gewebekulturprodukte von SARSTEDT für Adhärente Zellen und Suspensionskulturen

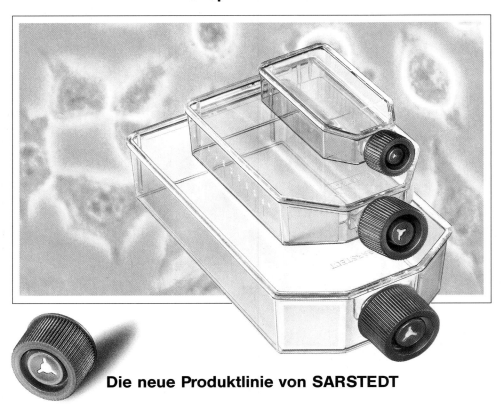

Die neue Produktlinie von SARSTEDT

- ○ **Gewebekulturflaschen** wahlweise mit Belüftungskappe
- ○ **Gewebekulturschalen** wahlweise mit Netzeinteilung im Boden
- ○ **Gewebekulturplatten** mit 24 und 96 Vertiefungen
- ○ **Filtropur-Sterilfilter** mit integriertem Vorfilter, Spritzenfilter (1-100 ml) und Druckfiltrationseinheiten (100 ml-10 l)
- ○ **Sterilröhren, Sterilpipetten, Pipettierhilfe, Mikrogefäße** für das Liquid Handling

 **SARSTEDT**

Weitere Informationen zum Nulltarif:
Telefon (01 30) 83 30 50 oder Fax (01 30) 83 33 55

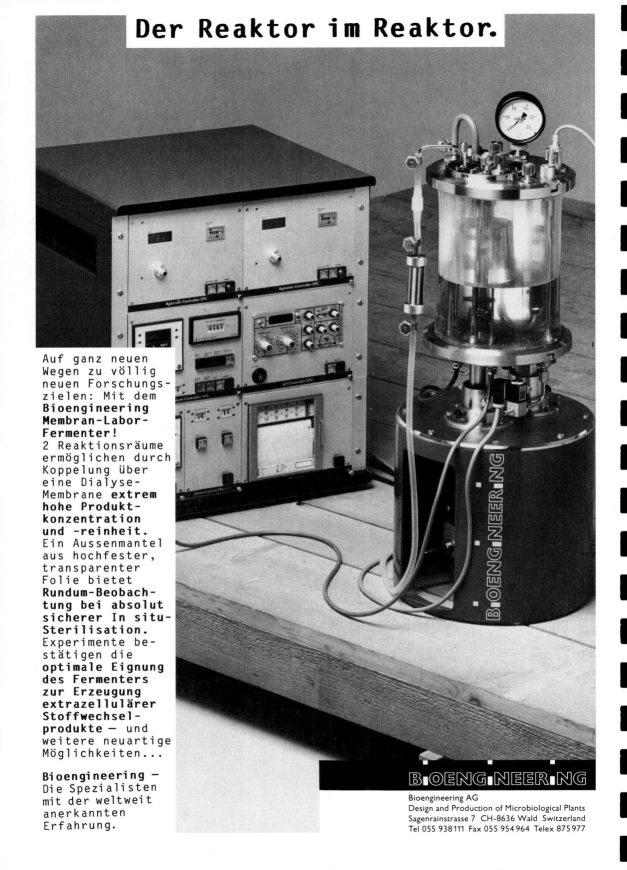

Der Reaktor im Reaktor.

Auf ganz neuen Wegen zu völlig neuen Forschungszielen: Mit dem **Bioengineering Membran-Labor-Fermenter!** 2 Reaktionsräume ermöglichen durch Koppelung über eine Dialyse-Membrane **extrem hohe Produktkonzentration und -reinheit.** Ein Aussenmantel aus hochfester, transparenter Folie bietet **Rundum-Beobachtung bei absolut sicherer In situ-Sterilisation.** Experimente bestätigen die **optimale Eignung des Fermenters zur Erzeugung extrazellulärer Stoffwechselprodukte** — und weitere neuartige Möglichkeiten...

Bioengineering — Die Spezialisten mit der weltweit anerkannten Erfahrung.

Bioengineering AG
Design and Production of Microbiological Plants
Sagenrainstrasse 7 CH-8636 Wald Switzerland
Tel 055 938111 Fax 055 954964 Telex 875977

Sie lauern überall ...

Mycoplasmen in der Zellkultur

Nachweis:

- Mycoplasma Detection Kit (ELISA-Prinzip)

Eliminierung:

- BM Cyclin

**Boehringer Mannheim –
Ihr Partner für Reagenzien aus der**

- Zellbiologie und Immunologie*
- Biochemie
- Molekularbiologie

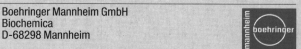

Cell Counter + Analyser Systeme für die moderne Zellbiologie

Kompakte Bauweise und funktionelles Design. Offener, großer Probenraum. Drucksystem mit moderner Sensorik anstatt Quecksilbermanometer. Höchste Präzision durch Sensorüberwachung mit automatischem Außendruckabgleich. Einfache Gegenspülmöglichkeit zur Reinigung der Meßpore. Kumulative Mehrfachmessungen. Direkte Bestimmung der Zellkonzentration über Eingabe des Verdünnungsfaktors. Meßvolumen und Anzahl der Messungen wählbar. Werkseitige Kalibrierung für biologische Medien. Meßbereich 0,7 - 90 µm. Datenausgabe auf unterschiedliche Drucker möglich.

CASY 1 Model TTC
Das volle Leistungspektrum der CASY 1 Technologie als Work-station.

· Hochaufgelöste Zellgrößenverteilung mit Angabe aller gemessenen und ableitbaren Größen.
· Simultane Analyse von bis zu vier definierten Bereichen der Verteilung mit prozentualer Bewertung der Anteile.
· Nahezu unbegrenzte Möglichkeiten der Darstellung und Auswertung der Verteilung.
· Umschaltbar zwischen Zahl- und Volumenverteilung.
· Automatische Fehlerkorrektur.
· Einzelmessungen, Serienmessungen, zeitabhängige Kinetikmessungen.
· Komfortables Datenmanagement.
· Integriertes Auswerteprogramm CASYSTAT.
· Die Ausgabe der Meßergebnisse kann grafisch oder tabellarisch erfolgen.
· Formate und Parameterzusammenstellung sind frei wählbar.

CASY 1 Model DT
Sichere und schnelle Bestimmung der Zellzahl.

■ Datenausgabe:
· Zellzahl und Zellkonzentration im eingestellten Meßbereich.
· Zellzahl unterhalb und oberhalb des eingestellten Meßbereichs.
· Automatische Fehleranzeige.

■ Leistungsüberblick:
· Menuegesteuerte Bedienung über frei positionierbaren Tastaturblock mit LCD-Punktmatrixanzeige (4x20 Zeichen).
· Meßbereichseinstellung über variable Schwellen in 0,1 µm-Schritten.

CASY 1 Model TT
Bessere Kontrolle der Zellkulturen.

■ Datenausgabe:
· Hochaufgelöste Zellgrößenverteilung, 200 Größenklassen.
· Zellzahl und Zellkonzentration.
· Gesamtes und mittleres Zellvolumen.
· Absoluter und mittlerer Zelldurchmesser.
· Maxima (Durchmesser, Volumen).
· Automatische Fehleranzeige.
· Darstellung der Meßdaten als Grafik und Zahlenwerte.

■ Leistungsüberblick:
· Menuegesteuerte Bedienung über einen frei positionierbaren Tastatur-block mit großem LCD-Grafikdisplay (240x128 Pixel).
· Frei wählbarer Meßbereich.
· Analyse der Größenverteilung über variables Cursor-Paar.

SCHÄRFE SYSTEM

Schärfe System GmbH
Emil-Adolff-Straße 14
D-72760 Reutlingen
Telefon 0 71 21/3 61 95-96
Telefax 0 71 21/31 02 19

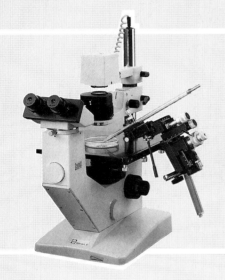

INTEGRA
BIOSCIENCES

Technologie und Know-how
für die Biowissenschaften

Grundausstattung für Mikrobiologie und Zellbiologie

- Vertikale Autoklaven/Tischautoklaven
- Nährmedien-Abfülllinien für Petrischalen mit 60/90 mm Ø
- Nährmedien-Sterilisatoren
- Bunsenbrenner
- CO_2-Brutschränke
- Sterile Werkbänke

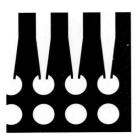

Liquid Handling

- Netzunabhängige Pipettierhilfen
- Computergesteuerte Pipettiergeräte 1-10.000 µl
- Dosierpumpen

Molekularbiologie

- Editierhilfen zur DNA-Sequenzierung
- Instrumente und Systeme für die DNA-Analytik
- Enzyme und Reagenzien

Biotechnologische Produktions- und Verfahrenstechnik

- In-vitro-Systeme für die Zellkultivierung und Gewinnung von Zellprodukten wie monoklonale Antikörper
- Elektronisch gesteuerte Spinnersysteme für Suspensionskulturen
- Kleinrollersysteme für den Einsatz in Brutschränken
- Hohlfasermembransysteme für die Produktion von monoklonalen Antikörpern

Tecnomara Deutschland GmbH
Ruhberg 4 • D-35461 Fernwald • Telefon (06404) 809-0 • Telefax (06404) 58 65

TC-FLASCHEN
STAR-CHARISMA

Wer im Mittelpunkt des Interesses steht, kann sich keine Schwächen leisten.

In immer mehr Labors begeistern die TC- Flaschen von GREINER. Ihr Auftritt überzeugt. Denn sie haben viel zu bieten:

So ziert sie auf Wunsch ein kontaminationssicherer Schraubverschluß, der automatisch für einen stabilen pH-Wert sorgt. Auch die Mehrfachbelegung des Brutschrankes ist kein Problem mehr, weil eine Sperre von winzigen Poren eine unerwünschte Kontamination verhindert.

Die aus reinen Kohlenwasserstoffpolymeren hergestellten Gefäße verfügen über eine spezielle Oberflächenbehandlung, so daß die Zellen gut anwachsen können. Der typische, abgewinkelte Hals erleichtert den Zugang zu den Kulturen und sorgt für ein sicheres Stapeln der Gewebekulturflaschen.

Erleben Sie die Stärke der Stars. Gewebekultur-Produkte von GREINER haben das Talent einer erfolgreichen Familie.

hervorragend

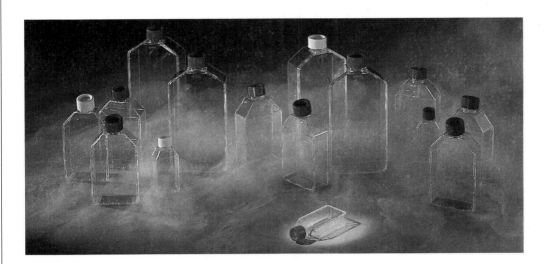

greiner
labortechnik

Greiner GmbH – Maybachstraße 2 – D-72636 Frickenhausen

BHT - Vorsprung durch Innovation

SME2000 – Sicherheit für Patient, Personal und Endoskop

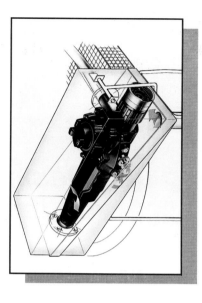

Die SME2000 stellt bereits täglich 100fach in den Kliniken ihre Funktionalität unter Beweis. Vergleichen Sie die Ausstattung und Möglichkeiten der SME2000 mit den veröffentlichten Richtlinien zur Aufbereitung von flexiblen Endoskopen.

Besondere Vorteile der SME2000:

* permanente, validierbare Überwachung der Wasch-
  komponenten (Zeit, Temperatur, Medien, Mechanik)
* digitale Flüssigdosierung mit Mengenkontrolle (pat.)
* bedienerführende Klartextanzeige
* einfaches Handling
* integrierte Dichtigkeitskontrolle
* integrierte Schaumkontrolle (pat.)
* Desinfektion der Endspülflotte (pat.)
* patentiertes Druck/Vakuum-System

BHT Hygiene Technik GmbH, Winterbruckenweg 30, 86316 Friedberg-Derching, Tel.: 0821/2 78 93-0, Fax: 0821/78 40 99

BECTON DICKINSON
CELL SCIENCE PRODUCTS

BECTON DICKINSON
CELL SCIENCE PRODUCTS

Wachstumsoberflächen für *alle* Zellen!

◻ Standard-Gewebekulturgefäße

◻ Primaria-Gefäße mit modifizierter Oberfläche

◻ BioCoat-Gefäße mit Beschichtungen aus den verschiedenen extrazellulären Matrix-Proteinen

◻ BioCoat-Membraneinsätze – vorbeschichtete, mikroporöse Zellwachstum-Membranen

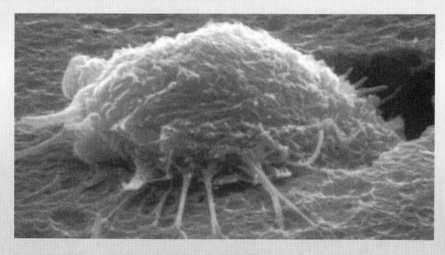

Das Programm für das Zellkulturlabor:

◻ Gewebekulturgefäße   ◻ ECM-Proteine

◻ Sterilpipetten   ◻ Serum-Ersatz-Stoffe

◻ Sterilröhrchen   ◻ Wachstumsfaktoren

◻ Sterilfilter   ◻ Lymphokine

◻ ELISA-Platten   ◻ Kits zur mRNA-Isolierung

Becton Dickinson GmbH
Postfach 101629 · 69006 Heidelberg
Tel.: (0 62 21) 305-0 · Telefax: (0 62 21) 30 36 09

Kompetenz
in Biotechnik

Separationstechnik

Tisch-, Stand-, Kühl-
und Hochgeschwindigkeits-
zentrifugen
Rotoren und Zubehör

Zellkulturtechnik

CO_2-Inkubatoren
Gewebekulturgefäße
Biologische Sicherheits-
werkbänke
Systeme für Massen-
Zellkultivierung

**Technik
für die Mikrobiologie**

Kühlbrutschränke
Anaerobenbrutschränke
Mikrobiologische
Brutschränke

Heraeus
INSTRUMENTS

Sterilisationstechnik

Heißluftsterilisatoren

**Downstream-
Processing**

System für
kontinuierliches Trennen
im Labormaßstab

Tiefkühllagertechnik

Ultra-Tiefkühltruhen
und -schränke

Heraeus Instruments GmbH
Bereich Thermotech
Postfach 1563
D-63405 Hanau
Telefon: (0 61 81) 35-4 13, Fax: -7 39

Heraeus Sepatech GmbH
Postfach 1220
D-37502 Osterode
Telefon: (0 55 22) 3 16-0

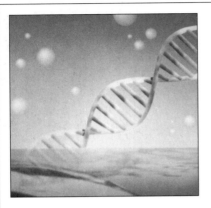

D.M. **Kemeny** / London

ELISA

Anwendung des Enzyme–Linked
Immunosorbent Assay im biologisch/
medizinischen Labor

1993. Etwa 125 S., 70 Abb., kt. etwa
DM 44,–

Inhalt: Immunzellen und Antikörper
• Immunassays • ELISA-Aufbau •
Festphasen-Träger und die Beschichtung
mit Antigen oder Antikörper • Enzym-
markierter Detektor und Substrat •
Quantifizierung • Test-Optimierung und
Fehlersuche • Zukünftige Entwicklungen

Der Enzyme–Linked Immunosorbent
Assay (ELISA) ist eine Methode zur
Bestimmung der Konzentrationen von
Antigenen und Antikörpern. Wegen
seiner problem- und gefahrlosen Durchführung wird dieser Test heute routinemäßig in immunologischen, molekularbiologischen, parasitologischen und
mikrobiologischen Labors eingesetzt.
Nach der Erläuterung elementarer
Aspekte der Immunologie werden in
diesem kleinen Laborhandbuch das
Prinzip und die Variationsmöglichkeiten
des ELISA beschrieben. Dabei wird
besonderer Wert auf einen problem-
orientierten und kostensparenden
Einsatz von Reagenzien gelegt.
Ein Anhang enthält konkrete "Man-
nehme-Rezepte", nach denen sich der
Test leicht durchführen läßt.
Somit dient dieses Buch allen Studenten,
technischen Assistenten und Wissen-
schaftlern zum Erlernen einer Nachweis-
methode, ohne die moderne Biologie-
forschung gar nicht mehr denkbar wäre.

Preisänderung vorbehalten

GUSTAV FISCHER
SEMPER BONIS ARTIBUS

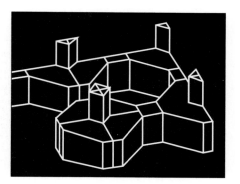

Bertram/Gassen (Hrsg.)

Gentechnische Methoden

Eine Sammlung von Arbeits-
anleitungen für das
molekularbiologische Labor

1991. XXII, 326 S., 74 Abb.,
20 Tab., Ringheftung DM 76,–

Inhalt: Allgemeine Methoden •
Gelelektrophoresen • Proteiniso-
lierung • Proteinsequenzierung •
Isolierung von DNA • Klonierung
von genomischer DNA • Klonierung von cDNA • Bakterientrans-
formation mit Plasmiden • We-
stern Blot - Isolierung von RNA •
Oligonucleotidsynthese • Gen-
synthese • Blotting • Verfahren
und Hybridisierungen • Sequen-
zierung von DNA • Genexpressi-
on in E. coli • Transkriptions- und
Translationssysteme • In-vitro-
Mutagenese • PCR • Computer
in der Molekularbiologie

Die Meinung der Rezensenten:
»Schon wieder eine Methoden-
sammlung? Doch halt - die von
Bertram und Gassen herausgege-
bene Sammlung gentechnischer
Methoden unterscheidet sich von
den gebräuchlichen Standardwer-
ken. Nicht nur dadurch, daß sie
auf deutsch geschrieben ist, her-
auszuheben ist besonders die
Ausführlichkeit der beschriebenen
Methoden.... Liebe Betreuer von
Diplomarbeiten: Diese Sammlung
gentechnischer Methoden wirkt
wie Baldrian für die Nerven, sie
sollte zur Pflichtlektüre für Diplo-
manden erklärt werden!«
Biologie in unserer Zeit

Aus dem Institut für Biochemie
der TH Darmstadt:

PCR

Ein Laborhandbuch zur
Polymerase Kettenreaktion

Frühjahr 1994. Ca. 200 Seiten,
Ringheftung

Mitte der 80er Jahre wurde die
Polymerase-Kettenreaktion (engl.
polymerase chain reaction, PCR)
entwickelt, anhand derer aus einer
sehr geringen Menge heterogener
DNA innerhalb weniger Stunden
ein spezifisches DNA-Fragment in
vitro millionenfach angereichert
werden kann. Das Prinzip der PCR
ist denkbar einfach und immer bessere Modifikationen der beteiligten
Enzyme und Geräte haben die Anwendung leicht und reproduzierbar
gemacht. Dadurch wurde die PCR
schnell zu einer effektiven Standardmethode der molekularbiologischen Grundlagenforschung. Darüber hinaus können mit ihrer Hilfe
viele Fragen der biologischen
Systematik und Evolution, der
pränatalen genetischen Diagnose,
der Virusdiagnostik und der Krimi-
nalistik rasch und eindeutig beantwortet werden.

Dieses Laborhandbuch ist das erste
in deutscher Sprache, das ausführlich die grundlegenden Prinzipien
der PCR und die verschiedenen Ansätze und Anwendungen be-
schreibt. Vor allem aber die kon-
kreten "Man-nehme"-Vorschriften
mit Materiallisten, Durchführungs-
anleitungen, Hinweisen für das
Trouble Shooting und Anschriften
der Lieferfirmen machen dieses
Buch unentbehrlich für Studenten
und Doktoranden der Medizin und
der Biologie wie auch für Mole-
kularbiologen und technische Assistenten in Forschung und Industrie.

SEMPER BONIS ARTIBUS GUSTAV FISCHER Preisänderung vorbehalten